与淮河洪涝灾害的关系及治淮

姜加虎　窦鸿身　苏守德　彭顺风　编著

中国水利水电出版社
www.waterpub.com.cn
·北京·

内 容 提 要

　　本书是介绍洪泽湖的形成与治淮的书籍。洪泽湖的集水面积占淮河流域的 80％以上，因此，洪泽湖的生命活动与淮河的水情关系十分紧密。古泗水（河）是古淮河下游的最大支流，历史上，由于黄河南泛，长期侵夺泗、淮，大量的泥沙淤塞，导致其行洪不畅，终因地势高仰而不能行洪，不仅形成了洪泽湖，还引发了治淮。本书在查阅大量古今资料和实地调研、考察的基础上，对淮河流域洪涝灾害形成的机理和治淮方略提出了认识和看法。

　　本书可供从事湖泊、水利、航运、环保、水产工作者及有关行政管理人员、旅游爱好者和高等院校师生阅读参考。

图书在版编目（ＣＩＰ）数据

洪泽湖与淮河洪涝灾害的关系及治淮 / 姜加虎等编
著. -- 北京 : 中国水利水电出版社，2020.6
ISBN 978-7-5170-8489-1

Ⅰ. ①洪… Ⅱ. ①姜… Ⅲ. ①洪泽湖－水灾－关系－
淮河－研究②淮河－流域治理－研究 Ⅳ. ①P426.616
②TV882.3

中国版本图书馆CIP数据核字(2020)第051623号

书　　名	**洪泽湖与淮河洪涝灾害的关系及治淮** HONGZE HU YU HUAI HE HONGLAO ZAIHAI DE GUANXI JI ZHIHUAI
作　　者	姜加虎　窦鸿身　苏守德　彭顺风　编著
出版发行	中国水利水电出版社 （北京市海淀区玉渊潭南路1号D座　100038） 网址：www. waterpub. com. cn E-mail：sales@waterpub. com. cn 电话：(010) 68367658（营销中心）
经　　售	北京科水图书销售中心（零售） 电话：(010) 88383994、63202643、68545874 全国各地新华书店和相关出版物销售网点
排　　版	中国水利水电出版社微机排版中心
印　　刷	北京印匠彩色印刷有限公司
规　　格	184mm×260mm　16开本　14.75印张　359千字
版　　次	2020年6月第1版　2020年6月第1次印刷
印　　数	0001—1000 册
定　　价	**90.00 元**

前　言

洪泽湖，号称中国第四大淡水湖。其实，洪泽湖不是天然湖泊，而是淮河流域最大的平原型水库——人工湖泊，其集水面积占淮河干流水系的80%以上，是淮河流域不可或缺的重要组成部分。

淮河流域位于我国东部的腹地，地理位置优越，气候温和，土质肥沃，自然资源丰富，交通便利，开发历史悠久，是中华民族文明的发祥地之一，名人荟萃，儒教、道教的创始人及其代表人物如孔子、老子、孟子、庄子，以及政治人物刘邦、项羽、朱元璋、诸葛亮、曹操等均出生于斯，活动于斯。

在洪泽湖尚未形成的公元12世纪以前，淮河是独流入注黄海而非入注（长）江的河流，在其下游纳最大支流泗河水系后，过淮阴而东，于响水县云梯关入注黄海，北宋神宗时（1068—1078年）于淮河入海口建有"望海楼"，以壮其景，以示纪念。其时，淮河与其北面的黄河和南面的长江互不隶属，黄（河）自黄，淮（河）自淮，（长）江自江，彼此各有其入海之道，纲纪井然。唐、宋之前，淮河是条生态健康的利河，水系发育完整，水流通畅，灌溉便利，两岸良田沃野，阡陌纵横，鲜有洪涝灾害的发生。正如广为流传的民谚所云："走千走万，不如淮河两岸"。淮河流域享有"江淮熟，天下足"的美誉。

黄河长期南泛侵淮与夺淮是洪泽湖水库形成的根本原因。自南宋建炎二年（1128年）始，由于人为原因发生了黄河南泛侵淮与夺淮长达700余年之久的事件。黄河带来和提供的巨大能量和物质，使淮河流域的水系和地文为之巨变，不仅形成了洪泽湖，还由于大量的泥沙淤塞，使淮河下游入海之道地势高仰，淮河不能循原独流入海之道入海，遂演变为长江的支流，而淮河中下游广大地区则成为洪涝灾害频繁发生的"水灾窝""水袋子"，呈现出"大雨大灾，小雨小灾，无雨旱灾"和"十年倒有九年荒"的悲惨景地，淮河由生态健康的利河演变为举世闻名的"害河""病河"。淮河与洪泽湖洪涝灾害的关系跃然纸上。

"一唱雄鸡天下白。"中华人民共和国成立后，党中央和人民政府高度重视淮河的治理工作。毛泽东主席发出"一定要把淮河修好"的伟大号召，

1950 年 10 月政务院发布了《关于治理淮河的决定》，成立了治淮委员会，提出了"蓄泄兼筹"的治淮方针。于是，淮河就成为新中国建立后第一条全面、系统治理的大河，洪泽湖则成为治淮工作的重点和样板。治淮人历经半个多世纪的艰辛努力，治淮取得了有目共睹的巨大成就，淮河和洪泽湖获得了新生。淮河流域既有昔日的繁荣，也有昔日的悲怆，但如今都已"旧貌换新颜"了。治淮成了新中国水利建设事业的一部缩影。大量的事实证明，淮河和洪泽湖不仅在发生学上具有密不可分的关系，而且在治理上是利益相互交融的，治洪泽湖就是治淮的重要组成部分。

对于一般的河流而言，仅涉及该河流域的自然科学、社会经济科学及管理和洪水调度等方面的科学，但对于淮河的治理，则有其特殊性和更高的要求，不仅涉及淮河流域的自身，还要涉及黄河流域。这无疑就进一步加剧了治理淮河的复杂性、艰巨性和长期性，绝非一蹴而就即可获得成功的。目前，淮河流域的水患仍未根除。作为淮河水系洪水调节的巨型水库、被誉为我国第四大淡水湖之一的洪泽湖，随着岁月的迁延，泥沙日渐淤塞，湖泊面积和容积与昔日相比已大为减少，对淮河洪水的调节功能逐步减退，"洪泽湖已高高在上，悬湖之势益显"，成为高悬于里下河地区千百万人民头上的一把利剑。根治淮河水患，给淮河洪水一通畅的出路，是当前淮河儿女和关心淮河流域安全的人们之一大紧迫任务，是当务之急。

我们作为十分关心淮河和洪泽湖地区安危的科技工作者，在翻阅大量古今资料和短暂的实地调研和考察后，对淮河流域洪涝灾害形成的机理和治淮方略有些粗浅的认识。我们将这些粗浅认识和看法，以书面形式奉献出来，供有关领导和水利工作者参考。

书中的附图、插图由刘晓玫同志负责绘制。在本书的调查研究和编写过程中，得到虞孝感、赖锡军、张志刚、万燕军、蒋名亮、王莹、杨琼等同志的鼎力相助；本书还得到"鄱阳湖及湖区生态水利综合治理关键技术及示范"（项目编号 2018FYC0407600）以及国家自然科学基金面上项目"干湿交替作用下鄱阳湖湿地碳、氮循环过程研究"（项目编号 4177235）的联合资助，在此谨表衷心的谢意。

最后，由于笔者业务水平所限，加之编写时间仓促，书中错讹或不当之处在所难免，诚请读者批评指正。

作者
2019 年 8 月

目 录

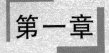

第一章

淮河流域地理特征及水系概况

第一节　淮河流域的地理特征

一、流域的地理位置与范围

淮河流域的地理位置十分奇特，它位于我国东部平原的中部，长江和黄河两大流域之间，是中华民族发祥地中原地区的重要组成部分。在气候上，是暖温带与北亚热带的过渡带，是湿润区与半湿润区的过渡带，也是由海洋向内陆、由平原到山区的过渡带，而横穿淮河流域中部的淮河就是暖温带与北亚热带、我国北方与南方的分界线。

淮河流域位于北纬 $30°55'\sim36°36'$，东经 $111°55'\sim120°25'$ 之间。西部以河南省西部嵩山、外方山、伏牛山与北面的洛水，南面的汉水分界；北面以郑州至开封的黄河南大堤与黄河为界，再东以废黄河与汶河、泗河、沂河、沭河分界；南面以桐柏山、大别山、淮南丘陵与长江流域分界；东面直达黄海。

山东南部的汶河、泗河、沂河和沭河原来都是淮河的支流，因黄河夺淮，上述河流已不能直接入淮。但是，现在通过大运河的联络，仍有一部分水流进淮河，因此，广义地说，这些地区也可作为淮河流域的一部分。

淮河和黄河之间，严格说来，并没有明确的分水岭，淮河北面的支流如贾鲁河、惠济河就发源在黄河南堤之下，若黄河南堤决口，河水随时可以流入淮河。

淮河和长江之间，在西面有比较明确的分水岭，但在东面就缺少天然分界。现代有的学者将通扬运河、如泰运河东段视为江、淮东段的分界。

淮河流域东西长约 700km，南北宽约 400km，流域总面积为 27 万 km²。流域内以废黄河为界分成淮河和沂、沭、泗两个水系，其面积分别为 19 万 km² 和 8 万 km²。流域范围涉及湖北、河南、安徽、江苏、山东等五省，40 个地（市）的 163 个县（市），人口1.3 亿人，耕地 2 亿亩（表 1-1、表 1-2、表 1-3）[1]。

表 1-1　　　　　　　　　　　1990 年淮河流域行政区表

省份	地（市）名	县（市）名称	县（市）数
河南	郑州市	荥阳县、登封县、密县（部分）、新郑县、中牟县	5县
	开封市	开封县、尉氏县、兰考县、杞县、通许县	5县
	洛阳市	汝阳县、嵩县（部分）	2县

续表

省份	地（市）名	县（市）名称	县（市）数
河南	平顶山市	宝丰县、叶县、襄城县、鲁山县、郏县	5县
	许昌市	许昌县、长葛县、鄢陵县	3县
	漯河市	郾城县、临颍县、舞阳县	3县
	商丘地区	商丘市，商丘县、虞城县、民权县、夏邑县、永城县、睢县、柘城县、宁陵县	1市8县
	周口地区	周口市，商水县、淮阳县、太康县、扶沟县、沈丘县、郸城县、鹿邑县、西华县、项城县	1市9县
	驻马店地区	驻马店市，确山县、新蔡县、上蔡县、西平县、泌阳县、（部分）平舆县、汝南县、遂平县、正阳县	1市9县
	信阳地区	信阳市，信阳县、潢川县、淮滨县、息县、新县、商城县、固始县、罗山县、光山县	1市9县
	南阳地区	桐柏县（部分）、方城县（部分）	2县
	省计划单位	汝州市、禹州市、舞钢市	3市
	淮河流域合计	6地级市、5地区	7市60县
安徽	合肥市	长丰县、肥东县（部分）、肥西县（部分）	3县
	淮南市	凤台县	1县
	淮北市	濉溪县	1县
	蚌埠市	怀远县、固镇县、五河县	3县
	安庆市	岳西县（部分）	1县
	宿县地区	宿州市，宿县、萧县、泗县、砀山县、灵璧县	1市5县
	阜阳地区	阜阳市、亳州市、界首市，阜阳县、利辛县、临泉县、涡阳县、颍上县、蒙城县、阜南县、太和县	3市8县
	滁县地区	嘉山县、定远县、天长县、凤阳县、来安县（部分）	5县
	六安地区	六安市，六安县、寿县、霍山县、霍邱县、金寨县	1市5县
	淮河流域合计	5地级市，4地区	5市32县
江苏	徐州市	铜山县、睢宁县、邳县、丰县、沛县	5县
	连云港市	东海县、灌云县、赣榆县	3县
	淮阴市	淮阴县、泗阳县、涟水县、洪泽县、金湖县、泗洪县、沭阳县、盱眙县、灌南县	9县
	盐城市	建湖县、响水县、阜宁县、射阳县、滨海县、大丰县	6县
	扬州市	邗江县、宝应县、泰县（部分）、江都县、高邮县	5县
	南通市	海安县（部分）、如皋县（部分）、如东县（部分）	3县
	南京市	六合县（部分）	1县
	省计划单立市	泰州市、宿迁、东台市、兴化市、淮安市、新沂市、仪征市（部分）	7市
	淮河流域合计	7地级市	7市32县

省份	地（市）名	县（市）名称	县（市）数
山东	枣庄市	滕州市	1 市
	济宁市	兖州县、鱼台县、金乡县、邹县、嘉祥县、微山县、汶上县、泗水县、梁山县	9 县
	泰安市	宁阳县（部分）、东平县（部分）	2 县
	淄博市	沂源县	1 县
	日照市		
	临沂地区	临沂市，沂南县、郯城县、沂水县、苍山县、莒县、费县、平邑县、莒南县、蒙阴县、临沭县	1 市 10 县
	菏泽地区	菏泽市，鄄城县、单县、郓城县、曹县、定陶县、巨野县、东明县、成武县	1 市 8 县
	淮河流域合计	5 地级市，2 地区	5 市 30 县
湖北	孝感地区	广水市（部分），大悟县（部分）	1 市 1 县
	省计划单位市	随州市（部分）	1 市
	淮河流域合计	1 地区	2 市 1 县

注 本章行政区划表均由唐涌源提供，原载《淮河志通讯》，1985 年第二期。

表 1 - 2　　　　　　**两次全国人口普查的淮河流域人口情况表**

流域内	1990 年全国第四次人口普查					1982 年普查	8 年人口增长率 /%
	人口 /万人	人口密度 /(人/km²)	每千人文化程度		文盲占人口比重/%	人口 /万人	
			大学/人	中学/人			
江苏省	3724	552	7.62	310.0	18.2	3300	15.2
安徽省	3200	475	5.73	239.4	25.1	2749	18.6
山东省	3026	603	5.29	258.9	20.8	2591	19.3
河南省	5020	578	7.51	318.0	17.8	4372	17.6
湖北省	22	—	—	—	—	19	—
全流域	14992	555	6.71	288.0	21.4	13031	17.5

注 本表资料来自《淮河综述志》，水利部淮河水利委员会《淮河志》编纂委员会编。

表 1 - 3　　　　　　**淮河流域人口情况表**　　　　　　单位：万人

年份	全流域人数	其中农业人数	流域内各省人数				全国人数
			江苏	安徽	山东	河南	
1936	5762	—	1969	965	975	1852	—
1949	6837	—	—	—	—	—	54167
1952	—	—	1942	—	1585	2545	57482
1957	8054	—	2196	1243	1768	2848	64653
1962	—	—	2274	—	1800	2886	67295
1967	—	—	—	—	2005	3211	76368
1975	—	—	3060	—	2409	3929	92420

续表

年份	全流域人数	其中农业人数	流域内各省人数				全国人数
			江苏	安徽	山东	河南	
1980	12548	11563	3215	2716	2545	4262	98705
1983	13208	—	3314	2819	2646	4430	102495
1984	13342	11931	3364	2850	2678	4450	103475
1988	14072	12258	3527	3028	2806	4712	109614
1990	14960	13012	3689	3240	3023	5009	114333

注　本表资料来自《淮河综述志》，水利部淮河水利委员会《淮河志》编纂委员会编。

二、流域的地质基础与海平面变化

（一）淮河流域的地质基础[2]

淮河流域在地质构造上隶属于华北地台内的河淮台向斜。华北地台基底形成于前寒武纪，由深变质的片麻岩、结晶片岩、花岗岩和浅变质的石英岩、硅质灰岩、板岩和千枚岩所组成。这些古老的变质岩现在出露在辽东半岛、山东半岛、五台山、中条山和吕梁山地区。华北地台边缘亦有出露。

华北地台从寒武纪开始到中奥陶纪遭受海侵，沉积了很厚的以灰岩为主的海相地层，以燕山一带沉积最厚，在华北平原地下亦有此地层分布。

从上奥陶纪到中石炭纪，华北地台整体上升为陆地，处在侵蚀、剥蚀期，没有沉积地层。中上石炭纪本地区处于海、陆交替时期，有河湖相沉积和滨海与沼泽相沉积，其中夹有厚层的含煤地层。从二叠纪开始，华北地台上的海水全部退出而成为陆地。

发生在中生代侏罗纪和白垩纪的燕山运动使华北地台产生了剧烈的地壳运动。强烈的隆起、拗折、褶皱和断裂使本区形成了许多断陷盆地。同时，伴随着大规模的岩浆活动，包括安山岩和流纹岩的喷出和花岗岩类的侵入。

经过剧烈的燕山运动，华北陆台的构造轮廓基本形成。除了受到褶皱和断裂的山脉外，华北平原属于凹陷区。古生代及以前的构造运动对现代地形、地貌基本上无影响，而对现今地貌产生巨大影响的是中、新生代时期的构造运动。

自新生代以来，华北地台进入大面积隆起和沉降堆积并存时期。在山地和高原是上升和侵蚀，而在山间盆地则是旺盛的河湖相沉积。黄淮平原、辽河平原直至黄海、渤海均是沉降和接受沉积的地区，其中华北平原下陷最深，沉积了厚达数千米的第三纪河流和湖泊的沉积物，其中夹有薄层的海相沉积物。在该沉积物之上覆盖了数百米第四纪疏松河湖沉积物。

华北地台在经历了新生代的隆起和沉降运动以后，地台周边的辽东台背斜、山东台背斜、山西台背斜和燕山褶皱带又强烈隆起而成为山地和高原。今日淮河流域西边的嵩山、伏牛山、桐柏山和流域南边的淮阳山脉均在此时形成。而华北地台内的河淮台向斜则强烈下陷形成华北平原，并沉积了厚达数千米的第三纪河流、湖泊沉积物，其中还夹有薄层的海相沉积物。其上面则覆盖了厚达数百米的第四纪松散的河湖相沉积物。

淮河流域内共存在三种构造体系或构造单元[3]，即：N45°～60°W、N15°～25°W和近东西方向的构造体系。地球上所有较大的河流都是沿着软弱的岩层，循着构造上破碎

4

带（即裂隙）发育的。淮河干流就是在第三纪红色岩系丘陵地形中呈东西向流行，它平行着红色岩层近东西走向及开阔的褶皱带而发育的。著名的横亘我国西北部的秦岭为东西向构造体系。秦岭东西带与淮河东西带在地理方位上是毗连的。如此看来，将秦岭—淮河一线作为我国南北方地理分界线是有着地质上的渊源的。淮河南岸的支流，大体上都是由南向北流，不管它经过什么岩层，几乎都是循南北向横节理及横断层发育的。这种方向的节理、裂隙都是由形成此构造体系的应力中的张应力而发生的。淮河北岸的支流在山区中有时为东西向，有时为南北向，几乎都是沿着东西向横断层、纵节理与南北向横断层、横节理而发育的。但在丘陵地带与京汉铁路以东的平原上，河流转为西北—东南向，与红色岩层走向不一致，斜穿岩层走向，其发育的途径是沿着形成东西构造线应力情况中的扭应力而发育的，或者说是受到其他外力作用而扭转的。

晚第三纪早期，中国东部大陆边缘发生性质上的转变，由以前封闭型海第斯式海沟—弧形山系转变为开放型的岛弧—海沟—边缘海的性质，从而为中国主要东流入海的河流出现提供了重要的构造前提条件。换言之，大地构造演变过程决定了中国东流入海的河流再古老也不会老于晚第三纪早期，而只能是晚第三纪及其以来地理环境演变的产物之一[2]。

（二）海平面的变化

这里的海平面是指黄海海面。对于入注黄海河流而言，黄海海面就是它们的侵蚀基准面。侵蚀基准面就是水流（含河流）消失侵蚀能力的水平面，所以说，侵蚀基准面或海面的升降关系到入海河流的兴衰。若海平面下降，河流的侵蚀能力加强，源头溯源侵蚀，向上游伸展，河流尾闾伴随着海岸线的后退向海里伸展，河流充满活力。一旦海平面上升，河流的侵蚀能力减弱乃至丧失，河流由溯源侵蚀变为向源堆积，河流进入老年期，活力锐减，而且伴随着海岸线的前进，河流的尾闾逐步被海水淹没，河身缩短。

作为"四渎"之一，河长仅1000km左右的淮河，海平面升降对其影响巨大。据有关方面研究，在黄海高海面时，"淮河入海处当在京汉铁路东面不远，最大限度想不会在息县与洪河口间以东，其长度当远小于今日"[4]，充其量也不过是长约250km的山河。所以说，研究淮河水系演化，不能不研究海平面的变化。

进入全新世中期，全球气候变暖，海平面上升，在距今6500～5000年前，海水入侵范围最大，曾达到淮安县流均地区及大运河沿线，今里下河地区沦为海洋环境[5]（图1-1）。

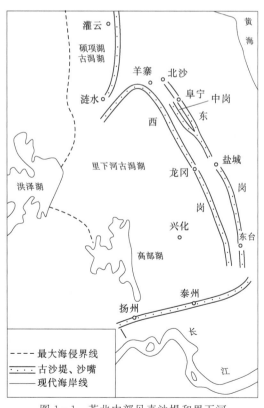

图1-1 苏北中部贝壳沙堤和里下河
古潟湖形势图（顾家裕，1987年）

今淮河下游为里下河地区，在大地构造上属于华北地台苏北凹陷区，自燕山运动以来，一直处于沉降过程中，并接受了深厚松散的沉积物，沉积物厚度达 45～80m。晚更新世时期，本区又处于滨海环境，成为长江三角洲北侧的一片浅水海湾。凌申认为，自晚更新世以来，该区曾发生过三次海进和二次海退[6]。全新世早期（距今 12000～7000 年）全球气候变得温暖湿润，海面上升，古海岸线推进至东台的梁垛至海安一线，并呈向西凹入的弧状，形成典型的海湾。中全新世初期（距今 7000～6000 年），江苏沿岸地区发生了全新世最大海进，苏南称之为太湖海进，苏北则称之为高邮海进。当时，长江口退至镇江—仪征一线，淮河口退至淮阴以西，高邮湖—赣榆一线以东已是汪洋一片，云台山成为海中之孤岛。整个里下河地区成为一片浅水海湾，海水直逼断坳西缘的低山丘陵区，沉积了一层以粉沙为主的夹细砂、黏土的滨海、浅海相物质。赵希陶（1996 年）认为"在全新世初（距今 7500～6600 年前）海水全部入侵至里下河地区东部，建湖县庆丰地区发育了滨海沼泽；中全新世中期（距今 6500～5500 年前）"，建湖县庆丰地区亦由潟湖发展为开放潟湖与海湾。距今 6500～4000 年，海水入侵范围最大，有可能沿某些通道入侵射阳湖以西的淮安市流均地区，受海水波及地区海陆相过渡地层的西界可能接近大运河[5]。而耿秀山等（1983 年）和凌申则认为，距今 6000～5000 年前的海岸线是北起赣榆，经淮阴西，沿洪泽湖大堤，经高邮湖、扬州至长江[7]。《中国自然地理》曰："……约在距今 6000 年左右，海侵达到了最大规模。当时，渤海海域向西扩展，岸线抵达今天的昌黎、文安、任丘、献县、德州、济东一线；苏北平原，北起赣榆，南经海州、灌云、涟水、高邮、扬中一线，皆为海水淹没；长江入海口又退到扬州、仪征附近"（图 1-2）[8]。

中全新世中期，高海面以后，海面开始下降，海水后退，到距今 4500 年前后，除里下河地区仍为潟湖沼泽外，苏北沂、沭河三角洲冲积成陆，其他地区亦相继成陆。

庆丰地区全新世潟湖演化的几个阶段[5]：

1. 泥炭沼泽，堆积时期为距今 10100～9800 年。当时海水尚未影响本区，黑色淤泥夹杂大量植物残体标志着沼泽环境。

2. 滨海沼泽，堆积时期为距今 9800～7500 年。层 1 中上部少量滨岸浅水种有孔虫、近滨海相介形类与大型潜穴的出现，表明海水在距今 9800～9200 年曾两度影响本区。地层中少量滨海浅水种有孔虫的出现，表明此时期海相性程度较低。以上表明该沉积属潮上带与潮间带上部环境。

3. 滨海泥滩—潟湖，堆积时期为距今 7500～6500 年。大量滨岸浅水种有孔虫、滨海相介形虫的出现以及原位缢蛏的生长，表明海水已入侵该区。表明该区此时已属潮间带中下部、潟湖环境，且水深已明显加深。

4. 开阔潟湖—海湾，堆积时期为距今 6500～4000 年。滨海、浅海相有孔虫、介形类、个别较深水种有孔虫和正常狭相形大连湾牡蛎——日本棱蛤的出现，表示水深加大，化学环境改善，全新世海侵到达高潮，使本区成为海水较为通畅的潮间带中下部至潮下带上部的海湾环境。

5. 滨海低地，堆积时期为距今 4000～2300 年。包括大量木本植物残体的陆生植被取代了海相动物群，标志着海水已退出本区并逐步形成滨海低地。

6. 淡化潟湖，堆积时期为距今 2300～1200 年。蓝蛤—珠带础螺的出现，表明海水再

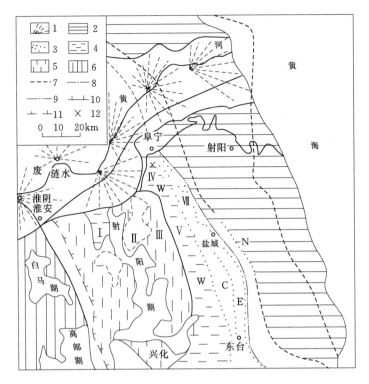

图 1-2 古射阳湖地区全新世海岸线演化示意图

1—废黄河滩地、决口扇、倾斜平原与三角洲；2—苏北滨海平原；3—沙坝或贝壳沙堤平原；4—古潟湖平原；
5—曾受海水波及的湖沼平原；6—冲积与湖沼平原；7—1855 年岸线；8—明代岸线；9—宋代岸线；
10—中全新世海侵可能范围；11—中全新世海水可能波及范围；12—主要剖面地点；
Ⅰ—流均；Ⅱ—九龙口；Ⅲ—近湖；Ⅳ—三叉口；Ⅴ—庆丰；Ⅵ—西园；Ⅶ—草堰口；
W—西冈，距今 6500～5300 年；C—中冈，距今约 4400 年；E—东冈，距今 3800～3000 年；
N—新冈，距今 1150 年

次影响本区，但伴生蓝蚬—环棱螺组合，丰富的浅水，半咸水有孔虫群落以及海相、半咸水和淡水湖、湖相介形类的出现，则表示水体已相当地淡化。此次海水入侵，也深入到三岔口地区。[5]随着 12 世纪，黄河南迁夺淮入海，黄淮平原向海迅速推进，潟湖逐渐被淤积成陆。

从以上可知，在距今 6500～4000 年时期，海水入侵范围最大，有可能沿着某些通道入侵射阳湖以西的淮安市流均地区，受海水波及地区海陆过渡相地层分布范围可能更广（图 1-2 和图 1-3），其西界可能接近大运河。在距今 4000～2300 年期间海水在大规模后退，中冈与东冈沙堤发育之后，再次入侵里下河地区，形成了庆丰地区的淡化潟湖，并可能顺某些通道，再度入侵射阳湖以西地区。直到 12 世纪黄河南迁，苏北滨海平原形成，才最终将里下河地区与大海隔开。

从距今 7500 年左右起，海面急剧上升并达到现今海面或稍高位置。这次波峰一直持续到距今 6600 年，其最高位置时期（距今 6700～6600 年）海面可高于现今海面 1.5m。距今 6600～6500 年，海面明显下降，最低时约相当于现今海面。距今 6500～4000 年为全新世最高海面时期，持续时期长达 2500 年，但被距今 4800～4600 年的一次海面明显下降

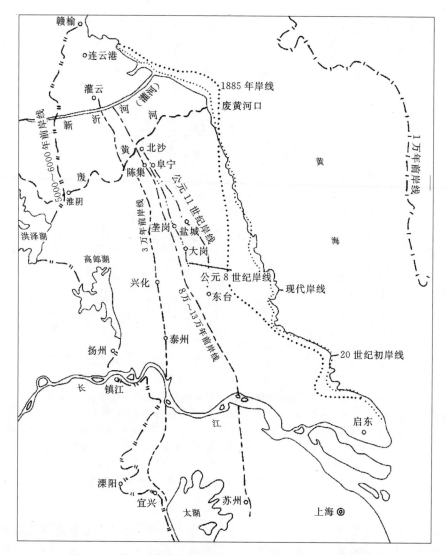

图 1-3　苏北海岸线变迁图（选自《江淮中下游淡水湖群》）

分为两期：距今 6500～4800 年高海面时期，海面普遍高于现今海面 2～3m，最高时（距今 5600 年及 5400 年前后）短期高于现今海面达到 3.5m，但其间曾一度下降；距今 4800～4600 年高海面时期，海面可高于现今 2.0～2.5m。距今 4000～2300 年总体上为一低海面时期。距今 2300～1200 年为最后一个高海面时期，海面一直波动上升，最高时可高出现今海面 1.5m 左右。

海平面的升降和海岸线的进退对研究淮河水系的演化和治理淮河洪水均有重要的参考价值。

三、流域的地貌特征

淮河流域地处全国地势第二级阶梯的前缘，且大部分位于第三级阶梯上，地形总趋势是西部高，东部低。在漫长的地质历史演变过程中，在内外营力的共同作用下，形成了多种地貌类型。根据地势和海拔，把全流域划分为山地、丘陵、平原和湖泊湿地等类型。山区面积为 31700km²，占全流域面积的 17.0%，丘陵区面积为 32800km²，占流域总面积的 17.5%，平原区面积 122500km²，占流域总面积的 65.5%（其中湖泊湿地面积 13250km²，占流域总面积的 7.1%）。

（一）山地

该区山地以低山为主，山地主要分布在流域的西部、西南部和东北部。西部和西南部的山地系秦岭山脉向东延伸的余脉。主要山脉有嵩山、伏牛山和桐柏山。

嵩山，是秦岭山脉向东延伸的余脉，其主峰海拔达 1440m，北汝河、颍河和双洎河均发源于此，呈北西—南东走向，均为横向河谷。

伏牛山，系秦岭山脉又一支，北起汝阳南至泌阳绵延 200 余 km。山脉走向为北西—南东，主峰为鲁山县西境的石人山和龙池曼，海拔分别为 2153m 和 2129m，为流域群峰之冠，是淮河、黄河、长江三大水系的分水岭。

桐柏山，位于流域西南一隅，向东与大别山相连，为北西—南东走向。主峰太白顶海拔 1141m，是今淮河的发源地。

大别山，位于流域西部西侧，西接桐柏山，东连皖山余脉，逶迤数百公里。山脉呈北西—南东走向，东段渐转向为东西向。主峰为霍山县的白马尖和天堂寨，海拔分别为 1774m 和 1729m。潕河、史河和潢河等均发源于大别山北坡。

沂蒙山，位于流域之东北角，它是由一系列北西向和北东向断裂形成的断块山地所组成，中间被北北东向的郯庐断裂带断开，分为东、西两部分。北部为鲁山和沂山，海拔分别为 1108m 和 1031m；南部蒙山山脉最高峰是望海楼和龟蒙顶，海拔分别为 1001m 和 1156m。

（二）低山—丘陵

低山—丘陵，一般分布在中低山地的外围或延伸部位。嵩山、伏牛山、桐柏山、大别山和沂蒙山等，在向平原过渡的地带均有大小、面积不等的低山—丘陵分布。该流域的低山—丘陵的面积约占流域总面积的 19%，略大于山地面积。

低山—丘陵的特点是没有明显的走向，分布零散，山体体积较小，坡度平绥，海拔低于 500m，相对高差为 100~200m。此外，低山—丘陵区沟谷开阔，谷地多有不同厚度的残、坡积物，丘陵顶部或有很薄的残积层或基岩裸露。河流两岸有一、二级阶地，其二元结构，上部为壤土，下部为砂砾石。

（三）黄河和淮河共同建造的淮河平原

西起伏牛山、嵩山东麓，东尽黄海，北自黄河南岸大堤，南至淮阳山地北麓，其中间为一广阔的平原，即淮河平原。它是由黄河和淮河共同建造的黄淮大平原的一部分。其地的气候、雨量、河流、土质皆适宜农业生产，是世界上最大的农业区之一。

淮河平原以其优越的地理位置、宽阔而又完整的形态以及悠久的开发历史而雄踞我国各大河流平原之首。宗受于先生在他所著的《淮河流域地理与导淮问题》一书中写到：

"以淮河流域与其他流域比较，则长江经行七省，自为最大，惟以山岭阻隔形成各个小流域，不如淮河流域为整个大平原也。珠江流域亦然，其平原更小。惟白河流域亦为大平原，而较小于淮域。如以土壤言之，长江流域以下游冲积平原之江浙为最富饶，而地味甚薄，全恃人工与肥料为繁殖。白河流域因西北尘沙飞积，成为白壤，植物稀而地瘠。珠江流域山地与平原相错，以地居热带，植物繁荣，其地质亦不如淮域。故我国地力最富，不恃人工肥料可以繁殖之大农区，除东三省外，当以淮河流域为第一也。"[9]

1. 淮河平原的地貌类型[1]

淮河平原是指黄河扇形地以南至淮阳山地北麓之间的广阔区域。淮河平原虽然与辽河平原、海河平原同属华北平原，但辽河下游平原和海河平原同属燕山运动构成的陷落地带，目前仍在继续沉降。据钻孔资料，辽河平原沉积厚度达 2000m，华北平原（黄河、海河平原）沉积厚度则超过 5000m。而淮河平原地面不同于黄河和海河平原，堆积层很薄，一般为 10～15m，最厚处也仅为 30～60m，属于侵蚀平原范畴。从遂平、确山，一直到徐州附近都有残留的山丘。在埋藏的古侵蚀面上，普遍覆盖了第四纪薄层的黄河和淮河的冲积物。

该区地貌类型层次明显，从山丘区前缘的坡积洪积平原、洪积平原、冲积平原、湖积平原、三角洲平原和海积平原，依次由高向低逐渐递变，其中又以洪积-冲积平原、冲积扇平原、冲积平原最为重要。

（1）洪积-冲积平原。此类平原主要沿嵩山、伏牛山东麓、桐柏山东麓和大别山北麓分布，长丰—天长的江淮分水岭和沂蒙山的山前地带亦有分布。

伏牛山和桐柏山的山前，此类平原较宽广，其中沙河、汝河和颍河中上游地区的宽度最大达 100km，并一直延展到京广铁路以东 20～25km，高程在 100m 以下。平原向东倾斜，坡度 1/2500，组成物质主要是更新世初期的砂砾层和黏土层。此地原是沙河、汝河古洪积扇分布区，由于近期地壳上升逐渐被夷平而变得不明显，仅在山麓地带残留有一些岗地。因此，遂平以北地面平坦，河流下切不深，主要为微倾斜的平地及一些洼地（如泥河洼、老王坡）、微高地（为漯河东、上蔡、黄埠高地）。遂平以南主要属古淮河洪积冲积扇，起伏坡度增大；京广铁路以西，除有少量孤丘分布外，全为岗地和谷地；京广铁路以东处于古冲积扇前缘，冈地与谷地相间分布。大别山北麓则是冈地（含阶地）与谷地相间分布。冈间谷地前端，往往发育有长形湖泊，形成冈、谷、湖、洼交错分布的特征。彼此大体相互平行地由南向北伸展。

（2）冲积扇平原。此类平原面积广大，是黄淮平原主体之一，是黄河和淮河出山之后所堆积的平原。其西部大体以郑州—许昌—汝南一线为界，南部及东南部以新蔡—临泉—阜阳—利辛—淮北一线为界，与淮河冲积平原不规则地相接；东部延展至南四湖西侧，部分与泗河、大汶河冲积扇平原相连。

黄淮冲积扇平原按形成时间先后，大体上可分为古老的、较老的和较新的三类。

1）古老的（中晚更新世或晚更新世早期）冲积扇平原：即郑州—许昌—汝南一线以东至涡河以西，是由黄河古冲积扇平原和淮河古冲积扇平原融合而成的微倾斜平地。地势由西北向东南倾斜，平均坡度 1/2000～1/1000。长葛—扶沟以北为此类平原的顶部，地面坡度一般为 1/2000～1/2500。由于处于扇顶部位，古泛道泥沙首先在此沉积，颗粒普遍较粗，所以，沿古泛道砂丘、砂冈、砂地甚多。这里的砂丘形态不一，以椭圆形居多，新月形绝少。高度一般为 5～8m，排列方向大致以西北—东南或东北—西南向居多。其中尉氏县西部为砂冈集中分布区，砂冈一律呈南北向排列，具二元结构，下部为较硬黏土，上覆细沙，顶部平坦，高 5～8m，长者可达数公里，岗间均有洼地，岗洼相间极有规律。

扶沟以南至周口一段为冲积扇平原中部。历史上黄泛水流在进入冲积扇中部以后，泛流作用大大减弱，泛水逐渐归槽，但仍留下大面积砂地、古河床高地及一些槽形洼地。地面组成物质大部分为壤土和砂壤土。

周口以南为古老的冲积扇的下部，地面平均坡降较缓，为 1/5000～1/6000，还有许多坡度小于 1/6000 的平地和低平地，受近期黄泛影响较小，地面组成物质主要是壤土和黏土。河流都是地下河。

2）较老的（可能为晚更新世）冲积扇平原，大体是贾鲁河—涡河以东至废黄河之间的倾斜平原。通许—陈留—睢县一线以北为其顶部。此地紧靠黄河，地面坡度较大，一般为 1/2000～1/2500，局部地区大到 1/200。地面仍是黄河泛道沉积，沉积物质地普遍较粗。贾鲁河以东，开封以西广泛分布着砂地和流动、半固定性砂丘。砂丘多呈西北—东南向排列，地面起伏较大，砂丘高度可达 15～20m，素有"六十里大沙窝"之称，朱仙镇以南以砂地为主，地面起伏较缓，高差 2m 左右，仅稀疏地散布一些较低的孤立砂丘。开封、通许以东主要为砂质微倾斜平地，砂丘少而矮，零星散布在村庄周围及黄泛故道中。槽形洼地是古黄河泛道的河床，多与砂丘带相间分布，宽度数十米到 1000m 不等，雨季则集水成陂水河流。

通许—睢县以南、柘城—商丘一线西北属本类平原的中部，柘城—商丘一线东南为本类平原的下部。本类平原下部的地形和地貌特征与古老冲积扇平原中、下部类似。

3）较新的（可能为晚更新世至全新世）冲积扇平原，是指鲁西、黄河以南、南四湖以西和废黄河之间的三角形地带，此地实际上是黄河冲积扇平原的中下部。该区为黄河改道南北迁徙的过渡地带，地势低平，总体向东倾斜，平均坡度约 1/8000。地表沉积以粉砂为主。兰考以东的废黄河河道呈东西向延伸至徐州入江苏境内。这是一条宽窄不等的带状的古河漫滩和古河床洼地，却是现代淮河水系和泗水水系的分水岭。

（3）冲积平原。黄河冲积平原实际上是上述冲积扇平原的下部和淮河冲积平原融合而成的微倾斜平地。地形由西北向东南倾斜，平均坡度 1/7500～1/12000，地面海拔为 15～50m。地貌类型比较单调，主要是低平地或微有起伏的低平地。在低平地中星点状地分布一些微高地。地表组成物质大部分为晚更新世的砂礓黑土。平原大部分地区未受黄河近代泛滥物的覆盖，仅有在河道及其两侧的向河缓坡上有全新世地层堆积和近代黄泛堆积。在宿县—泗县之间有一条带状的古黄河泛道河床高地。

2. 淮河平原的特性与演化

（1）淮河平原的特性。远古时期的淮河平原是指黄河扇形地以南至淮阳山地北麓之间的广阔地域，是一个较为完整的大平原，面积达 25 万 km²。

淮北平原西部多土质岗地，以豫东淮阳岗地为最大，皖北阜阳岗地亦不小，是该河间分水区最突起部分。贾鲁河中上游有高十数米黄土岗，如通许孙营及扶沟吕谭南北，泛时都是安全地带。贾鲁河以西，黄土岗地最普遍。扶沟、鄢陵间，此类岗地使泛滥洪流转向，保全了扶沟城。黄泛前扶鄢大道在岗南，因"浸冈水"阻碍，改行冈上，至今原来道路等于虚设。尉氏以南每见拔海五六十公尺黄土孤丘，多作梭形或椭圆形，长轴作南北向，这是泛边缘内外特殊地形，大多是次生黄土所成。兰封开封中牟一带，每有沙丘，高者近 10m，形状不一，曾数见已固定沙丘上有村舍、果园。此外，平原上偶有古代遗留的土堆，通称古堆，高 20m 左右。其他人工建筑物，如河堤、护城堤、城垣皆不满十公尺，惟黄河大堤有时高愈十公尺，顶部可宽三四十公尺。开封城远低于黄河。

今淮北平原是指现今黄河以南、淮河以北的平原地区，属黄淮平原的一部分。"此平原的高度"大约在海拔 100m 之内，其中 90% 的高度在 50m 以下，如自北纬 40° 以南，河北京汉铁路以东及豫东、鲁西黄河旧道沿岸，均为海拔 50m 以下之平原（50m 等高线经过商丘市、太康、周口、漯河巴村、上蔡和汝南），……开封以下，两岸席地千里，北迄燕山南至淮阳，西起太行伏牛之麓，东达海滨，中间地带皆为最新冲积物所伏，绝少丘陵，……黄河干流经行于平原之中，迁滚淤塞，河床升高，紧束堤中，不复有支流。平原之水，在黄河以北者有河北水系，……黄河以南平原之水，皆为淮河上游，其北支如颍茨、涡浍、濉等河，均源出豫东北部，向皖北入淮。由此可知，现在之黄河河道，不仅不能汇集华北平原中之水，而反为河北水系与淮河水系之分水岭，是则河床淤高，溃决氾滥水患时与，其象甚明。黄河下游西端长达 300 余 km 的河道式分水岭，是全世界所少见。[4]

淮北平原紧临黄河，每当黄河缺口、改道，巨量的洪水携带着海量的泥沙，首先在淮北平原大地上漫流，并将这些泥沙沉积在淮北平原上，故淮北平原上沉积了数层至数十层泥沙。千百年来的连续不断地沉积，逐步形成黄泛平原。其范围北至黄河南大堤南与淮北冲积平原相接，西自郑州向东呈扇形展开，经开封、兰考、商丘、徐州、宿迁、淮阴直至滨海的黄河故边。该平原亦是黄河长期南泛而形成的高滩地，其地势略高于淮北冲积平原。

淮河平原西起北岭山脉（嵩山、伏牛山）东麓，东尽于大海，自西向东倾斜。发育其上的古淮河自西向东横贯淮河平原，最终流入大海。它把古淮河平原分为淮北平原和淮南平原。淮河两岸地势平坦，土壤肥沃，物阜民丰是块膏腴之地，古有"走千走万，不如淮河北岸"的美誉。

淮河以北，黄河以南，淮西丘陵以东，洪泽湖以西为淮北平原，其地面海拔为 20～50m，面积为 8800km²。

淮河以南，淮阳山地以北，原是淮南平原地域，现今为淮南丘陵区。今淮南平原则指废黄河（古淮河）以南，洪泽湖、高宝湖以东，长江以北的区域，亦称之为废黄河（古淮河）以南的苏北地区。

（2）"善淤、善决、善徙"的黄河改造了古淮河平原。黄河"善淤、善决、善徙"主要发生在黄河下游河段。早在战国时期（公元前 4 世纪）以前，黄河下游尚未形成固定和统一的河道，河水不时地漫溢、泛滥、决口和改道完全呈自然散漫状态。每次决口、泛滥都将大量的泥沙撒在黄淮平原上。战国后期，修筑黄河大堤以后，黄河下游河道虽被固定在大堤之内。但河水仍可在大堤内游荡并将大量泥沙淤积在大堤内。天长日久，河床逐渐被淤高，"河堤高出地面一至五丈"，"河水高于两岸平地"，黄河下游河段成为高于地面的"悬河"（图 1-4）。所以，自汉文帝十二年（公元前 168 年）河决酸枣以后，黄河下游就不断决口侵淮，直至全面夺淮，并将大量的泥沙沉淀在淮北大地上。

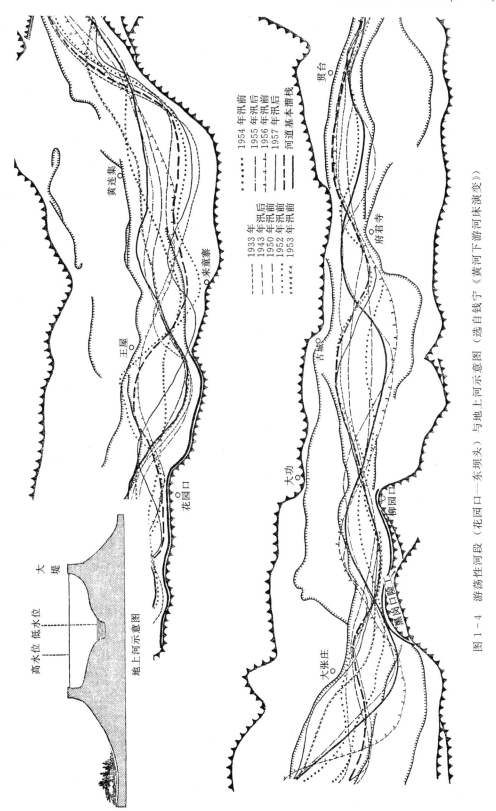

图 1-4　游荡性河段（花园口—东坝头）与地上河示意图（选自钱宁《黄河下游河床演变》）

据有关资料统计，黄河每年将 16 亿 t 的泥沙淤淀在包括淮河平原在内的黄河下游广阔的大地上。江苏境内的黄河故道"斜贯苏北大地，全长 496.8km，平均宽约 3km，高出附近地面 3～5m，有些地段达 8m，形似一条巨大的垄冈，成为一个独特的地理单元（分水地形）。"故道地面覆盖着 5～10m 厚的黄泛沉积物，主要为细砂和粉砂，产状水平，层理清晰，层厚数厘米至数十厘米。《淮河的改造》一书写道，"经过九年的黄泛，大约有 100 亿 t 的泥沙，沉积在黄泛区内，在泛区涸出后，大多是一片黄沙。它的厚度从 3～5m 不等，顶厚的达到 8m"。

（3）淮北平原的演化对淮河水系的巨大影响。黄河长期决口、泛滥、改道、侵淮、夺淮，将大量的泥沙淤积在淮北平原上，使淮北平原地面由北向南淤高了十数米至数米，从而改变了淮北平原的地表形态，使淮北平原整个地面由原先的由西向东倾斜，逐步演化成由北向南倾斜，促使黄河南岸大堤成为分水地形，将淮河流域分解为淮河干流水系和泗、沂、沭河水系，亦为"黄河南岸水系"的发育提供了地质基础。淮北平原北部的淤高和"黄河南岸水系"的发育，迫使淮河干流中游段不断向南迁徙，直到淮阳山地的北麓。昔日富饶的淮南平原已由淮南丘陵区所替代。《淮河的改造》一书中写道，"淮河以南，淮南山地区以北，高宝湖以西，是淮南丘陵区，面积 32000km²。""走千走万，不如淮河两岸"的谚语，无法再现，只能成为永久的历史记忆。

淮北平原地势的改变不仅促使黄河南岸大堤水系的形成而且还改变了淮北平原上水流的方向，即由原先的自西向东，改变为现在的由北向南，从而造成了淮河流域洪涝灾害不断，而且久治不愈。

四、流域的气候与水文

（一）南北过渡型气候

淮河流域位于我国中部，长江和黄河两大流域之间。在中国气候区划中，以秦岭、淮河和苏北灌溉总渠一线为界，北部属暖温带半湿润季风气候区，南部属亚热带湿润季风气候区。由于受太阳辐射、季风环流及地理环境等的综合影响，流域自北向南形成了由暖温带向北亚热带过渡的气候类型。其特点是冷暖气团活动频繁，降水年际变化大，常有洪涝、干旱、大风、霜冻等自然灾害发生，常表现为冬春干旱少雨，夏季闷热多雨，冷暖和旱涝转变剧烈，气候因子变率大。

淮河作为两个不同气候区的分界线，可谓是源远流长。早在距今 3000 多年前的春秋时期，《晏子春秋》一书中的"橘生淮南则为橘，生于淮北则为枳"这句名言，就在民间广为流传。与《晏子春秋》同一时代的名为《考工记》一书中，也有相同的记载，其曰，"橘逾淮北为枳"。当时的淮河仅被当作为橘树生长的北界。随着全球气候变冷，橘树生长的北界也在逐步南移，到了西汉早期橘树种植的北界已由春秋时的淮河一线移至长江一线。著于西汉早期的《淮南子·原道训》一书中载"今夫徙树者，失其阴阳之性，则莫不枯槁。故橘树之江北，则化而为枳"。这里的江，专指长江。现今橘树种植的北界已南迁至长江以南，甚至到太湖—鄱阳湖—洞庭湖一线。《中国历史气候变化》一书中写到，"现代柑橘类水果江苏仅产于太湖一带和长江口等地"。橘树种植北界不断南徙的主要原因是我国东部的气候在变凉，现在的年平均气温较春秋时期低了 3℃。

我国气象界认为，年积温 4500℃ 或一月平均气温 0℃ 的等值线，可作为我国暖温带和北亚热带的分界线。此界线以北，大部分亚热带植物和作物都不能正常地生长。所以，该界线是我国自然地理上的一条重要的分界线。此界线横贯淮河流域中部，秦岭北坡—淮河—苏北灌溉总渠一线，其中洪泽湖以西部分，与今颍河相近。所以说，源于嵩山的颍河方是淮河正源。淮河流域的降雨量等值线亦是向西北上方翘起，亦与颍河河线相近似。

在东南季风影响下，本区是四季分明，即春温多变，夏雨集中，雨热同季，秋高气爽，冬季干冷。全年冷暖气流活动频繁。

该区冬季在极涡为中心的径向西风环流影响下，盛行东北季风；夏季在南太平洋副热带高压和印度低压的影响下，盛行西南季风；春秋两季是东北季风和西南季风相互转化的时期。这类转换变化的迟早、强弱和维持时间的长短直接主宰淮河流域四季降水的多寡。

每年的 12 月上旬至次年的 3 月中旬是东北季风全盛时期，即隆冬季节。3 月中旬至 4 月下旬，东北季风开始减弱，西南季风夹带暖湿气流开始北进，流域内降水逐渐增多，当冷、暖气流实力相当，相持在流域上空，常常会造成江淮流域春季连阴雨天气，有些年份会出现桃花汛。

每年 6 月中旬中期至 7 月中旬前期，印度低压扩展加深，西太平洋副热带高压脊线稳定在北纬 22°～24°。此段时期是江淮地区的梅雨期，暴雨相对集中，雨区广，历时长，江、河、湖、库水位迅速上涨，是江淮流域防汛的一个重要时段。

每年的 7 月、8 月两月为盛夏季节，是西南季风的全盛期，印度低压维持其强度，抑或有所加强，西太平洋副高脊平均维持在北纬 25°～27°一线。有些年份副高脊线位置偏南，稳定在北纬 23°～26°一线，其西北侧的暖湿气流与西风槽中的冷空气在流域上空相遇，常发生大范围降水，所以，7 月下旬至 8 月上旬是流域防汛的又一个重要时段。有些年份副高线位置偏北稳定在北纬 27°～29°一线，流域大部地区受副高压控制，盛行东南风天气稳定，常出现持续性晴热天气，流域进入高温盛夏季节。此时段内台风活动频繁，但一般不会造成大范围的洪涝灾害。

每年的 9 月至 11 月上旬初为秋季，西南季风逐渐减弱，东北季风开始增强南下，大气垂直结构稳定，常出现秋高气爽或秋旱天气。

总之，东北季风与西南季风的强弱和进退，主宰了淮河流域四季的气候变化，形成了四季分明的气象特点，即冬季寒冷少雨雪；夏季炎热，雨水集中，易发生洪涝灾害；春秋季气温适中，降水分布不均，干旱时有发生。

全流域气候温和，年平均气温为 13～16℃，最高月平均气温为 25℃，最低月气温平均为 0℃，极端最高气温为 44.5℃（河南省鲁山县），极端最低气温为 −24℃（安徽省涡阳县），全年无霜期为 200～240 天，年平均日照时数为 2000～2600h。

泗、沂、沭流域属暖温带半湿润季风气候区，其基本特点是四季分明、雨热同季。春旱多风，天气多变；夏季炎热多雨，多偏南风；秋旱少雨，天气晴朗，日照丰富，昼夜温差大；冬季寒冷、晴燥、多偏北风。多年平均降水量 600～900mm，由东南部向西北部递减。降水年内分配不均，其中 6—9 月为汛期，降水集中，占全年降水量的 71.3%。年际降水量的差别也很大，最大年份降水量是最小年份的 4 倍多[1]。

（二）降水及其时空分布

1. 降水

淮河流域位于我国南北气候交替地带，气候变化剧烈，属暖温带半湿润季风气候区，淮河以南地区的气候接近长江流域，淮河以北地区气候接近黄河流域。夏季季风是该流域降水的主要因素。降水以锋面雨、气旋雨为最多。6—7月暴雨主要是由江淮梅雨所致；而8—9月受台风影响，经常出现台风暴雨。淮河流域的河川径流主要由降水补给，因而年径流量的分布与年降水量的分布大体相似，南大北小，山区大，平原小。

淮河流域多年平均降水量为883mm，其中淮河水系为910mm，沂沭泗水系为836mm，降水量在地区上的分布很不均匀，总趋势是南部大、北部小，沿海大、内陆小，山丘区大于平原区。年降水量800mm的等雨量线，大体上为流域湿润区与半湿润区的分界线。此线西起伏牛山北部，经叶县横贯豫东平原和淮北平原，再经周口、项城、亳县、微山，沿沂蒙山区的北坡折向东出域。此线以南，降水量大于800mm，属湿润区；以北小于800mm，属于半湿润区。

降水量地区差异悬殊，变幅为600~1400mm。淮南大别山区，潕河上游以安徽省前畈为中心的高值区，年降水量最大达1500mm以上；西部的桐柏山区和伏牛山区年降水量为1000~1200mm；东北部沂蒙山区年降水量可达850~900mm。河南省嵩山东南迎风坡为700mm的相对高值区。广阔的平原和河谷地带为降水量的低值区，如淮北平原600~700mm；以河南省中牟为中心的低值区降水量小于650mm。

淮河流域降水量年内分配很不均匀，往往集中在几个月内。淮河上游和淮南地区雨季一般集中在5—8月，其他地区集中在6—9月。多年平均最大连续4个月的降水量为400~800mm，占全年降水量的50%~80%。淮河流域的春、夏、秋、冬的降水量分别为190mm、485mm、165mm和66mm。汛期（6—9月）降水量约占全年降水量的80%。

淮河流域汛期极易出现灾害性暴雨。产生暴雨的天气系统大致可分为五类，即低空急流、切变线、低涡、台风和偏南风的风速辐合。其中低空急流是造成淮河流域汛期暴雨天气的主要因素，其次是切变线、低涡和台风。淮河流域南部6—7月的暴雨主要是由低空急流、切变线和低涡所造成，在淮河流域一般称之为"梅雨与长江流域相连"。淮河流域的梅雨期一般在15~20天。该流域1954年的梅雨期约为45天，是中华人民共和国成立以来最长的一次。是年，7月连续受7次涡切变影响，梅雨锋系长期徘徊于江、淮之间，故造成淮河与长江同时发生特大洪水。由台风形成的暴雨所影响的范围较小，历时也较短，但强度较大。1975年8月，3号台风伸入流域西部，且停滞徘徊，造成"75·8"特大暴雨，其1h、3h、6h、12h和24h的暴雨量分别为189.5mm、494.6mm、830.1mm、954.4mm和1060.3mm。暴雨中心（河南林庄）最大1天、3天、7天的降水量分别为1005.4mm、1605.3mm和1631.1mm。

对历年多次的暴雨资料的统计和分析可以发现，淮河干流上游、大别山、桐柏山、伏牛山、史灌河上游、洪汝河和沙颍河上游及沂、沭河上游的沂蒙山区都是暴雨高值地带。这些地区不仅暴雨频次多，而且常发生大暴雨。之所以如此，很可能是东南季风和台风携带着大量的暖湿气流北上，遇到低山、中山的阻碍无法北上，遂抬升并遭遇山区的冷空气，形成大量雨水，又无力越过高山，遂将大量雨水倾泻在山体的东南坡和南坡。故上述地区因"焚风效应"易产生大暴雨。

根据资料分析,淮河流域有3个24h可能最大降水高值区,即:①沙颍河上游及洪汝河地区,年降水量可达1300mm以上;②滍河上游年降水量在1200mm以上;③沂沭河上游年降水量也在1200mm以上。淮河流域各时段最大降水量见表1-4。

表1-4 淮河流域各时段最大降水量

日期		河名	站名	最大1h雨量/mm	最大3h雨量/mm	最大6h雨量/mm	最大12h雨量/mm	最大24h雨量/mm	最大1天雨量/mm	最大3天雨量/mm	最大7天雨量/mm
年	月										
1968	7	淮河	尚河		98.9	211.1	269.8	431.5	376.9	581.6	799.0
1975	8	洪汝河	林庄	173.0	494.6	830.1	954.4	1060.3	1005.4	1605.3	1631.1
1975	8	洪汝河	老君	189.5	464.5	685.4	775.1	861.0	812.5	1284.2	1301.5
1975	8	沙颍河	郭林	130.0	390.0	720.0	780.0	1050.0	999.0	1517.0	1517.0
1971	6	沙颍河	昭平台	100.3	256.7	383.7	455.8	461.5	461.5	465.8	539.0
1954	7	淮河	王家坝	64.6	146.8	204.4	212.9	259.3	213.0	444.5	649.5
1965	8	串场河	大丰闸	118.0	204.4	292.1	453.7	672.6	531.6	917.3	933.2
1963	7	沂河	前城子	155.0	310.0	320.0	320.0	320.0	320.0	349.4	676.8
1971	8	运河	沛城	119.5	180.7	241.2	352.6	379.2	336.8	381.3	381.3
1982	7	沙颍河	排路	71.2	201.7	356.5	571.6	655.3	630.0	812.2	907.7
1982	7	毛河	张庄塞	99.0	130.8	291.9	314.5	409.7	368.5	432.7	441.5

从表1-4中可以看出:淮河流域短历时1~24h,暴雨最大值均以1975年3号台风暴雨(即"75·8"暴雨)为最大,其1h、3h、6h、12h和24h的暴雨量,分别为189.5mm(老君)、494.6mm(林庄)、830.1mm(林庄)、954.4mm(林庄)和1060.3mm(林庄)。最大1天、3天、7天暴雨也以"75·8"暴雨中心林庄为最大,分别为1005.4mm、1605.3mm和1631.1mm。

2. 径流

淮河流域多年平均年径流深约为230mm,其中淮河水系为238mm,泗沂沭水系为215mm。年径流深300mm等值线西起伏牛山坡,经河南省孤石滩、确山、息县、固始至安徽省东淝河上游官亭出域。该线以南,年径流深大于300mm,水量多,为多水带;该线以北,除沂蒙、江苏盱眙等山区年径流大于300mm以外,其余地区均小于300mm,水量较少,为少水区。

径流变幅为50~1000mm,在地区分配上,呈现出南部大、北部小,沿海地区大、内陆地区小,山区大、平原区小的规律。淮南山丘区是全流域径流深的最大地区,约为380mm,滍河上游的黄尾河多年平均径流深最大为1054mm,沂蒙山区为350mm,江苏里下河地区约为249mm。年径流深低值区位于广阔的平原地带,豫东平原北部沿黄河一带和南四湖湖西平原地区最低50~100mm,广大的淮北平原径流深为170mm。

年径流的年内分配很不均匀,与降水年内分配类同,而且分配不均匀性更甚于降水。年径流主要集中6—9月,一般占全年量的50%~80%。

径流的年际变化较降雨更为剧烈,主要表现在最大与最小年径流量倍比悬殊,一般在 5~30 倍。

年径流系数为年径流深与年降水量的比值,能反映某一区域的产水量,系数大表明降水量转化为径流量大,损失较小。该流域的年径流系数,由于受降水影响,总趋势由南向北递减,总变幅为 0.10~0.60。南部大别山区最大达 0.60 以上,豫东平原北部和南四湖湖西平原最小,仅为 0.10~0.30。

五、流域的土壤类型与分布

淮河流域地处我国中部,南北跨 7 个纬度,自南向北形成了由北亚热带向南暖温带过渡的气候类型,大体以淮河干流和苏北灌溉总渠一线为界,南部气温较高,属北亚热带,土壤多发育为黄棕壤;北部气温略低属暖温带,土壤多发育为棕壤和褐土;东部多雨,属湿润气候带,除石灰质母质的山丘外,多发育为棕壤和潮棕壤;西部干旱少雨,除中山区以外,多发育为褐土和潮褐土。此外,东部滨海地区因受海水侵袭,多形成以氯化物为主的盐土;西部洼地,除有盐分积累外,主要形成以重碳酸-硫酸盐和重碳酸-氯化物为主的碱性土壤;在宽阔的淮北平原以及山丘区的河谷平原上,普遍堆积着河流沉积物和黄泛沉积物,其分布规律,随洪水流向,沉积物质地由粗变细,即由砂质土、壤质土、轻壤土(有黏土夹层)到黏质土。

据土壤发生说,土壤是气候、地形和植物相互作用的产物,各类土壤无不打上气候、地形和植被的烙印,所以淮河流域各个地域的土壤也不尽相同。

(1)鲁中南山地丘陵区,其地带性土壤是棕壤,是我国棕壤分布的南界,棕壤主要形成在花岗岩、片麻岩的风化物上,包括洪积、冲积物和坡积、残积物。

(2)淮河干流以北的鲁中南山地丘陵区、中运河以西和新沂河以南的丘陵岗地区,是褐土的主要分布区。豫中低山丘陵区也有褐土分布,在鲁中南山丘区往往是褐土与棕壤呈犬牙状交错分布。

(3)伏牛山及淮南的低山丘陵区广泛分布着黄棕壤。黄棕壤是棕壤向黄壤过渡的土类,它是北亚热带常绿阔叶林与落叶阔叶林混交林下发育的地带性土壤,土壤为黄棕色,多呈酸性和微酸性。

(4)伏牛山和淮河以南的低山丘陵区的下部多分布着黄褐土,该土黏化层坚实,呈微酸性至中性反应。

(5)黄泛平原是指黄河大冲积扇和冲积平原的南翼,其范围北至黄河大堤,南与淮北平原相接,自郑州向东扩展呈扇形展开,经开封、兰考、商丘、徐州、宿迁、淮阴直至滨海的黄河故道边,是黄河长期南泛而形成的高滩地。该平原分布着砂质、壤质及少数黏质脱潮土。潮土是平原区主要的耕作土壤,其中石灰性潮土是平原区主要土壤,它广泛分布在河南的豫东平原,安徽的淮北平原,江苏的徐淮平原,山东的汶、泗河下游冲积平原和南四湖周边平原。其母质多为黄泛沉积物和源自钙质岩类区的河流沉积物,其主要特征是碳酸钙含量高,呈强石灰反应。

(6)安徽淮北平原及流域内各省内的平原区广泛分布着砂礓黑土。该土壤具有黑土层是古老的耕作土壤。它主要分布于河间平原的地形平坦的低洼处,母质为河湖相沉积物。

其中普通砂礓黑土是该区砂礓黑土的主要亚类，占该区土类面积的 60% 以上。黑土层常出现在地表以下 20cm 左右处，一般厚为 20～30cm，呈中性微碱性反应，具有棱柱状、棱块状结构。石灰性砂礓黑土主要分布于覆盖薄层近代黄泛冲积物地区、石灰岩区或黄土区，其肥力较普通砂礓黑土为高。

（7）淮河南岸、里下河地区是水稻土主要分布区。水稻土是各类自然土壤在种植水稻的情况下，经过长期水耕熟化过程而形成的一种土壤。

第二节　淮河水系近况

一、淮河干流

现今的淮河干流，由发源地——桐柏山主峰太白顶西北侧河谷，循地势大体自西南向东北曲折流淌，经河南、安徽，入江苏境内之洪泽湖，尔后再由洪泽湖东南部之中渡折而南行，经入（长）江水道于扬州市三江营入注长江，全长约 1000km，总落差约 200m，平均纵比降约 0.2‰。其中，自淮河源头至洪河口以上为淮河的上游河段，此段河长 360km，地面落差 178m，纵比降约 0.5‰，流域面积 3.06 万 km²；由洪河口至洪泽湖之出口——中渡为淮河之中游河段，此段河道长 490km，地面落差 16m，纵比降为 0.03‰，中渡以上的集水面积约为 15.8 万 km²；中渡以下至入江口之三江营为淮河的下游河段，此段河长 150km，地面落差 6m，河道纵比降为 0.04‰；自入长江口以上淮河干流之总集水面积约为 16.5 万 km²。

洪泽湖东部大堤以东的淮河下游水系，其情况十分复杂。中华人民共和国成立后，历经多次整治，现已形成犹若以洪泽湖为掌心，以入注长江为主，入注黄海为辅的五个呈指状展布的出水河道（渠道）。刘超先生曾形象地将这五条出水河道喻之为"五指"形状。这五条入江、注海的河道分别是：淮沭新河、废黄河、淮河入海水道、苏北灌溉总渠和淮河入江水道。

二、淮河主要支流

淮河干流水系发达，两岸支流众多。据统计，一级支流共计有 51 条，其中左岸有 34 条，右岸有 17 条。流域面积大于 1000km² 的支流有 21 条，大于 2000km² 的支流有 15 条，超过 10000km² 的支流有洪河（洪汝河）、颍河（沙颍河）、涡河、怀洪河（漴潼河）等 4 条。其中，颍河为淮河干流水系中流域面积最大的一级支流。

淮河左岸支流，总体上明显大于其右岸诸支流。发源于黄淮平原之诸河流，在黄河大三角洲南翼的发育及影响下，河流流向东南，具有河谷宽广、比降小、水流相对平缓的特点。

淮河右岸诸支流，总体上流域面积较小，受桐柏山、大别山及淮阳山丘区等地质构造的控制和影响，河流多沿构造线发育，故河流具有流程短小，比降大，河床陡峭，水流湍急，洪水来势迅猛等特点。

（一）淮河左岸主要支流

淮河干流左岸主要支流，由上而下分别有洪河（洪汝河）、颍河（沙颍河）、涡河、怀洪新河（澮潼河）等，流域面积均在 10000km² 以上。

1. 洪河

洪河，又称洪汝河，元代之前称汝水，汝水是我国古老的河流。元明之后在班台闸以上称为小洪河，班台闸以下称汝河，又始称洪汝河，民国时期则改称为洪河，又称大洪河。

洪河，发源于河南省外方山之东侧，舞钢市南之灯台架峰，由源头先北流，再转为东南流，经西平、上蔡、汝南、平舆、新蔡诸县，屈曲流至班台闸，称为小洪河，下接大洪河，至河南安徽两省交界（河南省淮滨县、安徽省阜南县）处入注淮河是为洪河口。

洪河全长 326km，流域面积 12380km²。位于其右侧之汝河（俗称沙河，明清时代称南汝河）为最大支流。

洪河上游为低山丘陵区，地势陡峭，比降大，水流湍急，且植被覆盖较差，易患洪涝灾害。中下游为黄淮冲积-淤积平原，位于黄河河口巨型三角洲之南翼，地面海拔大致为 35～55m，向东南倾斜，平均坡降一般为 1/5000～1/6000。由于洪河中下游地势低平，并间有许多浅平洼地及湖泊洼地散布，如老王坡、泥河洼、宿鸭湖、吴宋湖等，故曲流甚为发育，河流弯曲度大，素有"九里十八弯"之称。由河流的决口改道而形成的湖泊洼地，在中下游地区分布较为普遍。

2. 颍河

颍河，是条古老的河流，又称沙颍河，相传是因纪念春秋时期郑人颍考叔而得名，为淮河最大的一级支流。

颍河发源于嵩山东麓和伏牛山北麓，有三个源头，其中以嵩山源头为主原（即右颍，又名后河），东南流至安徽省颍上县沫河口入注淮河，全长 561km，流域面积 36641km²，占淮河流域面积的 20.3%。

颍河流域位于古黄河河口巨型三角洲之南翼，长期受黄河河口巨型三角洲发育过程的影响，地势呈西北高、东南低，由西北向东南倾斜的特点。西北部伏牛山最高峰石人山海拔 2153m，为淮河流域最高点。由源头至周口市的沙河入颍处，为颍河的上游河段，该河段长 261km；自沙河的汇入口至河南安徽两省交界处的界沟为颍河的中游河段，该河段长 88km；由界沟至沫河口的入淮口为颍河的下游河段，河段长 212km。

颍河及其上游的支流贾鲁河是历史上黄河南泛侵淮、夺淮的主要泛道之一，也是民国27 年（1938 年）黄河在花园口人为决堤的主要泛道。由于长期受黄河南泛及大量泥沙淤积的影响，流域水系及地貌等均发生了巨大变化，两岸河滩被淤高，河岸一般高于堤内河面 1～2m，两岸堤防的间距也宽窄不一，窄者约 200m，宽者上千米，最宽处可达几千米，宽窄相差可达数倍乃至 10 倍以上。

颍河的支流众多，其中流域面积大于 1000km² 者有沙河、北汝河、澧河、贾鲁河、新运河、新蔡河、茨河和泉河等 8 条。颍河是淮河流域在历史上航运、农业灌溉等的重要水源，平均年径流量为 59.2 亿 m³，同时也是洪涝灾害严重的河流，史上屡有治理。其中，以北宋哲宗六年（1091 年）时任颍州（今安徽省阜阳市）知府的苏轼所主持的西湖浚治最负盛名。西湖位于颍州府之西北隅，正处在古代颍河、清河、小汝河和白龙沟四水之交汇处，为古代颍河的天然调节库。据明正德年（1506—1522 年）《颍州志》载：西湖"长十里，广三里，水深莫测，广袤相齐"，并兼具四时皆佳的胜景，是文人墨客吟诗作画之旅游胜地，曾招来不少文人志士出守颍州。《大清一统志》云："颍州西湖闻名天下，亭台之胜，觞咏之繁，可与杭州西湖媲美。"但由于历史上黄河多次泛滥，西湖被泥沙淤塞，填为平陆，颍河不仅因此失缺了西湖的调节作用，其美景也不复存在。

苏轼与颍河治理有关的第二件大事是其出任颍州时，彼时北宋首都开封府诸县多水患。官吏不究本末，掘陂泽，开沟渠，导水入惠民河，造成其下游陈州（今河南省淮阳市）水患。于是，又有官员议奏掘黄堆，开八丈沟，导患水通过颍河入淮。苏轼经实地调查后认为，新开之沟渠地势低于淮河，若掘黄堆，开八丈沟，不仅不能解除陈州水患，反而会使淮水倒流，颍州亦将难保。由于苏轼据理力争，开沟之议方停。苏轼亦因此而留下美名。

熙宁四年（1071 年），苏轼在赴杭州途中，乘船至颍河入淮河处的正阳关镇作有《出颍口初见淮山是日至寿州》一诗，诗文如下：

"我行日夜向江海，枫叶芦花秋兴长。

长淮忽迷天远近，青山久与船低昂。

寿州已见白石塔，短棹未转黄茅冈。

波平风软望不到，故人久立烟苍茫。"

颍河于沫口村之东入注淮河。沫口，地势低洼，最低地面海拔在 27m 以下，是众水汇聚之地。这里，淮河左岸有颍河汇入，淮、颍交汇口之上方有淠河从淮河右岸入注。正阳关镇正处于淮河中游段的淮、颍、淠三大河流的交汇处，是淮河中游段洪涝灾害的多发区和"水灾窝"，故民谚有"七十二水归正阳"之说（又据实测，正阳关地区有淮河大小支流合计 124 条）[6]。因此，正阳关所处的淮河中游段，也就成了治理淮河的重点之一。

颍河污染严重，是淮河水系中水质污染较为突出者。至 20 世纪末，颍河水质在总体上已处于Ⅴ类或劣Ⅴ类水平，主要污染物为 COD、氨氮等。水质污染严重影响到该流域的生态环境、水产养殖和群众的生产、生活等诸方面。因此，淮河被列为全国污染严重的河流之一。由此可见，应当牢固地树立起绿水青山就是金山银山的环保理念，坚持生态优先，把治理河流的水质污染作为今后治理淮河不可或缺的主要内容之一。

3. 涡河

涡河为淮河第二大支流，位于淮河之左岸，古称濄水，东魏（534—550 年）时改为涡水，清太祖天命元年（1616 年）复改为涡河。河流全长 421km，流域面积 15905km²。流域地跨河南、安徽两省，以河南省境内为上游河段，河长 194km，集水面积 11565km²；以安徽省境内为下游河段，河长 227km，流域面积 4340km²。

涡河发源于河南省开封县姜寨乡郭厂村，黄河故河道之南堤。河流沿黄淮大平原曲折东南流，经通许、太康、柘城、鹿邑四县入安徽省之亳州市、涡阳县、蒙城县，于怀远县荆山、涂山间峡口之下方入注淮河。北宋诗人梅尧臣（1002—1060 年）在《涡口》一诗中，描写了涡河入淮处河水清澈见底之情形。诗云：

> "秋水见滩底，浅沙交浪痕。
> 白鱼跳处急，宿雁下时昏。
> 带月移涡尾，落帆防石根。
> 清淮行未尽，明日又前村"。

北宋著名文字家苏轼（1037—1101 年）乘船于涡河，并作《十月一日将至涡口五里所遇风留宿》诗，诗云：

> "长淮久无风，放意弄清快。
> 今朝雪浪满，始觉平野隘。
> 两山控吾前，吞吐久不嘬。
> 孤舟系桑本，终夜舞澎湃。
> 舟人更传呼，弱缆恃菅蒯。
> 平生傲忧患，久已恬百怪。
> 鬼神欺吾穷，戏我聊一噫。
> 瓶中尚有酒，信命谁能戒。"

涡河是历史上黄河南泛侵淮、夺淮的主要泛道之一，屡受黄河南泛的影响，尤其在太康县以上的河道，受影响最烈。涡河水系发达，支流众多，流域面积在 100km² 以上者有 55 条，较为著名者有铁底河、惠济河、大沙河、赵王河、油河、武家河等。其中，惠济河为涡河之最大支流，全长 174km，流域面积 4130km²；其次为位于其左侧之大沙河，全长 90km，流域面积 1373km²。

4. 怀洪新河

怀洪新河为淮河左岸的大型人工河道，是在原澥潼河的基础上扩建而成。该人工河道上起安徽省怀远县涡河入淮河口下方之何巷闸，下迄江苏省洪泽湖之溧河洼，故名。该河全长 121.55km，汇水面积 1.2 万 km²。

怀洪新河位于淮河干流的北侧，与淮河大致作平行状呈东西延伸。由于怀洪新河横截北淝河、澥河、浍河、沱河、唐河、石梁河之下游，并汇纳了上述诸河水系之来水，因此，其主要功能是分泄淮河干流及涡河的洪水，以减轻涡河在入淮河口以下淮河干流的防洪压力；同时还提高其下游澥潼河水系之防洪除涝的标准，并兼具灌溉之利，设计分洪流量为 2000m³/s。

怀洪新河未开建前，该区洪涝旱等自然灾害频繁发生；平原洼地易患洪涝灾害，高丘岗坡地易患旱灾。民谚曰"涝五年，旱三年，只有两年好种田"，正是该区洪涝灾害频繁出现和涝灾多于旱灾的真实写照。

怀洪新河建成后，将其左侧的北淝河、澥河、浍河、沱河等众多原淮河支流和径流全部收纳，使流域水利状况有了显著改善，达到了三年一遇的排涝标准，现怀洪新河出口的排涝流量达 1650m³/s，排洪流量达 4710m³/s。配合淮河干流的治理，使淮北大堤的防洪标准可提高到 100 年一遇。

（二）淮河右岸主要支流

淮河右岸主要支流，由上而下分别有史河、淠河、东淝河、池河等。现分述如下：

1. 史河

史河，《水经注》称之为决水，源于大别山北麓，牛山河为其正源，东北流注淮河，全长 261km，流域面积 6895km²。牛山河上源在湖北、安徽两省交界处，海拔 1166m。

史河在黎集以上为上游河段，属低山丘陵区，河段长 135km，流域面积 2659km²，河道平均比降 0.38‰～2.5‰，比降大，水流湍急；史河在黎集以下为下游河段，属平原河网区，河段长 126km，集水面积 4236km²，占流域总面积的 61.4%，地势平坦，河槽宽阔，水流较平缓。梅山水库为史河干流上的大型水库，以防洪灌溉为主，兼具发电、航运和水产养殖之利。灌河为史河的主要支流，位于其左岸，全长 152km，流域面积 1960km²；鲇鱼山水库为灌河上的大型水库，以防洪、灌溉为主，兼具发电、水产养殖之利。

2. 淠河

淠河，古称沘水，又称白沙河，发源于大别山北麓之低山丘陵区，曲折东北行，至正阳关镇之上方入注淮河。淠河有东、西两源，东源称东淠河，为淠河之干流；西支称西淠河，为淠河之辅支。淠河全长 253km，流域面积 6000km²。

淠河流域的地貌类型以低山区为主，占流域总面积的 72%，丘陵区占 17%，沿河平原洼地分量最少，只占流域总面积的 11%。因此，河流落差大，尤其是流域上部的大别山区，山峦叠嶂，群峰林立，水流更为湍急。据统计，全河道总落差 362.1m，平均河道比降达 1.46‰。

中华人民共和国成立后，先后在东淠河上游建成佛子岭和响洪甸等多座大型水库。这些大型水库皆以防洪为主，兼具灌溉、城市供水和发电之利，合计控制流域面积 4555km²，占淠河流域总面积的 75.9% 以上。

3. 东淝河与瓦埠湖

东淝河，古称淝水，以其流经古寿州城之东，故名。流域是历史上著名的"淝水之战"的古战场。河流全长 152km，流域面积 4192km²。流域内以丘陵为主，占流域总面积的 61.6%；其次为平原，占 29.7%；再次为湖泊，占 8.7%。

东淝河源于六安市裕安区东部、江淮分水岭之龙穴山（海拔 231m）。因此，流域上部（南部）地势较高，向北至淮河干流右岸，地势逐渐降低。

瓦埠湖是安徽省第七大淡水湖，同时也是淮河流域主要蓄滞洪区之一。东淝河穿瓦埠湖南北流过，湖呈长条形树枝状，湖水（河水）北流入淮，属河迹洼地湖，原系东淝河床，由于黄河长期南泛侵淮、夺淮，淮河河床被淤高并淤堵了东淝河的出流，遂滞积成湖。中华人民共和国成立后，于该湖下部入淮口附近建成东淝闸等控制性工程，遂又使该湖演变为淮河流域的蓄滞洪区，对降低淮河洪峰水位、控制淮水倒灌和保障淮北大堤安全起着重要作用。当水位在 19.0m 时，南北湖长 37.3km，东西最大湖宽 11.56km，平均宽 4.37km，面积 163.0km²；最大湖水深度 4.15m，平均水深 2.42m，蓄水量 3.94 亿 m³。湖泊水质良好，能常年维持在 Ⅲ 类水的水平。湖中银鱼、秀丽白虾（俗称瓦虾）为著名水产，清代曾列为贡品。

4. 池河与女山湖

池河为淮河干流中游段右侧之主要河流之一，源于江淮丘陵东北部，洪泽湖之西部，古称池水，发源于安徽省定远县西北部大金山之东麓，流经合肥市肥东县和滁州市辖区，于江苏省盱眙县洪山头入注淮河，全长 182km，流域面积 5011km²。

池河水系发达，支流众多。流域面积大于 100km² 的支流，从左岸入注者有蔡桥河、马桥河、桑涧河、青春河；从右岸汇入者有储城河、商冲河、永宁河和南沙河等。

池河的上游河段名陈集河，大致由源头曲折自北而南流，河道浅窄，落差大，除丰水季节外，河床多干涸。过江巷后，池河突然折而沿著名的郯庐深大断裂带东北流。女山湖即位于池河下游的河道上，是池河水体膨大的河段，为郯庐断裂带局部凹陷积水而成。

自 1982 年在旧县建女山湖节制闸后，女山湖逐步演变为受人工控制的水库型湖泊。当水位为 13.55m 时，湖泊南北长 42.0km，东西最大湖宽 5.7km，平均宽 2.49km，面积 104.6km²；最大水深 2.40m，平均深 1.71m，蓄水量 1.78 亿 m³，为安徽省第十大淡水湖，为减轻淮河防洪压力发挥作用。

三、沂、沭、泗河水系

（一）沂、沭、泗河水系概况

沂、沭、泗河水系是沂河、沭河和泗河水系的总称。因其河源区相近，彼此毗邻，自然条件类似，河流水文特性类同，河流关系密切，演变趋势因受黄河南泛侵泗夺淮之重大影响，故一并述之。

历史上，泗水（泗河）是沂、沭、泗河水系的骨干性河流，同时也是淮河下游之最大一级支流，而沂水（沂河）、沭水（沭河）、濉水（濉河）和汴水（汴河）等又都是泗水的支流，同属淮河流域。南宋之前，沂、沭、泗河排水通畅，航运发达，泗河则是沟通黄河和淮河的重要航道。所以说，沂、沭、泗河水系原本是淮河水系的组成部分，同属淮河流域。

促使沂、沭、泗河水系发生巨变的主导原因，是黄河下游河道经常不断地决口、改道、侵淮、夺淮所致。据史籍《史记·封禅书》记载，西汉文帝十七年（公元前 163 年）（黄）"河溢通泗"。这是黄河南泛开始侵泗侵淮的最早历史记载，但直到北宋之前的 1000 余年间，虽有黄河决口泛泗，侵淮记载，但黄河仍以北流入注渤海为主，对泗河的影响并不显著。然而，自南宋建炎二年（1128 年），东京留守杜充"决黄河，自泗入淮，以阻金兵"始，黄河泛道开始长期向南摆动。金世宗大定八年（1168 年）黄河在浚县南的李固渡决口，黄河南流入泗者占 6/10，河势南移。金世宗大定二十年（1180 年）黄河在汲县和延津县的东埽决口，分三支入泗、入淮，黄河夺泗之势已渐趋明显。金明昌五年（1194 年），黄河决阳武故堤，泛水主溜由封丘沿汴水至徐州入泗水，为黄河长期夺泗夺淮的开端。金天兴三年（1234 年）蒙军灭金以后，为水淹宋军，决黄河于开封之北的寸金堤，黄河夺涡水入淮。明清两代，为保京杭运河的漕运，实施逼黄河南下的治理（黄）河方略，黄河泛道多在颖、涡、泗河之间迁徙无定，但黄河向北分流的水势从未断绝。迄至明弘治八年（1495 年），刘大厦主持治理黄河时，在堵塞黄陵岗、荆隆口等处决口后，又于黄河北岸筑 360 里的太行堤，上（西）起延津县北之胙城镇，下（东）达徐州。又筑荆隆口新堤 160 里，以防黄河北流。从此，黄河北流断绝，全流入淮。明万历六年（1578 年）治理黄河名家潘季驯第三任河道总理，推行"筑堤束水""蓄清刷黄"的治（黄）河方略，在今洪泽湖东岸大筑高家堰堤坝的同时，又修筑了自砀山至徐州间的黄河缕堤（用以约束中小水流，增强水流的挟沙力）百四十里，筑徐州至淮阴间黄河两岸遥堤五万六千丈。历经三年治理，黄河全流夺泗夺淮。明万历十六年（1588 年）潘季驯第四次治河，又对上起武陟、荥泽，下至淮阴以东的黄河堤防普遍进行了戗筑、培修和加固。

清咸丰五年（1855 年）黄河改道北流，由大清河入注渤海。但黄河南泛侵夺泗、淮已长达 700 余年之久。在黄河侵夺泗、淮期间，由于长期的泥沙淤塞，黄河占据了淮河下游尾闾原入黄海之河道，并形成横亘东西、高出两岸地面 4～10m 之分水脊岭，称之为"黄河故河道"，自此，淮河由独流入（黄）海演变为长江的支流，里下河平原洼地成为洪涝灾害极度频繁的"水袋子"和"水灾窝"；沂、沭、泗河因淮河尾闾地势高仰归淮不能，遂与淮河干流分离，形成新的泗、沂、沭水系，原来的淮河水系及流域也一分为二。沂、沭、泗河水系虽然与淮河干流水系分离，但仍与淮河干流密切的联系。

由于黄河长期南泛侵夺泗淮及其不均衡的泥沙淤塞，使泗水在南阳至张谷山（蔺家坝）的河段两侧洼地先后潴滞成昭阳湖、独山湖、南阳湖和微山湖，至清同治年间，四个小湖连成一片，总称南四湖。南四湖形成之后，该段泗水故河道则全部湮废，徐州之北至张谷山的泗水河段则淤废成平陆，徐州以下的泗水则演变为黄河故河道。

濉水原是泗水的支流，因黄河长期南泛侵夺泗淮，濉水入泗受阻，遂转道南下入注洪泽湖。沂水则在其下游潴滞成骆马湖和黄墩湖，沭水也部分入注马陵山西侧之洼地——骆马湖和黄墩湖。黄河长期南泛侵夺泗淮，使沂、沭、泗河水系巨变，直至新中国成立前，水系已紊乱不堪。新中国成立后，经多方位、多批次的全面治理，始成今日之现状。

沂河、沭河和泗河流域位于淮河流域之东北部，均源于鲁中南之沂蒙山脉。流域西起今黄河右侧大堤，东抵黄海，南以黄河故河道，分水之脊岭及淮河干流为界，流域总面积约 9.0 万 km²，地理坐标为北纬 33°30′～36°20′，东经 114°45′～120°20′，地跨山东、江苏、河南和安徽四省，其中以山东、江苏两省为主，合占流域总面积的 90%。流域内约有耕地 5650 万亩，人口 4500 万人。

沂、沭、泗河流域的地势，总体上是北高南低、西高东低。流域的北部是低山区，为沂、沭、泗河的发源地，至津浦铁路以东和陇海铁路以北，已降为低缓丘陵，陇海铁路以南至中运河两岸及新沂河一带，已是一派坦荡的苏北黄淮平原了。区内，低山丘陵约占流域总面积的 31%，平原占 67%，湖泊洼地占 2%。

沂、沭、泗河流域属暖温带半湿润季风气候区，其基本特点是四季分明，雨热同季。春旱多风，天气多变；夏季炎热多雨，多偏南风；秋旱少雨，天气晴朗；日照丰富，昼夜温差大；冬寒晴燥，多偏北风。多年平均降水量 600～900mm，呈由流域东南部向流域西北部递减之趋势。降水量年内分配不均，其中 6—9 月的汛期占年内降水量的 71.3%，表明降水量尤为集中于每年的汛期。同时，降水量在年际间的变化亦大，最大年降水量是最小年降水量的 4 倍多。

沂、沭、泗河流域多年平均水资源总量为 235.31 亿 m^3，其中河川径流总量仅为 167.79 亿 m^3，是水资源短缺的地区。降水是流域内水资源最重要的补给源。然而，由于降水在年内的分配不均，故地表径流量的 83% 是集中于每年 6—9 月的汛期。

沂、沭、泗河流，水系发达，支流众多。其中，流域面积在 500km^2 以上的支流有 14 条，流域面积在 1000km^2 以上的支流有 26 条，平均河网密度为 0.25km/km^2。

沂、沭、泗河流域内水资源匮缺，但旅游资源却异常丰富。

沂、沭、泗河流域，水资源十分匮乏，人均地表水资源量为 431m^3，亩均为 292m^3，仅仅是全国人均水资源量 2630m^3 的 16.4%，全国亩均水资源量 1800m^3 的 16.2%。南四湖的湖西地区水资源匮乏更为严重，年径流量仅为 14.9 亿 m^3，人均仅为 132m^3，亩均仅为 78m^3。但近年来，流域内的河、湖、库水体污染严重，又进一步加剧了水资源供需紧张的局面。

科学调度及合理利用水资源，发挥旅游资源的特殊优势，是该流域在今后相当长时期内之战略任务。

（二）泗河

泗河发源于山东省新泰市南境之沂蒙山脉太平顶（海拔 813m）西南麓，蜿蜒西流，过曲阜市后折而西南流，入注南四湖北部之南阳湖水域，全长 159km，流域面积 2338km^2。流域地跨山东省新泰、曲阜、兖州、济宁市郊区、邹县和微山等 7 个县（市、区）。

泗河，古称泗水，为山洪性质的河流，河道曲折游荡，弯曲系数为 1.09，曾是淮河下游左侧的最大一级支流。

古时泗河的河长和流域面积远较今日的泗河要长和大。

古代泗河河道深阔，尾闾通畅，灌溉和航运便利，沂、沭、濉、汴等水（河）均是其较大的一级支流。自公元 12 世纪初以后，由于黄河下游河段长期南泛侵淮、夺淮，受黄河大量泥沙淤塞，泗水、汴水及淮河等均泄流不畅或不能循原尾闾泄流。明万历六年（1578 年），潘季驯第三次主持治理（黄）河漕时曾大筑堤防，基本上固定了黄河河槽，致泗河在南阳至徐州之北的张谷山（蔺家坝）之间壅阻成南四湖，张谷山至徐州间的泗河则淤废成平陆，徐州以下的泗河则演变为黄河故道，即明清黄河故道。

泗河水系发达，支流众多，计有大小支流 26 条。

（三）沂河

沂河为沂、沭、泗河水系中最具山洪性质的河流，发源于山东省沂源县海拔 1108m 的鲁山南麓，曲折南流，入注江苏省北部之骆马湖，全长 331km，流域面积 1.182 万 km^2，其中以山东省境内面积为主，占流域总面积的 91.13%，江苏省境内面积占 8.87%。

沂河原为泗河的支流，在古邳（今江苏省邳县）入注泗河。自南宋建炎二年（1128 年）黄河南泛侵夺泗、淮后，直至清咸丰五年（1855 年）黄河方北归入渤海，长达 700 余年。由于黄河携带大量泥沙的淤塞，沂河入泗、入淮受阻，遂滞积而形成骆马湖。至清代因骆马湖淤高而不能容，遂开六塘河，排沂河水入灌河，再由灌河口入注黄海。新中国成立后，实施"导沂整沭"水利工程，开挖了新沂河，直接泄沂河水（骆马湖）由灌河口入注黄海。

（四）沭河

沭河又称沭水，俗名茅河。源出山东省沂水县海拔 1032m 的沂山南麓，循流域呈北高南低之势曲折南流，沿程经山东省沂水、莒县、莒南、临沂、临沭、郯城和江苏省东海、新沂等 8 县（市）境于新沂市口头村入新沂河，全长约 300km，流域面积 6400km²。其中沭河在大官庄胜利堰以上河段长 196.3km（江苏省境内为 47km），流域面积 4519km²；胜利堰以下的老沭河长 103.66km，流域面积 1881km²（江苏省境内为 1048km²）。

沭河在山东省临沭县大官庄分作两股，其中一股东流为干流，称新沭河，干流经江苏省石梁河水库后于赣榆县和连云港市间的洪河口入注黄海；另一股曲折南流，称老沭河，经山东省郯城县和江苏省新沂市入注新沂河，最后于灌云县灌河口入注黄海。

蔷薇河系人工河道，因两岸盛开蔷薇花而得名，旧为盐漕运道，发源于江苏省新沂市马陵山、塔山、宋山等山丘区，上游称黄泥河，流经新沂、沭阳、东海三县（市）境，于临洪口挡潮闸下入新沭河，全长 97km，流域面积 1358km²，为沭河最大的一级支流。

第三节 黄河中下游河道特性及其对淮河水系的影响

一、黄河中下游的地理环境

（一）气候与降水

1. 暖温带大陆性季风气候

黄淮平原大体上属于暖温带季风气候带（淮河以南地区属于北亚热带），位于高空西风带的南部，地面的高、低气压系统活动频繁。环流的季节性变化非常明显，表现出典型的暖温带大陆性季风气候的特征。冬季受强大的蒙古高压控制，盛行偏北和西北气流。极地大陆气团南侵时刮起强烈的北风，使气温陡降并伴随着风沙，间或出现降雪。每年的 10 月至来年的 5 月，该气流系统由弱变强，后又由强变弱，前后历时半年之久。因此，黄淮平原的冬季不仅寒冷，而且干燥，冬季降水量（含降雪）还不到全年降水量的 10%。夏季受大陆低压控制，太平洋副热带高压向华北楔入，带来湿润的海洋气候，同时又不时地受北部冷气候的扰动。由于海洋的湿热气团和极地干寒气团的相遇，时常发生气旋，湿润的太平洋气流被抬升，形成降雨，故黄河下游地区夏季炎热而多雨。夏季（5—9 月），该区降水量超过全年降水量的 75%，常常带来洪涝灾害和严重的水土流失。春季该区气候偏冷，气压变化大，经常是风沙弥漫。秋季，有些地区是阴雨连绵，有些地区则是秋高气爽，且比较干燥，年平均气温为 6～15℃，大部分地区的年温度差在 30～40℃。

2. 降水与水文

黄河中下游地区地处我国西北干燥区和东南湿润区之间，属半湿润半干旱区，降水量少，且自东南部向西北部逐渐递减。东南部年平均降水量（包括雨量、雪量和冰雹量）为 700～800mm，而西北部仅为 100～200mm。全流域年平均总降水量为 400～600mm，仅为我国东南沿海地区的 1/4，或长江中游地区的 1/3，是我国除新疆、西藏以外的最干燥易旱地区。

黄河流域年平均降水量仅为 400mm，但地表蒸发量却都特别强烈（水面蒸发量一般为 1200～1700mm），而且流域内将近 1/2 的地区又分布着深厚的渗水性强的黄土层，因此，黄河流域所产生的径流量极少，如黄河（秦厂站）平均年径流量仅为 481.9 亿 m^3，而长江（大通站）为 9336.0 亿 m^3，闽江（竹岐站）尚有 624.9 亿 m^3。该区不仅降水量小，径流量更少，而且降水量年内分配极不均匀，2/3 以上的降水都集中在 6—9 月的夏、秋两季，而且常降暴雨。每年 6—10 月的降水量可占全年降水量的 65%～80%。降水最集中时期往往在几天之内，就降下了全年 65%～80% 的降水量。个别地方一天的降水量就有 160～360mm，而其余时间雨水稀少，故大部分地区，大部分时期均呈现出非常干旱状态。与降水变率大随之而来的是黄河水量的变率极大，如陕县站多年平均流量仅为 1546m^3/s，但历史上曾出现过 32000m^3/s（1761 年）和 36000m^3/s（1843 年）的特大洪水。超强的强降雨和大洪水极易造成黄河漫溢和决口、改道，给黄河下游民众带来深重的灾难。

（二）黄土广泛分布

黄土是在特定自然环境和气候条件下，由强风化作用和成岩作用形成的综合产物。从地质上讲，它属于幼年性的疏松堆积物，颜色自灰黄至红黄。黄土疏松、多孔、质地均一，层里不显，富含钙质，大都是粉砂、壤黏土，缺乏团粒结构，粒间的团结主要依赖于碳酸钙质；而碳酸钙质遇雨水极易溶解流失，加上黄土的孔隙度高（约 40%），上下节理多，发育又很完善，更有利于侵蚀作用的进行。黄土的这些特性导致其抗蚀能力很差，这就是黄土高原水土流失严重的主要原因之一。我国黄土分布的广度、厚度和发育的完整性都是世界其他地区无可比拟的。而黄河流域是我国黄土类土分布最广、最集中，而且是最为典型的区域。长城以南，秦岭以北，西起青海高原东部，东部东至大海，广大的黄河流域都有黄土的广泛分布。黄河中游的陕甘高原是我国黄土分布的中心，黄土层最大厚度达 200m。广泛分布的黄土，对黄河流域乃至华北平原的自然环境具有极其深刻的影响。它一方面塑造了特殊的黄土地貌，另一方面又填造了辽阔的华北平原。黄河中游大多数支流，如泾河、渭河都穿过黄土高原，为数众多的大小河流的泥沙和黄河洪水一样也主要是来自中游黄土分布区。从陕西省禹门口以下黄河接纳了许多含沙量特别大的支流，如北洛河，泾河和渭河，其中泾河（张家山水文站实测）每立方米水的多年平均含沙量高达 161kg，最大含沙量 984kg；北洛河（洑头站实测）每立方米水的平均含沙量为 117kg，最大含沙量为 1340kg；渭河（华县站观测）每立方米水的平均含沙量达 29.4kg，最大含沙量达 403kg。根据测算，从陕县流过的巨量泥沙中，来自河口镇以上的只占 11%，来自河口镇以下至禹门口一段的占 49%，来自禹县至陕县一段的占 40%，也就是说黄河的泥沙，近 90% 是来自中游地区，即来自甘肃、陕西、山西境内的支流。黄河中游大多数支流都穿过黄土高原，为数众多的大小河流和沟谷已将绝大部分黄土覆盖区切割成千沟万壑的梁、峁丘陵区。由于现代侵蚀的加剧，沟道的迅速发展，在黄土覆盖区沟谷面积占流域总面积已超过 25%，最严重地区可达 56.7%。换言之，某些黄土覆盖地区已有 1/2 的地面被沟谷侵蚀，黄土随水流走。据定点观测数据推测，黄土高原面以每年剥去 1cm 以上的速度剥蚀着，年侵蚀模数平均达 5000t/km^2，侵蚀强烈地区可达 15000～20000t/km^2。来自黄土高原千沟万壑的泥浆水大部分通过黄河干流及其支流，在潼关附近汇入黄河，成为黄河泥沙的主要来源。

二、黄河中下游河道特性

(一) 黄河中下游概况

黄河发源于青藏高原巴颜喀拉山北麓约古宗列盆地内的约古宗列渠,流经青海、四川、甘肃、宁夏、内蒙古、陕西、山西、河南和山东等9个省(自治区),蜿蜒于崇山峻岭之间,穿越黄土高原和黄淮海大平原,最终在山东省垦利县流入渤海,全长5464km,流域面积794444km²(其中含内流区面积4.2万km²),是我国仅次于长江的第二大河,亦是世界上著名大河之一。在古代,黄河被称之为"河水",后因其含量沙大,水色浑黄,又被人们称之为黄河。

根据河流的地形特点和水文特性,将黄河分为上游、中游、下游三段。黄河在内蒙古自治区托克托县河口镇以上为上游。上游包括了河源(高原)、峡谷段、冲积平原段。河源段位于3000~4000m的高原上,河道迂回曲折,两岸多湖泊、沼泽和草滩,其中有星宿海、扎陵湖和鄂陵湖。这一段河水清澈,水流稳定。河流所流经的山地和丘陵因岩性的不同,形成峡谷和宽谷相间的地形,其中较著名的峡谷有龙羊峡、积石峡、刘家峡和青铜峡等。峡谷内河道比降大、峡窄、崖陡、水流湍急,隐藏着丰富的水力资源。黄河出青铜峡后,就沿着鄂尔多斯高原边界流动,河床平缓,水流缓慢,形成大片冲积平原,如著名的银川平原和河套平原,民谚"黄河百害,唯富一套"就指这里。

从河口镇到孟津县桃花峪为黄河中游河段。黄河从河口镇几乎成直角急转南下,穿行在晋陕峡谷之中,直到龙门。在长达718km的距离内,河面陡降611m,形成著名壶口大瀑布,平水时瀑布跌落17m之多。龙门处的河槽宽仅100m,形势极为险要。龙门以下至潼关,在长约130km的河段内,先后接纳了汾河、泾河和渭河等含沙量较大的重要支流,致使此段黄河的水量和含沙量均大增。在汾河、渭河平原上黄河流速平缓,导致泥沙淤积,河道左右摆动,河床不稳定。黄河中游两岸大部分属黄土高原,是黄河泥沙的主要来源地。大量泥沙经汾、渭等支流和地表径流带入黄河干流,其年输沙量约占全河的89%。又由于大量支流的汇入,该河段的水量又大增,其水量约占全黄河水量的40%,成为黄河洪水主要来源地之一。黄河过潼关后,折向东流,穿过三门峡,直达孟津。

从孟津县桃花峪到黄河入渤海口是黄河的下游河段,其中自孟津至高村段,是一条著称于世的游荡性河流。早在战国时期,此河两岸就筑有堤防。两岸大堤筑成后,中、下游下泄的水流被约束在两堤之间,洪水只能在两岸大堤内游荡,故此称为游荡性河流。尽管河道中的泥沙大部分被输送入海,但仍有1/4的泥沙淤积在河床内,日积月累,河床被逐渐淤高,两岸大堤亦相应加高,最终成为著名的地上河,又称之为"悬河",黄河河床往往高出两岸地面1~5丈之多,进而形成黄河与海河两流域的分水地形,也造成黄河极易决口和迁徙(图1-5)。

(二) 黄河中下游河道的特性

黄河中下游河道最显著的特性就是河水含沙量极大,河道"善游、善决、善徙"。

黄河是世界上含沙量最大的一条大河,黄河的泥沙和洪水一样,主要来自中游的黄土高原,据20世纪50年代初实测,多年平均输沙量为16亿t,每立方米水中平均含沙量约

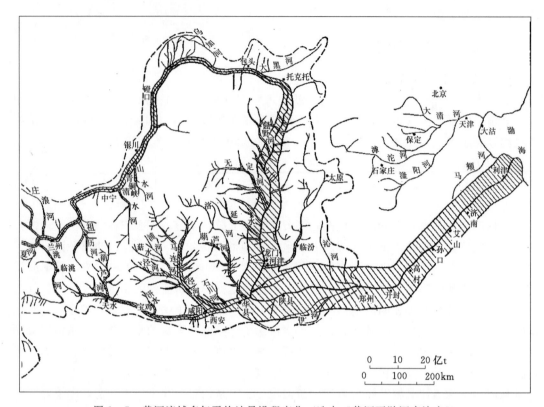

图 1-5　黄河流域多年平均沙量沿程变化（选自《黄河下游河床演变》）

为 40kg，最高时可达 590kg。最高年输沙量竟达 33.6 亿 t，而印度恒河每立方米水中含沙量仅 4kg，为黄河的 1/10。据现代实测，黄河在洪水期含沙量最大时达 $650kg/m^3$，每年河口出海处输出泥沙总量达 17 亿 t。

由于黄河含沙量大、水量小，无法将巨量的泥沙输入到大海。这 16 亿 t 的泥沙中，有 4 亿 t 淤积在山东利津以上的河道内，8 亿 t 淤积在利津以下河口三角洲和滨海地区，其余 4 亿 t 输入大海。每年有如此巨量的泥沙淤积在河道内，日积月累，河床被不断淤高，最后河床高出两岸平地而成为"悬河"。一旦遭遇洪水，就会造成泛滥、决口和改道。因此，历史上的黄河就以"善游、善决、善徙"而著称。

黄河之所以"善游、善决、善徙"，北宋著名文学家欧阳修曾一语道破，其言"且河本泥沙，无不淤之理，淤常先下游，下游淤高，水行渐壅，乃决上流之低处，此势之常也"[11]。明代水利学家刘天和全面总结了造成黄河长期迁徙不定的六点原因，即"河水至浊，下流束隘停阻则淤，中道水散流缓则淤，河流委曲则淤，伏秋暴涨骤退则淤，一也；从西北极高之地，建瓴而下，流极湍悍，堤防不能御，二也；易淤故河底常高，今于开封境内测其中流，冬春深仅丈余，夏秋亦不过二丈余，水行地上，无长江之深渊，三也；傍无湖测之停潴，四也；孟津而下，地极平衍，无群山之束隘，五也；中州南北悉河故道，土杂泥沙，善崩易决，六也。"上述六点分析，指出黄河河床淤积抬高，两岸不受约束，洪水暴涨骤落，坡陡流急和泥沙易于冲刷等都是黄河下游河道易于溃决和迁徙的缘由，其中又以泥沙落淤和河床抬高更为重要。

根据一些文献资料统计，在1949年以前的3000多年时间内，黄河下游发生的漫溢、决口和改道就多达1593次，平均每两年一次。黄河洪水波及的地区，西起颍河，东迄海边，北抵海河，南达淮河，有时还越过淮河，波及苏北里下河地区，纵横25万 km²。海河以南的黄淮海平原无处不经受过黄河水沙的灌注与淤淀，致使黄淮海平原的地理环境发生了巨变。

三、黄河中下游河道的演化

（一）战国中期以前，黄河下游呈自然散流状态

在战国中期（公元前4世纪）黄河下游全面筑堤以前，黄河下游呈自然散流状态，没有统一和固定的河床。由于没有堤防的约束，河床被淤高后，河水就常常漫溢、泛滥、决口或改道，并以一股或多股分流的形式入海。尽管黄河下游河道散漫无序，但受西高东低的大地形制约，黄河下游水流的基本流向还是自西向东，在流经河北平原后，注入渤海。所以，古今学者还是从散漫无序的水流中，梳理出三条比较明显的黄河下游河道。

其一，是《山海经·北山经》中的大河。该河从今河南荥阳县广武山北麓起，经过新乡、滑县、浚县，沿着太行山东麓北流，经魏县、深县、雄县、霸县，至永定河冲积扇南缘，折向东流，经今天津市区南部入渤海。

其二，是《尚书·禹贡》中的大河。该河在河北深县以南，与《山海经》中的大河相同，自深县以下，流经今冀中平原，在今天津市区南部入渤海。其入海口在《山海经》中大河入海口的南面（图1-6）。

大禹治水时，所疏浚的黄河河道，被后世称之为"禹河"。"禹河"河道在孟津以上与今日黄河河道基本一致。孟津以下水道经过考证，是经过现今的新乡、浚县、广丰、广宗、束鹿、沧县、青县、静海等地，从天津以北流入渤海。由于该河道正处在黄河三角洲与太行山东麓的沁、漳、滹沱、潴龙、永定诸河复合扇形堆积之间的低洼地带，故得于长期保持稳定。但因长期以来，河床淤积日高，至周定王五年（公元前602年），黄河从宿胥口（今淇河、卫河合流处）决口改道，东入漯川（古河名），经今日的滑县、濮阳、大名、清平、交河至沧县东北入渤海。这是有史以来的黄河第一次大改道。这条河道一直存在到王莽始建国三年（公元11年）黄河第二次改道前，维持了600余年。

其三，是《汉书·地理志》中记载的，西汉时期尚见在大河。该河流经在今河南浚县西南古宿胥口以上，与《山海经》和《禹贡》中的大河相同；自古宿胥口以下，该河东北流经今濮阳西南，折北经馆陶东北，又东经高唐南，又北经东光西，又东北流经今黄烨县东入海。

（二）战国时期至西汉初年（公元前4世纪至公元前168年）全面修筑堤防后的黄河下游河道

黄河下游修筑黄河大堤的历史可以追溯到战国时期早期。在历史文献中就有各诸侯国之间在争战中以水代兵事例的记载，其中，决开黄河大堤的事例也不在少数，最早一次的记载是魏惠王十二年（公元前359年），楚国曾决开黄河南岸大堤，"楚师出河水，以水长垣外"，决口地点大约在白马口（今河南滑县东）。能够借助河水攻城淹军，说明早在战国初年，黄河两岸已有较高且连贯的堤防了。至于黄河下游堤防修筑历史，西汉贾让曾有过

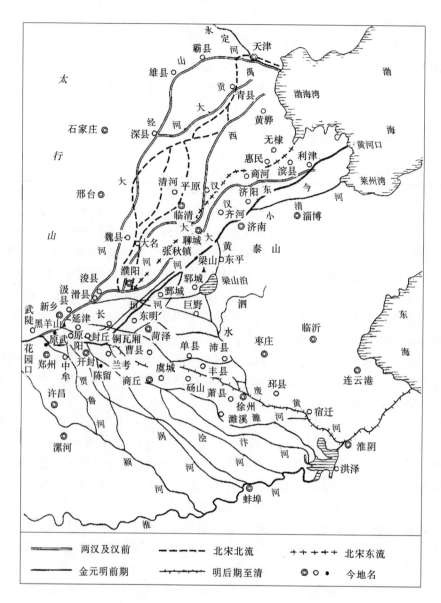

图1-6　历代黄河下游变迁略图（选自《黄淮海平原历史地理》）

这样的叙述，"堤防之作，近起战国。壅防百川，各以自利。齐与赵、魏以河为竟，赵、魏濒山，齐地卑下，作堤去河二十五里，河水东抵齐堤，则西泛赵、魏。赵、魏亦为堤去河二十五里，虽非其正水，尚有所游荡。时至而去，则填淤肥美，民耕田之。或久无害，稍筑室宅，遂成聚落。大水时至漂没，则更起堤防以自救，稍去其城郭，排水择而居之，湛溺自其宜也。今堤防狭者去水数百步，远者数里"[12]。

　　黄河南岸大堤全长607.1km，北岸大堤全长700余km，南、北岸大堤间的距离一般为10km，最狭处为5km，最宽处达15km，黄河下游大堤的修建，有效地防止洪水漫溢，同时，也给黄河主流提供了左右相距50km的游荡空间。

四、历史时期黄河对淮河水系的侵扰与袭夺

自黄河下游河道大堤修成之后，黄河下游河道被固定在大堤内，河道的变更由此以往的任意摆动，转变为在大堤内自由游荡。这段河道就是《汉书·地理志》中所记载的西汉大河。由于堤距宽阔，泥沙落淤的范围较大，故河床淤高的速度也较慢，故自战国中期黄河大堤修成到西汉初年（汉文帝十二年）长达 200 多年内黄河下游没有发生过大的洪灾。至西汉初年以后，黄河下游河道逐渐淤高，其中今浚县一段河道淤积特别快，据记载，"河堤高出地面 1～5 丈""河水高于平地"，成为黄河最早的悬河段。

（一）西汉初年，"河决酸枣，东溃金堤"，开启了黄河侵淮的新篇章

由于泥沙不断地淤积，致使黄河河床不断的增高，形成了高于两岸地面的悬河，故时常出现小规模的漫溢和决口，并最终酿成决口分流的大祸。汉文帝初元十二年（公元前 168 年）十二月，河决酸枣（今河南延津县南），东溃金堤（指东郡到平原郡一带黄河两岸的石堤，东郡治濮阳，今河南省濮阳县西南），"河溢通泗"（泗即泗水）。既通泗，必通淮，这次大洪水向东南流入泗水，再沿着泗水河道，南入淮河，再由淮河入海。黄河这次决口、侵淮开启了黄河长期侵淮夺淮的历程。这次决口随即被堵塞，黄河幸免于改道。时隔 36 年后，汉武帝元光三年（公元前 132 年）春，黄河在顿丘（今河南省清丰县西南）再次决口，洪水先流向东南，经过观城西，到朝城西南，流入漯川，折向北流，又转向东流，至滨县以南入海。当年五月，黄河又在瓠子（今河南濮阳西南）决口，洪水流向东南直下山东钜野泽，经泗水注入淮河入海，史载"夏，河决于瓠子，东南注钜野，通于淮泗"，是为黄河第二次较大的改道。

汉武帝元封二年（公元前 109 年），大河又自馆陶沙邱南决口分流出屯氏河，该河与大河并行，流经今山东临清、高唐、夏津一带，在平原以南流入大河，是为黄河第三次较大的改道。此次决口，因未及时封堵，致使黄河在黄淮平原上泛滥 20 余年，直到公元前 86 年决口方被堵塞，黄水复归故道。

汉元帝永光五年（公元前 39 年），黄河在灵县鸣犊口（今高唐南）决口，屯氏、张甲诸河断流，正流由鸣犊决口处奔向东北，穿越屯氏河，北入屯氏别河，在山东恩县以西，分为南北两支，南支为笃马河，经平原、德县、乐陵、无棣、霑化入海；北支名成河，经平原、德县、乐陵之北入海。两支相距甚近，几乎平行。此次分流是为黄河第四次较大的改道。

汉平帝元始间（公元初），"河汴决坏"。到王莽始建国三年（公元 11 年）时，河患已不可收拾，遂大决于魏郡（今河南南乐附近），河道东南徙入漯川故道，流经今河南南乐和山东朝城、阳谷、聊城等地，至禹城离漯川北行，经今山东临邑、惠民等地，至利津入海。此次是黄河第五次较大的改道。至东汉明帝年间（公元 58—70 年），黄河决口漫溢愈演愈烈，河汴之间已是"潇潇广益，莫测圻岸，荡荡极望，不知纲纪"。

黄河自周定王五年改道后，进入频繁改道时期，也即有传说中的禹河故道过渡到黄河流入渤海最短的一支河道——漯川泛道时期。

黄河下游河道虽然有时也往北滚动，但总的趋势是从左边股逐渐向右边股南移的。黄河下游河道经历了 26 次较大的改道，所形成的泛道大体上可归结为漳卫、漯川、笃马、

清济、泗水、汴水、濉水、涡河和颍河等 9 条泛道，其中前 4 条泛道是向北流入渤海，后 5 条泛道是向南流入黄海的，其中又以漯川泛道和汴水泛道的行水时间最长。黄河虽不断地决溢、改道，但改道以后往往又重归故道或在下游合归主干。

（二）东汉初至唐末黄河下游河道处于相对稳定时期

从东汉初至唐末（公元 70—900 年），黄河出现了约 800 年的稳定时期。从公元 70 年到东汉灭亡（220 年）共 150 年，其间仅发生了 4 次河溢，平均每 37.5 年一次；魏、晋、南北朝，共计 368 年，只发生 6 次河溢，平均每 61 年一次；唐代 300 年，虽河患较为增多，共 16 次，平均每 18 年一次，但比以后五代、北宋要少得多。再根据《水经》《水经注》《元和郡县志》等古籍上有关黄河流径记载的比较，黄河下游河道的流径基本一致。这说明在长达 800 年左右的时间内，黄河河道确实存在过长期稳定的局面，即处于相对安流的状态。

黄河下游河道相对安流长达 800 年之久的原因是多方面的，但主要有两个方面，要使河道稳定，一是洪水出路通畅，二是河道内泥沙少，前者归功于王景对黄河的治理。

东汉明帝永平十三年（公元 70 年），王景主持治理黄河事务，采用河、汴分流等略，即"商度地势，凿山阜，破砥碛，直截沟涧，防遏冲要，疏决壅"，大筑黄河南堤，自荥泽至千乘（今山东省青县东北）海口千余里，使黄河东北流入渤海，汴水东南流入泗水。黄河大堤的修建，把黄河重新置于大堤的约束之下，使其由地上河变为地下河，而且"自荥阳东至千乘海口"，形成了一条入海最近的行洪路线。该条路线入海距离较短，比降较大，河水流速和输沙能力均相应有所提高，故对河床的稳定有重要影响。自此，黄河决溢灾害明显减少，出现了一个长时期安定的局面。自唐末至宋初，黄河虽然仍有决溢、泛滥，但都是向东或向北流，极少南泛侵淮。

后者是得益于黄河中下游地区人口的锐减和耕作制度的改变，使自然植被得以快速恢复和人为破坏植被的现象大为减少。植物的繁茂和耕地的减少，使水土得到保持，黄河下游的洪水量，特别是河水中泥沙量相应减少，使下游河道得以长期保持稳定。这种稳定状态的获得是付出了惨重的代价，或者是"因祸得福"。在这 800 年间，我国中原地区经历了东汉末年的黄巾大起义、三国鼎立、军阀混战、南北朝时期的"五胡乱华"、唐代的"安史之乱"和黄巢大起义等重大历史事件。富庶文明的中原大地，变成烽火狼烟的大屠场，农田变成牧场，百业凋敝。西晋永嘉五年（311 年），匈奴族首领刘聪领兵攻入洛阳，俘虏了晋怀帝；公元 313 年，又派兵攻占长安，俘虏了晋愍帝，西晋灭亡，史称"永嘉之乱"。西晋灭亡后，北方的匈奴、鲜卑、羯、氐和羌等少数民族的统治者，相互争夺地盘，扩张势力，在 100 多年的时间内先后入主中原，相继建立了许多政权，史称"五胡乱华"。中原的士族和民众大批逃往江南，"洛京倾覆，中州士女避乱江左者，十之六七，民众逃亡，田地荒废"。

北魏迁都洛阳以后，划"石济以西，河内以东，拒黄河南北千里为牧地"，驱大量杂畜夷中原为牧地。《魏书·食货志》载："世祖之平统万，空秦陇，以河西水草善，乃以为牧地。畜场滋息，马至二百余万匹，橐驼将半之，牛羊则无数。高祖即位之后，复以河阳为牧场，恒置戎马十万匹，以拟京师军警之备。每岁自河西徙牧于并州，以渐南转，欲其习水土而无死伤也"。

至此，黄河流域变成牧场，耕地化为乌有。"永嘉之乱"后，连续 300 余年的军阀混战，使劳动力锐减，中原农业区大片化为牧场，农业生产力遭到毁灭性的破坏。"自比年以来，兵革屡动，荆、扬二州，屯戍不息……汝颖之地，率户从戎，河冀之境，连丁转运。……死丧离旷，十室而九，……"

（三）五代至北宋钦宗靖康二年，黄河频繁侵淮

唐末以后，黄河逐渐结束了自东汉以来的 800 年相对安流的局面，进入了多灾多难的历史时期。自唐景福二年至五代末年（893—961 年），由于藩镇割据，连年混战，致使黄河两岸堤防失修，加上以水代兵的人为破坏，决溢次数大为增加。整个五代时期（907—961 年），黄河有 21 年决溢，平均每三年决溢一次。漫流范围，西到荥阳，东至淄、棣等州，南及开封、单县、曹县。后周世宗柴荣曾对黄河漫流决溢进行过一定规模的治理，使河患稍息，但"决河不复故道，离而为赤河"，治标不治本，为宋代留下大患。

北宋自宋太祖建隆元年至宋钦宗靖康二年（960—1127 年）的 168 年间，黄河有 73 年决溢，平均约为两年多一次，不仅决溢年份超过五代时期，而且决溢涉及的范围也较五代时更广。受灾地区，西自河阴，东南至宿州，东北至今天津以南，整个扇形面积，几乎包括了历史上黄河成灾的全部地区。值得注意的是在北宋时期，黄河大决溢后改道、改流、分流，先后多达七次，平均 20 年左右一次。主要故道有：京东故道、横陇故道、商胡故道和二股河故道。京东故道，为北宋前期黄河故道，亦即东汉王景治河时期的故道，历史上又称为汉唐大河，其行流时间近千年。至宋仁宗庆历八年（1048 年），"自商胡决而北流，王景之河始废"。商胡河道，到庆历八年，河（京东故道）大决于澶州商胡埽，决河流经大名、恩、冀、深、瀛、永静等府、州、军，东北至乾宁军（今河北青县）合御河入海。它是宋代黄河流入渤海的最北端，亦是历史上黄河又一次著名的大改道。

北宋时期，黄河下游有五次决溢南流入淮。

（1）宋太宗太平兴国八年（983 年）五月，"河大决滑州韩村，泛澶、濮、曹、济诸州民田，坏居人庐舍。东南流至彭城界，入于淮"。此次灾情严重，洪水泛滥数月之后，到入冬水落，决口被堵塞，未形成南流的新河道。

（2）宋真宗咸平三年（1000 年）五月，"河决郓州王陵埽，浮钜野，入淮、泗，水势悍激，侵延州城"。这次决口仅月余，便告堵塞，也未形成南流入淮的新河道。

（3）宋真宗景德三年（1006 年）六月，"应天府又言，河决南堤，流亳州，合浪宕河，东入于淮"。这次可能是大河初次走汴水泛道，入淮时期很短。

（4）宋真宗天禧三年（1019 年）六月，"滑州河溢城西北天台山旁，俄复溃于城西南，岸摧七百步，漫溢州城。历澶、濮、曹、郓，注梁山泊；又合清水、古汴渠东入于淮。州邑罹患者三十二"。这次灾情比第一次严重，且河水亦是行于汴水泛道。后发丁夫堵塞决口，直到次年二月，河水伏槽以后才完全堵口，河复故道，亦未形成南流新河。

（5）宋神宗熙宁十年（1077 年）七月，黄河"大决于澶州曹村，澶渊北流断绝，河道南徙，东汇于梁山、张泽泺，分为二派，一合南清河入于淮，一合北清河入于海，凡灌郡县四十五，而濮、济、郓、徐尤甚，坏田逾三十万顷，遣使修闭"。这次黄河南决入淮是北宋时期黄河入淮成灾最大的一次，但决口分流的时间短暂。次年四月，"治河者创为横埽之法，以遏绝南流"。五月，"新堤成，开口断流，河复归北"。

北宋年间的五次大河南流入淮,均因朝廷着力修塞,阻挡,故分流时间短暂,遂未形成大河南行。

(四) 黄河大规模长期侵淮到最终夺淮

黄河大规模南泛,长期侵淮、夺淮始于宋高宗建炎二年(1128年),该年冬,为阻止金兵南侵,东京留守"杜充决黄河,自泗入淮,以阻金兵"。自此,"杜充决黄河以阻金兵"载入史册,杜充则成为"千古罪人"。其实黄河决口南侵淮河绝非是偶然的。长期以来,黄河下游河段早已成为"悬河",决口南泛常有发生。远在汉文帝十二年时,就有"河决酸枣,东溃金堤"的情况发生,近在北宋时期,黄河下游河段就有五次决溢南流情况发生。所幸的是,上述决口、溃堤、分流经朝廷着力修堵,分流复归故道未酿成大改道。但是,此时的黄河大堤,已是危如累卵,随时都有决口、溃堤之虞。杜充决堤实是顺势而为,因正值战乱无法修筑堵口,故造成黄河长期侵淮、夺淮的恶果,杜充也只好背"千古罪人"的骂名。这次决口地点大致在李固渡(今河南省滑县沙店集南)以西。新道东流,经滑县、濮阳以东,鄄城以南,巨野、嘉祥、鱼台以北入泗水,在沛县北入江苏境,南下经徐州,邳州(今江苏省睢宁县古邳镇)、宿迁到桃源县(今泗阳县)南清口(泗口)入淮河,折而东再过山阳(今淮安县)、安东(今涟水县)到云梯关(今属江苏省响水县)入海。此次决口使黄河离开了历时数千年由向东北流入渤海的河道改由汇泗水入淮,再向东流入黄海,这是黄河历史上的又一次重大改道。同时,也是黄河长期大举南泛(侵)的肇始。金朝初期,大河河道极不稳定,"或决、或塞,迁徙无定"。金朝中期以后,黄河河道逐渐形成多股分流的态势,金大定八年(1168年),河决李固渡,淹没曹州城(今山东曹县西北),于单县附近分流,"南流"占全河6/10,"北流"占4/10。

金世宗大定二十年(1180年),河决卫州及延津京东埽,弥漫至于归德府。此时黄河已脱离北流入渤海的河道,更向南移动,黄河南决,侵淮趋向已较明显。金大定末年(1189年)黄河下游大致分为三股:干流一股自李固渡经延津、胙城、长垣,东明(今东明集)之北,定陶、单县之南,虞城、砀山之北,经萧县至徐州入泗;北面一股大致即宋建炎二年杜充决河所形成的河道;南面一股,约在延津县分出,经封丘、开封、睢县、宁陵、商丘等地。三股都注入泗水,再由泗入淮。

金章宗明昌五年(1194年),"河决阳武故堤,灌封丘而东"。洪水大溜(主流),直奔封丘,大致经长垣、曹县以南,商丘、砀山以北至徐州冲入泗水,从淮阴注入淮河。这次决口成为黄河长期夺淮的开端。金正大九年(1232年)蒙古军在凤池口决河攻城,河水由滩入泗。金天兴三年(1234年)蒙古军在开封北寸金淀再决黄河大堤,以灌宋军,此次河决后,河水南流经封丘、开封、陈留至杞县,分为三股:一股经鹿邑、亳州等地会涡水入睢;一股经归德、徐州合泗水南下入淮;一股由杞县、太康,经陈州会颍水至颍州南入淮。金元之际,黄河干流长期在汴、滩、涡和颍诸水之间,呈多股分流之事。

元至正四年(1344年),黄河在白茅口(今曹县境内)决口,洪水沿着会通河、北清河,泛滥于两河沿岸的河间、济南等地域。元至正十一年(1351年),贾鲁治河,堵塞北流,拘河东南走由泗入淮的故道,该道就是历史上著名的贾鲁河。明代初年,黄河基本上仍走贾鲁水故道,明洪武二十四年(1391年),黄河在原武黑洋山(今原阳西北)决口,河水折而东南流,经开封城北,折而南经陈州(今河南淮阳)循颍河入淮,称"大黄河";

原贾鲁河，称为"小黄河"。明弘治二年（1489年），黄河在河南境内大决，分为南北数股。南决自中牟至开封界分为两股，一股经尉氏等县，由颍河入淮；另一股经通许等县，由涡河入淮。北决正流经原阳、封丘、开封、兰考、商丘等地，东趋徐州入运河，大体即为贾鲁故河的流向，也即是汴道。从1490年开始，黄河下游形成了比较固定的汴、涡、颍三道，后白昂和刘大夏治河都是在黄河北岸筑堤，防止黄河北决。故尔后一个时期内黄河主要是多支分道南流和东流。黄河泛道主要有五支：南路两支，一是由涡河入淮，二是由濉水入泗，入淮；东路三支，一是由贾鲁故道经徐州小浮桥，入泗，入淮，二是由曹县向东经沛县飞云桥入运河，三是从上支再分出一支由谷亭（今鱼台）入运河。

明朝后期，潘季驯治河，采取在下游两岸高筑堤防，借以"束水攻沙"。此后，黄河下游由多股分汊河道，演变为单股河道。该河道由汴入泗，入淮，与今日之废黄河相近。将黄河的多道分流改为一道集中泄流，改变了长期以来淮河上游地区黄淮混流的局面。经过白昂、刘大夏和潘季驯等人主持治理后，该段河道方才基本固定下来，并逐步演化成江苏省境内的黄河入黄海的河道。该河道自今丰县和砀山县交界处的二坝开始，向东流经丰、砀、肖、铜山四县界上，进入徐州市区，然后折而东南，穿越铜山、睢宁、宿迁、泗阳、淮阴等县境，抵达淮阴市区，再折而东，穿行于淮安、涟水、阜宁三县界上，最后再经响水县、滨海县，到达大淤尖以东注入黄海。迄至清咸丰五年（1855年），黄河在铜瓦厢（今河南省兰考县北）决口，再度北徙后，遂形成今日之废黄河或黄河故道。这条黄河故道斜贯苏北大地，全长496.8km，平均宽约3km，高出附近地3~5m，有些地段达8m，形似一条巨大的垄岗。就是这条垄岗成为淮河流域与海河流域的分水地形。

潘季驯还提出"蓄清刷黄"作为"束水攻沙"的补充措施，即堵塞了洪泽湖大堤决口，大筑高家堰，拦逼全淮之水尽出清口（清口为当时黄、淮、运交会处，在今淮阴西）保证黄、淮合流，冲沙入海。但因黄水强盛，淮水势弱，不久"河身日高，高在清口，则淮水不得出，而为祖陵忧。"由于淮水不能顺利入海，威胁了泗州城即明祖陵的安全和漕运的畅通。于是，明万历二十三年（1595年），杨一魁提出"分杀黄流以纵淮，别疏海口以导黄"的建议。次年，于桃源（今泗阳）开黄坝新河。自黄家嘴起，东经清河，至安东（今涟水）灌口，长逾150km分泄黄河水入海。又辟清口沙七里，在高家堰上建武家墩、高良涧和周桥三闸，分泄淮水东经里下河地区入海。如此一来，黄河与淮河分流，而且都离开了淮河入海故道。明万历二十九年（1601年），黄河在商丘萧家口决口，全河之水冲溃新河堤入淮（即原淮河入海水道），"分黄导淮"措施失败，黄河仍由原淮河入海水道入海，而淮河仍经里下河地区入海，未能回到原淮河入海水道。这样，黄河就名副其实地全面夺淮。黄河全面夺淮时间应定在明万历二十九年（1601年）。淮河自洪泽湖以下是向东经过里下河地区入海。清咸丰元年（1851年），淮河大水决开洪泽湖大堤南端的三河口东入高邮湖，经金湾河、芒稻河于三江营注入长江。

黄河此次改道北注渤海和淮河入海河道改道南入长江并非仓促之举，而是早有先兆。

清乾隆十年（1745年），陈法针对明清以来黄淮合流这一治水顽症提出黄淮分流，黄河改道由大清河入海的主张，但未被采纳。清乾隆十八年（1753年），孙嘉淦提出开减河引水入大清河的建议，亦未能实现。清咸丰二年（1852年），魏源在《筹河篇》中亦主张黄河改向北流，由大清河入海。并预料到，"事必不成，只有等待，河自改之"。不出预料，清咸丰五年（1855 年）6 月，黄河在河南兰阳（今兰考）铜瓦厢大决，改道北徙夺大清河，由山东利津入海。这次黄河北徙，亦是黄河历史上又一次重大的改道，从此结束了黄河自 1194—1855 年长达 662 年，侵淮、合淮和最终夺淮的历史。一般通称为 700 年，笔者认为黄河侵淮、夺淮的历史，应从汉文帝前元十二年（公元前 168 年）算起到清咸丰四年（1854 年）为止长达 2023 年。自周定王五年（公元前 602 年），黄河第一次自宿胥口决口改道，至清咸丰五年（1855 年）从铜瓦厢决口，共有 26 次较大的改道（表 1-5）。

表 1-5 黄河 26 次改道简况[8]

序号	改道时间	改道地点	流 经 地 区
1	公元前 602 年 （周定王五年）	宿胥口（今淇河、卫河合流处）	东行漯川（古河道名），经滑台（今河南滑县）、戚城（今河南濮阳西）、元城（今河北大名）、贝邱（今山东清平西南）、成平（今河北交河县南），至章武（今河北沧县东北）入渤海
2	公元前 132 年 （汉武帝元光三年）	瓠子（今濮阳西南）	东南流向山东钜野，经泗水，注入淮河
3	公元前 109 年 （汉武帝元封二年）	馆陶沙邱堰	自沙邱堰向南分流为屯氏河，与大河并行，流经临清、高唐、夏津一带，在平原以南流入大河
4	公元前 39 年 （汉元帝永光五年）	灵县鸣犊口（今高唐南）	水流东北，穿越屯氏河，在恩县以西分为南北二支：南支叫笃马河，经平原、德县、乐陵、无棣、霑化入海；北支叫咸河，经平原、德县、乐陵之北入海
5	公元 11 年 （王莽建国三年）	魏郡（今南乐附近）	流经今河南南乐、山东朝城、阳谷、聊城、临邑、惠民，至利津入海
6	955 年 （周世宗显德二年）	阳谷	在阳谷决口后，分出一条支河，名叫赤河，流经大河（即王景治河后的河道）以南，在长清以下又大河相合
7	1020 年 （宋真宗天禧四年）	滑州（今滑县东）西北天台山和城西南岸	经澶（今濮阳）、濮（山东濮县）、曹（山东菏泽南）、郓（山东东平）一带，入梁山泊，向东流入泗、淮
8	1034 年 （宋仁宗景祐元年）	澶州（今河南濮阳）横陇埽	流入赤河，再长清仍入大河
9	1048 年 （宋仁宗庆历八年）	澶州商胡埽	向北道奔大名，进入卫河，流经今馆陶、临清、景县、东光、南皮，至沧县与漳河汇流，从青县、天津入海
10	1060 年 （宋仁宗嘉祐五年）	魏郡第六埽	与原河道分流，奔向东北，经南乐、朝城、馆陶、入唐故大河的北支，合笃马河，东北经乐陵、无棣入海
11	1081 年 （宋神宗元丰四年）	澶州小吴埽	水西北流，经过内黄，流入卫河
12	1128 年 （宋高宗建炎二年）	今浚县、滑县以上地带	经延津、长垣、东明一带入梁山泊，然后由泗入淮
13	1168 年 （金世宗大定八年）	李固渡（今滑县沙店镇南）	经曹县、单县、肖县、砀山等地，至徐州入泗汇淮
14	1194 年 （金章宗明昌五年）	阳武	经延津、封丘、长垣、兰封、东明、曹县等地又入曹、单、肖、砀河道
15	1286 年 （元世祖至元廿三年）	原武、开封	水分两路向东南而下：一支经陈留、通许、杞县、太康等地注涡入淮；一支经中牟、尉氏、洧川、鄢陵、扶沟等地，东南由颍入淮

续表

序号	改道时间	改道地点	流 经 地 区
16	1297 年 （元成宗大德元年）	杞县蒲口	水直趋东北，行 200 多里，在归德横堤以下和北面汴水泛道合并
17	1344 年 （元顺帝至正四年）	曹县白茅堤和金堤	流至今山东东阿，沿会通运河及清济河故道，分北、东二股流向河间及济南一带，分别注入渤海
18	1391 年 （明太祖洪武廿四年）	原武黑羊山	经开封城北折向东南，过淮阳、项城、太和、颍上，东至正阳关，由颍河入淮河
19	1416 年 （明成祖永乐十四年）	开封	经亳县、涡阳、蒙城，至怀远，由涡河入淮河
20	1448 年 （明英宗正统十三年）	原武和荥泽（今郑州附近）孙家渡	北股由原武决口向北直抵新乡八柳树，折向东南，经延津、封丘、濮县抵柳城、张秋，穿过运河合大清河入海；中间一股在荥泽孙家渡决口，漫流于原武、阳武，经开封、杞县、睢县、亳县入涡河，至怀远汇淮河；南股也是从孙家渡决口，流经洪武廿四年老河道，入于淮河
21	1489 年 （明孝宗弘治二年）	开封等地	决口后，水向南、北、东三面分流。一支经尉氏向东南合颍河入淮；一支经通许合涡河入淮；一支与贾鲁故道平行，至归德经亳县亦合涡河入淮；一支自原武趋阳武、封丘，至山东曹县冲入张秋运河；一支由开封翟家口东出归德，直下徐州，合泗水入淮
22	1509 年 （明武宗正德四年）	曹县杨家口、梁靖口	流经单县、丰县，由沛县飞云桥入运河
23	1534 年 （明世宗嘉靖十三年）	兰封赵皮砦	经兰封、仪封、归德、睢县、夏邑、永城等地，由濉水入淮河
24	1558 年 （明世宗嘉靖三十七年）	曹县东北	水趋单县段家口，至徐州、沛县分为六股，俱入运河至徐洪；另外又由砀山坚城集趋郭贯娄。分为五小股，也由小浮桥汇徐洪
25	1855 年 （清咸丰五年）	兰阳（今兰考）铜瓦厢	溜分三股：一股由曹县赵王河东注（后淤）；另两股由东明县南北分注，至张秋穿运河后复合为一股，夺大清河入海，以后北股又淤，南股遂成干流
26	1938 年 （民国 27 年）	郑州花园口	经尉氏、扶沟、西华、淮阳、商水、项城、沈丘，至安徽进入淮河

资料来源：水利电力部黄河水利委员会，《人民黄河》，1959 年。

自宋建炎二年（1128 年）杜充决黄河大堤，河水大举南侵，直到清咸丰四年（1854 年）黄河决北岸大堤北去入渤海止，黄河在淮北平原肆虐了整整 700 年有余。在这长达 700 余年中，又可根据洪水肆虐程度分为三个阶段：第一阶段是自 1128 年到元初近 100 年间，黄河侵淮主要是沿古汴河和泗水河道注入淮河，后入海。第二阶段是自 1234 年至明隆庆初年，潘季驯开始修筑黄河下游堤防时，在这近 340 年间，黄河南徙不定，并漫流到淮河平原腹地的睢水、涡河和颍水。此阶段西自开封，东到海滨，东西千里；北自东平，南到淮河，南北数百里，均遭黄河残酷的蹂躏。第三阶段自明隆庆初年到 1855 年，黄河北上的 280 余年间，黄河基本上沿着元末贾鲁故道（古汴水）、泗水入淮，东出云梯关（今黄河故道）入海。以上第一和第三阶段，决口的洪水主要是借道淮河支流侵淮再入海，与第二阶段相比，黄水对淮北平原的危害要轻些。但是黄水所携带的泥沙几乎垫高了淮河北岸所有支流的河床，为此后华北平原频遭洪涝灾害埋下了祸根。

在黄河长达700余年的侵淮、夺淮期间，主要形成了泗水、古汴水、睢水、涡河和颍河五条泛道（图1-7）。

（1）1128年，杜充在卫州决开黄河大堤，黄水向东流至梁山泊南分为两支，南支入泗，北支入古济。（泗水泛道）

（2）1194年，黄河在阳武决口，河水经封丘、长垣、曹县以南、商丘至徐州入泗、淮。（古汴水泛道）

（3）1234年，黄河在开封北寸金堤人为决口，黄水主流入涡，再入淮。（涡河泛道）

（4）1297年，黄河在杞县蒲口决口，北支主流经睢水入泗、淮。（淮水泛道）

（5）1391年，黄河在原武里洋山决口，其主流经颍水入淮。（颍水泛道）

五、黄河侵淮对淮河水系的巨大影响

（一）黄河侵淮、夺淮的起讫时间

关于黄河夺淮起始时间，一直是历史界和水利界争论的问题，有人认为，汉武帝元光三年（公元前132年），黄河在濮阳瓠子决口，"东南注巨野，通于淮泗"，可作为黄河夺淮的起始时间。

有人根据《宋史·河渠志》载北宋神宗熙宁十年（1077年），黄河在澶州曹村决口，"河道南徙，东汇于梁山、张泽泊，分为二派，一合南清河入于淮，一合北清河入于海"。把黄河夺淮起始时间，定在该年。其理由是黄河全河南徙入淮。

清代胡渭在《禹贡锥旨》一书中，首次把黄河侵淮与夺淮区分开来，并认为黄河夺淮起自金明昌五年（1194年）。还指出"过去黄河多次南决，侵扰淮泗"，但未几即塞。其历久不变，至今500余岁，河淮并为一渎，即自金明昌五年始耳。胡渭此观点对后世影响极大，一直为后世的历史、地理和水利学者所公认，亦为历史、地理和水利著作及各类辞书中所沿用。

多数水利工作者和学者都认为，黄河夺淮始于金明昌五年（1194年）。理由是当年（1194年）"黄河大决于阳武，黄河大溜直奔封丘，经长垣、曹县以南，商丘、砀山以北至今徐州冲入泗水，从今淮阴注入淮河"，是"全河南徙，黄河形势为之一变。自从周定王五年迄至金章宗明昌五年的1700年间，黄河主流都是经现河道以此入渤海，只有短期由泗水入海。惟自金明昌五年迄清咸丰五年（1855年）的黄河流今河道以南，到徐州汇泗水，注淮，东流入黄海。"简言之，就是自1194年起，黄河主流南经泗水入淮，再东入黄海，黄强淮弱，淮河入海河道，以黄水为主，淮河为次，故视之为夺淮，即所谓"喧宾夺主"。

20世纪50年代初期，岑仲勉在《黄河变迁史》中，虽未明确指出黄河夺淮的开始时间，但他确认黄河南迁，北流断绝的时间，应为金世宗大定二十年（1180年）的一次卫州延津决口。并且还指出1194年黄河决口，是自阳武决口直流向封丘，出长垣、曹县之南，商丘、砀山之北，经丰、沛、萧而向徐邳，夺泗入淮。而不是胡渭在《禹贡锥旨》中所写的，1194年黄河在阳武决口，洪水行经梁山泊，然后南北分流的情况。

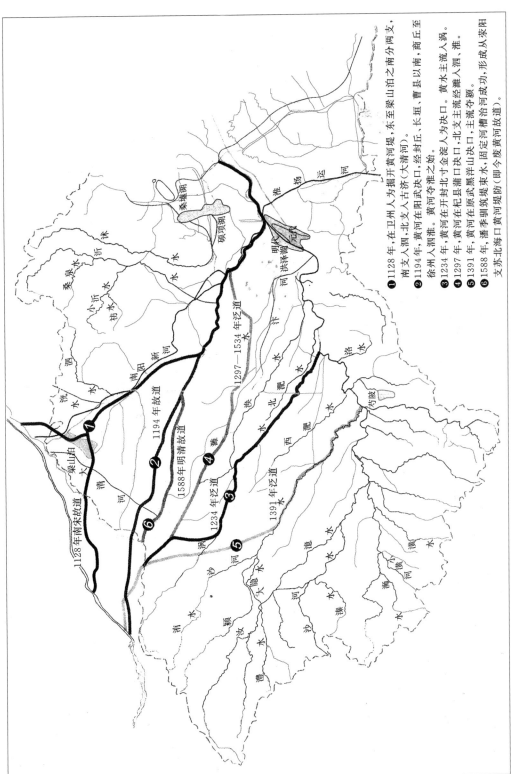

图 1-7 黄河夺淮泛道图

张含英在《历代治河方略探讨》一书中，指出"宋高宗建炎二年（1128 年）冬，东京留守杜充决开黄河，企图阻止金兵南下。但未能如愿，徒使黄河有南流入淮之机……，遂使黄河长期（727 年）由淮入海。"《黄河水利史述要》一书，更明确提出，宋高宗建炎二年（1128 年）"东京留守杜充决开黄河，自泗入淮，这是黄河历史长期南泛入淮的开始"。

有的学者认为，将"宋建炎二年（1128 年）的这次人为决河，在未弄清其决口地点和流路的情况下，作为黄河长期入淮的开端，史料是不充分的"。持此种看法是完全可以理解的，但可以看到，当时的黄河下游河段早已成为"悬河"，"或决、或塞、迁徙不定"，河道处在极不稳定的状态，且南流趋势明显，人工决河也是选在河道极易溃决处，人工决口只是将自然决口的时机提前了，所以将此次人工决口作为黄河长期入淮的开端也是可以的。事实亦是如此，自此次决口后，开启了黄河大举侵淮的历史。

根据黄河侵淮、夺淮的时间长，情况复杂的特殊性，可将黄河侵、夺淮分为三种情况。第一种情况是黄河决口分流侵淮的时间比较短，之后决口又被堵塞，黄河仍回归原河道，这个时段起于西汉文帝十二年（公元前 168 年）的"河决酸枣"，迄于宋高宗建炎二年（1128 年），杜充决黄河阻金兵，使黄河由东北入海改由东南入淮。这个时段长达 1296 年，称为黄河侵淮时期。第二种情况是决口分流时间长，不论是主流还是分流，都是通过淮河支流和淮河入海河道入海，而淮河仍由原入海通道入黄海，这种情况可称之为"黄淮合流"时期。这个时段应起自于宋高宗建炎二年（1128 年）的杜充决黄河以阻金兵，迄于明万历二十九年（1601 年）黄河在商丘肖家口决口，全河之水冲溃新河堤入淮（即原淮河入海通道），历时 473 年。第三种情况是黄河夺淮。即指黄河由长期侵淮发展到完全占据淮河入海通道，并迫使淮河离开原入海通道，另寻新的入海通道。该时段起自明万历二十九年（1601 年），迄于清咸丰五年（1855 年），历时 254 年。由上得知黄河自公元前 168 年开始侵淮、夺淮，直到公元 1855 年，北徙改道大清河入渤海，历时 2023 年。

（二）黄河侵淮，对淮河流域生态环境的影响

根据有关资料统计，在 1949 年以前的 3000 多年的时间内黄河下游河道发生的漫溢、决口和改道就多达 1593 次，平均每两年一次，较大的改道有 26 次。此间，黄河下游河道在黄淮平原上频繁的南北滚动，多股并存，迭为主次，迁徙无常，肆虐泛溢。在此期间，黄河平均每年将巨量洪水和约 16 亿 t 泥沙倾泻到淮北大地上。黄河洪水波及地区，西以桃花峪为顶点，东迄黄海、渤海边，北到天津，南达淮河，还波及里下河地区和长江口广大地区，纵横 25 万 km²。综观黄淮平原，无处不经受黄河水沙的灌注和淤淀。仅仅黄泛九年（1938—1946 年），黄河就把大约 100 亿 t 的泥沙倾泻在淮河流域。它不仅覆盖了农田、房屋、城市和乡村，给泛区广大民众带来了深重的灾难，而且还严重地破坏了淮河流域的良好生态环境。有关黄河侵淮、夺淮所引发的大洪灾给淮河流域民众的生命财产和国民经济所带来的巨大损失，另有章节叙述。本章重点将讨论黄河长期侵淮夺淮给淮河流域生态环境带来的巨大和深远的负面影响。

（1）改变或破坏了淮河流域原先良好的水系格局。黄河北徙后，遗留下的废黄河河道是个地上河，它横跨在淮北平原东西，形成一个人工的分水地形，将河南、安徽、山东、江苏四省完整的淮河水系一分为二，分成为淮河水系和沂沭泗水系。纵穿淮安和扬州之间的里运河东西大堤，将江苏省淮河以南地区分为运西和运东两部分，运东部分称之为里下河地区。

由于淮河入海通道被堵，清咸丰元年（1851年），淮河大水决开洪泽湖大堤南端的三河口，河水由三河向东进入高宝洼地，经芒稻河于扬州附近三江营入江，冲成了一条畸形的入江水道，从此淮河干流由直接入海改为先入长江，再由长江入海。

因黄河夺淮、泗，使原淮河支流沂、沭、泗等河均失去了出路，遂潴壅成南四湖和骆马湖。之后，泗、沂河经骆马湖，由六塘河再经灌河入海。沭河绕道至沭阳县东北，借蔷薇河经海州入海。

自黄河大规模侵淮（1128年）至黄河北徙（1855年）的700余年间，黄河洪水漫流整个淮北平原，汉唐时期的上百个大小湖泊，几乎被黄河泥沙所淤没。淮泗河等，几乎被黄河主流和汊道所流经和灌注，它们的河床普遍被淤高，有的支流甚至被淤成平路和地上河，如古濉水、泗水下游河段和古汴水等。这些河流的入淮河口，普遍被淤浅，水流不畅，如迁洪水，大则横流，吞没田野、村镇，小则积涝成灾。

淮河干流正阳关以下，因受黄河灌注，淤积也很严重，又因下游受阻，水流不畅，故河水常在两岸积聚，形成了城东、城西和瓦埠湖等一连串的湖泊和洼地。

（2）淮北平原被泥沙淤高，促进了"黄河南岸大堤水系"的发育，迫使淮河中游河道向南迁徙，并使淮河中游地区成为洪水易集难排的"水灾窝子"，洪涝、旱灾害频发，曾经的"走千走万，不如淮河两岸"的美好情景难于再现。

参 考 文 献

［1］ 水利部淮河水利委员会，《淮河志》编纂委员会. 淮河综述志. 北京：科学出版社，2000.
［2］ 杨景春. 中国地貌特征与演化. 北京：海洋出版社，1993.
［3］ 谷德振，戴广秀. 淮河流域的地质构造. 科学通报，1954，4：32－26.
［4］ 徐近之. 淮北平原与淮河中游的地文. 地理学报，1953，19（2）：203－233.
［5］ 施雅风，赵希陶. 中国气候与海面变化及其趋势与影响——中国海面变化. 济南：山东科学技术出版社，1996.
［6］ 耿秀山，万延林，李善为，等. 苏北海岸带的演变过程及苏北浅滩动态模式的初步探讨. 海洋学报，1983，5（1）：63－65.
［7］ 凌申. 全新世以来里下河古地区演变：地理与经济建设. 合肥：中国科学技术大学出版社，1992：48－50.
［8］ 上海师范大学，等. 中国自然地理. 北京：高等教育出版社，1979：93.
［9］ 宗受于. 淮河流域地理与导淮问题. 南京：南京钟山书局，民国22年.
［10］ 黄志强，等. 江苏北部沂沭河流域湖泊演变的研究. 徐州：中国矿业大学出版社，1990.
［11］ 水利电力部黄河水利委员会. 人民黄河. 北京：水利电力出版社，1959.
［12］ 班固. 汉书·沟洫志. 长沙：太白文艺出版社，2006.

第二章

淮河水系的形成与演化

第一节　淮河水系的形成

进入全新世中期，全球气候变暖，海平面上升，海水入侵。在距今 6500～5000 年前，海水入侵范围最大，曾到达今淮安流均地区及大运河沿线。此时，淮河流域气候温暖湿润，降水充沛。淮河流域西边的嵩山、外方山、伏牛山和桐柏山及南边的淮阳山地因丰沛的降水发育了众多大小不一的溪流。这些溪流又逐步汇合成三条较大的河流，即今日的颍河、汝河和淮河上游。它们流入淮河平原后，在黄河之南、淮阳山地以北的广阔平原上汇合成一条大河——古淮河。淮阳山地上发育的众多溪流亦汇合成若干河流如史河、淠河等，并自南而北汇入淮河。古淮河与黄河、济河一道沿着近乎东西向的构造线，自西向东近似平行地流入大海。

到了尧舜时期，位于黄河中下游平原的中原地区发生了特大的洪水，此时，又恰逢黄海正处于高海面时期，平原上的洪水无法东泄入海，遂酿成"汤汤洪水滔天，浩浩怀山襄陵"的一场特大的洪灾。洪水包围了大山，淹没了丘陵，肥沃的平原成了鱼鳖之场，民众苦不堪言。于是，尧帝派鲧去治水。史传鲧为夏禹之父，《国语·周语下》称鲧为崇伯，崇伯即今嵩山，鲧为嵩山一带部落的首领，又是当代的治水专家。因他采用堙塞蓄水的办法治理洪水，以致九年未治成，被舜帝放逐到羽山而死。之后，舜帝又派鲧之子禹去治理洪水。禹接受父亲治水失败的教训，改"堙塞蓄水"方法为"高高下下，疏川导滞"之法，把河道加宽加深，疏导而下。经过 13 年的"劳身焦思"，终于战胜了洪水。此种传说流传了数千年。今天看来，此种说法并不准确。试问，鲧在治水时，其子禹应跟随鲧左右，是鲧的得力助手，鲧又是当时有名的治水专家，难道不知道水往低处流，挖渠排水这类极其浅显的知识和方法，而跟随鲧左右的禹难道也不懂得这些浅显的知识和简易的治水方法。如懂得，为何不向其父提出建议，眼睁睁看着父亲因治水失败而被杀。所以说，这类传说不可全信。那么，鲧为何治水失败，而禹又花了长达 13 年的时间才治水成功呢！原因是尧舜时期，黄海正处于高海面时期，海水直拍今大运河一线，大大地抬高了淮河等河流的侵蚀基面，使河水失去了下泄入海的动力，任凭你开多少沟渠也无法将洪水排入海中。所以说，鲧治水失败，不是鲧的过错，而是大自然的驱使，非人力能改变的。如此看来，鲧是含冤而死。到了大禹治水后期，中全新世中期形成的高海面开始下降，海水后退。黄淮平原上蛰伏多年的江、河开始复苏，变向源堆积为溯源侵蚀。昔日"浩浩襄陵"的洪水纷纷归槽，加上大禹率领民众大力疏导，黄淮平原上逐步形成了以淮河为主干的淮河水系。

那时的淮河干流位于淮河平原的中间地带，与其北面的济水、河水近似平行地流入黄海。其入海口大约在今淮阴市附近。这才有了《史记·殷本纪》中如下的记载："古禹、皋陶久劳于外，其有功乎民，民乃有安。东为江，北为济，西为河，南为淮，四渎已修，万民乃有居。[1]"

徐州地矿局的专家认为，古淮河在全新世中期，可能是在洪泽湖区入海的。其理由是他们曾在盱眙东面的维桥附近发现全新世沉积中的一段含有海陆过渡相生物化石（如盾形化石）。有关学者也认为，苏北地区全新世早期，海侵影响的最大范围，曾达到洪泽湖边部[2]。在距今约5000年的海退时期，古淮河大体上流经今洪泽湖附近、清江市东南方的钵池、涟水县以南的淮安县青莲岗等地，在今滨海县西侧的云梯关附近入海，并顺着这条线发育了砂堤。在距今4500年左右的高海面时期，海水又顺河道侵入淮河口南侧的里下河洼地及北侧的古硕项湖区，但河口位置的上溯距离并不大。到春秋战国时期，淮河的入海口估计在今阜宁县、涟水县和滨海县交接部位的今关滩、白沙镇、小关、大关和海岗子一带[2]。

赵希陶（1992）认为，在距今6500～4000年，庆丰地区由潟湖发展成为开放性潟湖与海湾。"这一时期海水入侵范围最大，有可能沿某些通道入侵射阳湖以西的淮安市流均地区，受海水波及地区海陆过渡相地层分布范围更广，其西界可能接近大运河"[3]。

徐近之（1953）曾写道，"仅就地文发展言，淮河似简单而实复杂，未有黄河大三角洲以前淮河长度远小于今日，入海处当在京汉铁路东不远，最大限度想不会在息县与洪河口间以东。"徐近之先生此观点表明，淮河下游河段即"洪泽湖以下至云梯关原来的淮河完全是在三角洲上面发展的"，且随着黄河大三角洲的伸展而向东延伸[4]。

一、先秦时期的淮河水系

淮河古名淮水，是我国中原地区的一条古老的河流。古代它与河水、济水、江水并称为"四渎"，是我国古代六大名川之一。

淮河虽是古代一条著名的河流，但是先秦文献中有关淮河的记载是少之又少。"淮"字是最早出现在殷商时代的甲骨文中，而且多次出现（图2-1和图2-2）。但甲骨文中的"淮"字是指江、河，还是指民族，或是地名，现已无法查考。"淮"字作为淮河之名最早出现在商汤时期的《汤诰》中。"汤归至于泰卷（陶），中垒作诰。既绌夏命，还亳，作《汤诰》"。其曰："古禹、皋陶久劳于外，其有功乎民，民乃有安。东为江，北为济，西为河，南为淮，四渎已修，万民乃有居。""渎"今为沟渠，如苏州之木渎，古为大川。《吕氏春秋·有始览》曰："何谓六川？河水、赤水、辽水、黑水、江水、淮水"。[5]

到了战国时期，诸侯逐鹿中原，战事频发，淮河流域成为逐鹿之要地，故淮河之名频繁地出现在先秦的典籍中，但也仅是些只言片语。记载淮河和淮河水系比较详细的文献当数《山海经》和《尚书·禹贡》。

《山海经·岷三江》[6]曰：

"淮水出余山，余山在朝阳东，义乡西，入海，淮浦北；

汝水出天息山，在梁勉乡西南，入淮极西北，一曰淮在期思北；

图 2-1　铸有"淮"字的青铜器
（选自《淮河水利简史》）

图 2-2　刻有"淮"字的卜骨
（选自《淮河水利简史》）

泗水出鲁东北，而南，西南过湖陵西，而东南注东海，入淮阴北；

济水出共山南东丘，绝钜鹿泽，注渤海，入齐琅槐东北。"

《山海经·岷三江》中记载了淮河流域四条主要河流，但是没有另一条重要的河流——颍河，是遗漏还是另有缘由？

《尚书·禹贡》[7]曰：

"海岱惟青州，嵎夷既略，潍、淄既道。浮于汶，达于济。

海岱及淮惟徐州。淮、沂其乂，蒙、羽其艺，大野既猪，东原厎平。……浮于淮、泗，达于河。

淮海惟扬州。彭蠡既猪，阳鸟攸居。三江既入，震泽厎定。……沿于江海，达于淮、泗。

荆河惟豫州。伊、洛、瀍、涧既入于河，荥波既潴。导菏泽，被孟潴。浮于洛，达于河。

导沇水，东流为济，入于河，溢为荥；东出于陶丘北，又东至于菏，又东北会于汶，又北，东入于海。

导淮自桐柏，东会于泗、沂，东入于海"（图 2-3）。

《墨子》记禹西治黄河、渭水；北治汾、滹沱等河；东治沼泽，开人工渠引水；南治汉、汝、江、淮及五湖等。《孟子》记禹疏九河，浚济水、漯水注于海；开汝、汉、泗通于江，江、淮、河、汉等水系形成。

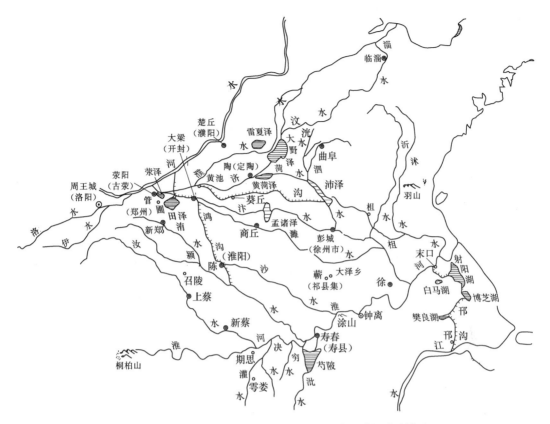

图 2-3　先秦时期古代淮河流域水系图（选自《淮河水利简史》）

司马迁所著《史记》中，多处提到淮、泗[4]，如：

《夏本纪第二》曰，"海岱及淮维徐州：淮、沂其治，蒙、羽其艺""浮于淮、泗，通于河""道淮自桐柏，东会于泗、沂，东入于海"。

《殷本纪第三》曰："古禹、皋陶久劳于外，其有功乎民，民乃有安。东为江，北为济，西为河，南为淮，四渎已修，万民乃有居。"

《秦本纪第五》：曰："淮、泗之间小国十余。"

《苏秦列传第九》曰："大王之地，南有鸿沟、陈、汝南，东有淮、颍、煮枣，西有长城之界，北有河外、卷、衍、酸枣，地方千里。"

《河渠书第七》曰："自是之后，荥阳下引河东南为鸿沟，以通宋、郑、陈、蔡、曹、卫，与济、汝、淮、泗会。于楚，西方则通渠汉水、云梦之野，东方则通（鸿）〔邗〕沟江淮之间……而河决于瓠子，东南注巨野，通于淮、泗。"

司马迁所著《史记》虽成书于西汉早期，但书中内容多为先秦时期的史实，故将其列入先秦文献序列。

二、《汉书·地理志》所记载的淮河水系[8]

淮水出平氏桐柏大复山，东南至淮陵入海，过郡四，行三千二百四十里。（平氏属南阳郡，淮陵故城在今安徽盱眙县西北九十五里）

汝水出定陵高陵山，东南至新蔡入淮。过郡四，行千三百四十里。

滍水出鲁阳鲁山，东北至定陵入汝。

颍水出阳城阳乾山，东至下蔡入淮。过郡三，行千五百里。

洧水出密县大騩山，南至临颍入颍。

㴎水出阳城阳城山，东南至长平入颍。过郡三，行五百里。（阳城在今河南登封县东南。下蔡，春秋楚州来邑，在今安徽寿县北。长平在今西华县东北）

狼汤渠出荥阳，首受沛，东南至陈入颍。过郡四，行七百八十里。

夏肥水出城父，东南至下蔡入淮。过郡二，行二百六十里。（城父在今安徽亳县，下蔡在寿县淮河北岸）

涡水出扶沟，首受狼汤渠，东南至向入淮。过郡三，行千里。（向在下蔡东北）

睢水出浚仪，首受狼汤水，东至取虑入泗。过郡四，行千三百六十里。（浚仪故城在今河南开封县西北。取虑故城在今江苏睢宁县西南）

获水出蒙城，首受淄获渠，东北至彭城入泗。过郡五，行五百五十里。（蒙城在今河南商丘县东北四十里。彭城今在江苏铜山县）

汶水出莱芜，西南入沛。

泗水自乘氏东南至睢陵入淮，过郡六，行一百一十里。（卞城在今山东泗水县东五十里。方与城在鱼台县城北。乘氏在曹县东北五十里，睢陵今江苏睢宁县）

鲁渠水首受狼汤渠，东至阳夏，入涡渠。

治水出南武阳冠石山，南至下邳入泗。过郡二，行九百四十里。

沂水出盖，南至下邳入泗。过郡五，行六百里。

沭水出东莞，南至下邳入泗。过郡四，行七百一十里。（东莞今山东沂水县）

游水出淮浦，北入海。（淮浦今江苏涟水县）

决水出零娄，北至蓼入淮，又有灌水亦北至蓼入决。过郡二，行五百一十里。（零娄城在今安徽霍丘西南八十里。蓼在霍丘西）

沘水出沘山，北至寿春入芍陂。如谿水出六，首受沘，东北至寿春入芍陂。

《汉书·沟洫志》曰："荥阳下引河东，南为鸿沟，以通宋、郑、陈、蔡、曹、卫，与汝、淮、泗会"（图2-4）。

三、《水经》❶ 与《水经注》❷ 中所记载的淮河水系概况[9]

（一）淮河干流

淮水出南阳平氏县胎簪山，东北过桐柏山

《山海经》曰：淮出余山。在朝阳东，义乡西。《尚书》，导淮自桐柏。《地理志》曰：南阳平氏县，王莽之平善也。《风俗通》曰：南阳平氏县桐柏，大复山在东南，淮水所出也。淮，均也。《春秋说题辞》曰：淮者，均其势也。《释名》曰：淮，韦也，韦绕扬州北界，东至于海也。《尔雅》曰：淮为浒然淮水与醴水同源俱导，西流为醴，东流为淮。潜

---

❶ 下文中，宋体字为《水经》内容。
❷ 下文中，仿宋体为《水经注》内容。

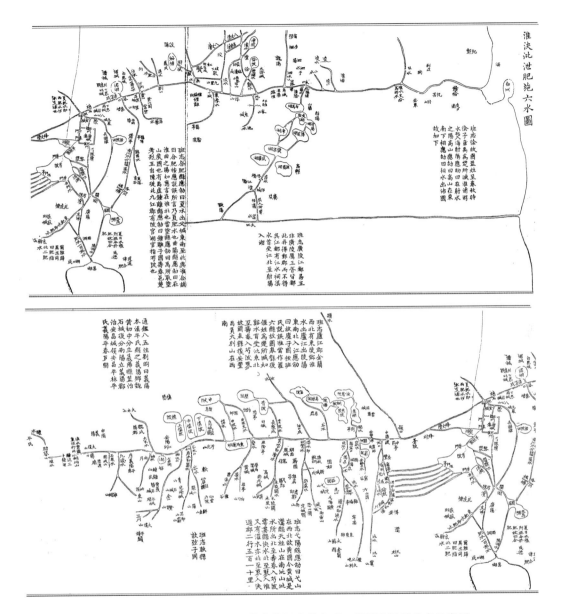

图 2-4 《汉书·地理志》所载的淮河流域水系、湖沼和陂塘分布示意图

流地下三十许里，东出桐柏之大复山南，谓之阳口，水南即复阳县也。山南有淮源庙，庙前有碑，是南阳郭苞立。故《水经》云："东北过桐柏也。淮水又东迳义阳县。淮水又迳义阳县故城南，义阳郡治也。"

东过江夏平春县北

淮水又东，油水注之。淮水又东北迳城阳县故城南。淮水又东北与大木水合，淮水又东北流，左会湖水。淮水又东迳安阳县故城南。淮水又东得狮口。淮水又至谷口，谷水东北入于淮。

又东过新息县南

淮水东迳故息城南，又东迳浮光山北。淮水又东，迳新息县故城南。淮水又东合慎水，又东与申陂水合。淮水又左迤，流结两湖，谓之东，西莲湖。淮水又东，右合壑水。淮水又东北，申陂枝水注之。淮水又东迳淮阴亭北，又东迳白城南。淮水又东迳长陵戍南，又东，青陂水注之，淮水又东北合黄水。淮水又东北迳褒信县故城南。

又东过期思县北而东流注也。

淮水又东北，淠水注之。

又东过原鹿县南，汝水从西北来注之。又东过庐江安丰县东北，决水从北来注之。

淮水又东，谷水入焉。淮水又东北，左会润水。淮水又东北，穷水入焉。淮水又东为安丰津，水南有城，淮中有洲。

又东北至九江寿春县西，沘水、泄水合北注之。又东，颍水从西北来流注之。

淮水又东，左合沘口，又东迳中阳亭北为中阳渡，水流浅碛，可以厉也。淮水又东流与颍口会，东南迳苍陵城北，又东北流迳寿春县故城西。淮水又北，左合淑水。

又东过寿春县北，肥水从县东北流注之。

淮水于寿阳县西北，肥水从城西而北入于淮，谓之肥口。淮水又北，夏肥水注之。淮水又北迳山硖中，谓之硖石。淮水又北迳蔡县故城东，本州来之城于州来，谓之下蔡也。淮之东岸又有一城，即下蔡新城也。二城对据，翼带淮渍。淮水东迳入八公山北，山上有老子庙。淮水历潘城南，又东迳梁城，临侧淮川，川左有湄城，淮水左迤为湄湖。淮水又右纳洛川于西曲阳县北。《经》所谓淮水迳寿春县，北肥水从县东北注者也。盖《经》之谬矣。考川定土，即实为非，是曰洛涧，非肥水也。淮水迳莫邪山西。

又东过当涂县北，涡水从西北来注之。

淮水自莫邪山东北迳马头城北，故当涂县之故城也。淮水又东北，濠水注之。淮水又北，沙水注之。淮水于荆山北，遏水东南注之。又东北迳沛郡义城县东。

又东过钟离县北。

淮水又东迳夏丘县南，又东，涣水入焉。淮水又东至巉石山，潼水注之。淮水又东迳浮山，山北对巉石山。淮水又东迳徐县南，历涧水注之。淮水又东，池水注之。淮水又东，蕲水注之。淮水又东历客山，迳盱眙县故城南。淮水又东迳广陵淮阳城南，城北临泗水，阻于二水之间。

又东北至下邳淮阴县西，泗水从西北来流注之。

淮泗之会，即角城也。左右二川，翼夹二水，决入之所，所谓泗口也。

又东过淮阴县北，中渎水出白马湖，东北注之。

淮水右岸即淮阴也。

又东，两小水流注之。

淮水左迳泗水国南，故东海郡也。

又东至广陵淮浦县，入于海。

淮水迳县故城东，淮水于县枝兮，北为游水，历朐县与沭合。游水又北迳东海利成县故城东，故利乡也。游水又北，历羽山西，又北迳祝其县故城西，游水左迳琅玡计斤县故城之西。游水又东北迳赣榆县北，东侧巨海。游水又东北迳纪鄣故城南。东海赣榆县东北有故纪城，即此城也。游水东北入海。《地理志》曰：游水自淮浦北入海（图2-5）[9]。

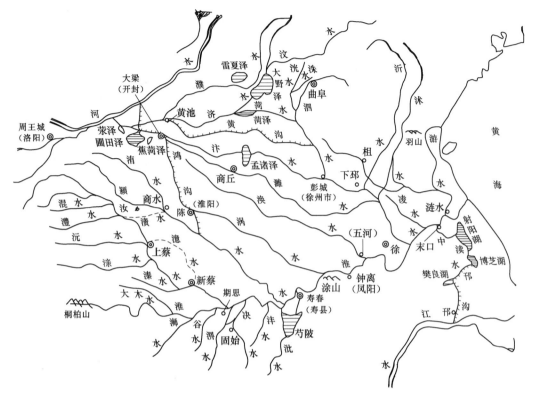

图2-5　《水经注》记载的淮河水系示意图

（二）淮河支流

（1）济水出河东垣县东王屋山，为沇水。又东至温县西北为济水。又东过其县北，屈从县东南流，过陞城西又南当巩县北，南入于河，与河合流。又东过成皋县北，又东过荥阳县北，又东至砾溪南，东出过荥泽北。又东过阳武县南，又东过封丘县北，又东过平丘县南，又东过济阳县北，又东过冤朐县南，又东过定陶县南，又屈从县东北流。又东至乘氏县西，分为二：其一水东南流，其二水从县东北流入钜野泽。又东北过寿张县西界安民亭南，汶水从东北来注之。又北过须昌县西，又北过穀城县西，又北过临邑县东，又东北过卢县北，又东北过台县北，又东北过菅县南，又东北过梁邹县北，又东北过临济县南，又东北过利县西，又东北过甲下邑入于河。其一水东南流者过乘氏县南，又东过昌邑县北，又东过金乡县南，又东过方舆县北，为菏水。菏水又东过湖陆县南，东入于泗水。又东南过沛县东北，又东南过留县北，又东过彭城县北，获水从西来注之，又东南过徐县北，又东至下邳睢陵县南，入于淮。

（2）菏水分济于定陶东北，东南右合黄沟支流，俗谓之界沟也。北迳已氏县故城西，又北迳景山东，又北迳楚丘城西，又东北迳成武城西，又东北迳梁丘城西，又东北于乘氏县西而北注菏水。菏水又东南迳乘氏县故城南，菏水又东迳昌邑县故城北，菏水迳金乡县故城南，又东迳东缗县北，又东迳武棠亭北，又东迳泥母亭北，菏水又东与钜野黄水合，菏泽别名也。菏水又东迳秦梁。菏水又东过湖陆县南，东入于泗水。《尚书》曰：浮于淮泗，达于菏是也。济与泗乱，故济纳互称矣。济水又南迳彭城县故城东北隅，不东过也，获水自西注之，济水又南迳彭城县故城东。济水与泗水浑涛东南流，至角城，同入淮。

黄水上承钜野诸陂，黄水东南流，黄水又东迳钜野县北，钜野泽广大，南通洙泗，北连清济。黄水又迳咸亭北，黄水又东南迳任城郡之亢父县故城西，南至方与县入于菏水。

（3）渠出荥阳北河，东南过中牟县之北，又东至浚仪县。

风俗通曰，渠者水所居也。渠水自河与济乱流，东迳荥泽北，东南分济，历中牟县之圃田泽北，与阳武分水。泽在中牟县西。西限长城，东极官渡，北佩渠水，东西四十许里，南北二十许里，中有沙冈，上下二十四浦，津流径通，渊潭相接，各有名焉。……水盛则北注，渠溢则南播。梁惠成王十年入河水于甫田，又为大沟而引甫水者也。又有一渎，自酸枣受河导自濮渎，历酸枣，迳阳武县南出，世谓之十字沟，而属于渠。渠水右合五池沟，又东，清池水注之，又左迳阳武县故城南。渠水又东流，而左会渊水，又东南而注大梁也。渠水又东南迳赤城北，又迳大梁城南。梁惠王三十一年三月为大沟于北郭，以行圃田之水。余谓故汳沙为阴沟矣。渠水又北屈分为二水。其水更南流迳梁王繁台城。渠水于此有阴沟、鸿沟之称。渠水右与汜水合。

渠水又东南流迳开封县，睢、涣二水出焉，右则新沟注之。新沟又东北流迳牛首乡北，又东北注渠，即沙水也。

又屈南到扶沟县北，分为二水，其一者东南过陈县北，又东南至汝南新阳县北，又东南过山桑县北，又东南过龙亢县西南，又东南过义成县西，南入于淮。

又东北注渠即沙水也。沙水又东南迳牛首乡东南，鲁沟水出焉，亦谓之宋沟也。沙水又东迳斗城西，又东南八里沟水出焉。沙水南迳扶沟县故城东，沙水又东与康沟水合。沙水又南会南水，又南与蔡泽陂水合，沙水又南迳小扶城西而东南流也，沙水又东南迳大扶城西，即扶乐故城也。……沙水又东南迳东华城西，又南与广漕渠合。沙水又东迳长平县故城北，又东迳陈城北，故陈国也。沙水又东而南屈迳陈城东，谓之百尺沟。沙水自百尺沟东迳宁平县之故城南，沙水又东积而为阳都陂。陂水东南流，谓之细水，又东迳新阳县北。沙水又东，分为二水，即春秋所谓夷濮之水也。沙水东南迳城父县西南，枝津出焉，俗谓之章水，一水东注，即濮水也。俗谓之艾水，东迳城父县之故城南。《经》曰，又东南过山桑县北。山桑故城在涡水北，沙水不得过其北明矣，经言过北误也。（经曰，又东南过龙亢县南）沙水迳故城北，又东南迳白鹿城北而东注也。沙水东流注于淮，谓之沙汭。

（4）颍水出颍川阳城县西北少室山。

《地理志》曰："出阳城县阳乾山。"今颍水有三源奇发，右水出阳乾山之颍谷，中水导源少室通阜，左水出少室南溪，东合颍水。

东南过其县南

颍水又东，五渡水注之。又东，平洛溪水注之，又东出阳关，历康城南。

又东南过阳翟县北

颍水东南流迳阳关聚，又迳上棘城西，又屈迳其城南，颍水自碣东迳阳翟故城北。

又东南过颍阳县西，又东南过颍阴县西南

颍水又南迳颍乡城西，又东南迳柏祠。又东南流迳青陵亭城北。颍水又东南流，而历临颍县也。

又东南过临颍县南，又东南过汝南隐强县北，洧水从河南密县东流注之。

颍水自临颍县西注，小隐水出焉。颍水又东南迳皋城北，又东迳隐阳城南，颍水又东南，漧水入焉非洧水也。

又东过西华县北

颍水迳习阳城南，经所谓洧水流注之也。

又南过汝阳县北，县故城南有汝水枝流，其后枯竭。

颍水又东，大隐水注之。又东南迳博阳县故城东。

又东南过南顿县北，隐水从西来流注之。

隐水于乐嘉县入颍，不至于顿。

又东南至新阳县北，滍荡渠水从西北来注之。

颍水又南合交口新沟。颍水自堰东南流，迳项县故城北；又东，右合谷水。颍水又东迳临颍城北，又东迳云阳二城间。颍水又东南流，于於故城北，细水注之。又东南流迳胡城东，又东南汝水枝津注之。颍水又东迳汝阴县故城北。

又东南至慎县东南入于淮。

颍水东南流，左合上吴、百尺二水；又东南，江陂水注之。颍水又迳慎县故城南，又东南迳蜩蟟郭东，俗谓之郑城矣，又东南入于淮。

（5）汝水出河南梁县勉乡西天息山。

亦言出南阳鲁阳县之大盂山，又言出弘农卢氏县还归山。《博物志》曰：汝出燕泉山。今汝水西出鲁阳县之大盂山蒙柏谷。其水东北流迳太和城西，又东流迳其城北，又东届尧山西岭下，水流两分，一水东迳尧山南为滍水也，一水东北出为汝水。

东过其县北

汝水自狼皋山东出峡，汝水又迳周平城南，又东与三屯谷水合，汝水又东与广成泽水合，汝水又东得鲁公水口，汝水又左合三里水，又东迳成安县故城北，又东为周公渡，又东黄水注之。

又东南过颍川郏县南

汝水又东与张磨泉合，又东分为西长湖，汝水又右迤为湖，俗谓之东长湖。又东南流与白沟水合，又东南与龙山水会。汝水又东南迳襄城县故城南。

又东南迳定陵县故城北

汝水又东南，昆水注之。汝水又东南迳奇名城西北。濆水出焉，世谓之大隐水。《尔雅》曰："河有雍，汝有濆。"

又东南过郾县北

汝水又东南流迳郾县故城北，又东得醴水口。汝水又东南流迳邓城西。汝水又东南流，澺水注之。

又东南过汝南上蔡县西

汝水又东迳悬瓠城北。

又东南过平舆县南

汝水又东南迳平舆县南,安成县故城北。汝水又东南,陂水注之。汝水又东南迳平陵亭北,又东南迳阳遂乡北。汝水又东南迳栎亭北。汝水又东南迳新蔡县故城南。汝水又南左会澺水。又东南迳下桑里,左迤为横塘陂。汝水又东南迳壶丘城北,故陈地。汝水又东与青陂合。汝水又东迳褒信县故城北而东注矣。

又东至原鹿县,

汝水又东南迳县故城西。

南入于淮。

(6) 洧水出河南密县西南马领山,东南过其县南。

亦言出颍川阳城山,洧水东南流迳阳子台,又东迳马领坞北。洧水东流,绥水会焉。洧水又东,襄荷水注之。又东会沥滴泉,又东南流与承、云二水合,又东微水注之,又东迳密县故城南,又左会璏泉水,又东南与马关水合,又东合武定水,又东与虎牍山水合。又东南赤涧水注之。洧水又东南流,潧水注之,又东南迳邻城南。洧水又东迳阴坂北。(又东过郑县南,潧水从西北来注之。又东南过长社县北)。又东迳新郑县故城中。洧水又东为洧渊水。洧水又东与黄水合,经所谓潧水非也。洧水东南流,南濮、北濮二水入焉,洧水又东与龙渊水合。洧水又东南分为二水,其枝水东北流注沙,一水东迳许昌县。洧水又东入汜仓城内,又东迳鄢陵县故城南,又东鄢陵陂水注之。

又东南过新汲县县东北

洧水自鄢陵东迳桐丘南,又屈而南流,又东南迳桐丘城,又东迳新汲县故城北,又东,洧水右迤为漤坡,洧水又迳匡城南,又东洧水左迤为鸭子陂,谓之大穴口也。

又东南过茅城邑之东北,又东过习阳城西,折入于颍。

洧水自大穴口东南迳洧阳城西,南迳茅城东北,又南左合甲庚沟,洧水又右会漤陂水。洧水又东南迳辰亭东,又南迳长平县故城西。洧水又南分为二水,枝分东出谓之五梁沟,迳习阳城北,又东迳赭丘南,又东迳长平城南,东注涝陂。洧水南出谓之鸡笼水,又东迳习阳城西,西南折入颍。《地理志》曰:洧水东南至长平县入颍者也。

(7) 潩水出河南密县大騩山,东南入于颍。

大騩即具茨山也,潩水出其阿,流而为陂。潩水又东南迳长社城西北,南濮、北濮,二水出焉。潩水又南迳钟亭西,又东南迳皇台西,又东南迳关亭西,又东南迳宛亭西。潩水又南分为二水,一水南出迳胡城东,其水南结为陂。潩水又迳东,西武亭间,两城相对。潩水又南迳射犬城东,又南迳颍阴县故城西。其水又东南迳许昌城南,又东南与宣梁陂水合。潩水又西南流迳陶城西,又东南迳陶陂东,东南入于颍。

(8) 潧水出郑县西北平地,东过其县北,又东南过其县东,又南入于洧水。

潧水出邻城西北鸡络坞下,东南流迳贾复城西,东南流左合燊水。潧水又南左会承云山水,又东南流历下田川,迳邻城西,谓之为柳泉水也。潧水又南,悬流奔壑,崩注丈余,其下积水成潭,广四十许步,渊深难测,又南注于洧。自邻、潧东南更无别渎,不得迳新郑而会洧也,郑城东入洧者黄崖水也,盖《水经》误证也。

(9) 滍水出南阳鲁阳县之尧山,东北过颍川定陵县西北,又东过郾县南,东入于汝。

尧山在太和川太和城东北,滍水出焉。滍水又历太和川,东迳小和川,又东温泉水注之。滍水又东迳胡木山,东流又会温泉口。滍水又东,房阳川水注之。滍水又与波水合,滍水自下兼波水之通称也。滍水又东迳鲁阳县故城南，右合鲁阳关水，滍水又东北合牛兰水，又东迳应城南。滍水又左合桥水，又东迳犨县故城北，又东南迳昆阳县故城北，昔汉光武与王寻、王邑战于昆阳，败之，会大雨如注，滍川盛溢，虎豹皆股战，士卒争赴，溺死者以万数，水为不流，滍水东迳西不羹亭南，亭北背汝水，于定陵城北东入汝。鄾县在南，不得过。

（10）隐水出隐强县南泽中，东入颍。

隐水出颍川阳城县少室山，东迳临颍县故城北，又东迳隐阳城北，又迳隐强县故城南，又东迳西华县故城南，又东迳汝阳县故城北，东注于颍。

（11）灈水出汝南吴房县西北奥山，东过其县北，入于汝。

县西北有堂谿城，山溪有白羊渊。渊水旧出山羊。渊水下合灈水，灈水东迳灈阳县故城西，东流入瀙水，乱流迳其县南，其水又东入于汝水。

（12）瀙水出瀙阴县东上界山，东过吴房县南，又东过灈阳县南，又东过上蔡县南，东入汝。

（13）潕水出潕阴县西北扶予山，东过其县南，又东过西平县北，又东过郾县南，又东过定颍县北，东入于汝。

（14）洧水受沙水于扶沟县。许慎曰，洧水首受淮阳扶沟县蔿荡渠，不得至沛方为洧水也。洧水迳大扶城西。洧水又东南迳阳夏县，又东迳邈城北。洧水又东迳大棘城南，洧水又东迳安平县故城北，又东迳鹿邑城北，洧水又东迳武平县故城北，又东迳广乡城北，又东迳苦县西南，分为二水。枝流东北注于赖城入谷，谓死洧也。洧水又东南屈迳苦县故城南，洧水又东北屈至赖乡西。洧水又北迳老子庙东。洧水又屈东迳谯县故城北，又东南迳城父县故城北，又东迳下城父北，又屈迳其聚东郎山西。洧水又东南迳洧阳城北。洧水又东南迳龙亢县故城南，又屈而南流出石梁，又东南流迳荆山北。洧水又东左合北肥水，又东注淮。经言下邳淮陵入淮，误矣。

（15）北肥水出山桑县西北泽数，东南流，左右翼佩数源异出同归。又东南流迳山桑邑南，又东迳山桑县故城南。北肥水又东积而为陂，谓之瑕陂。又东南迳向县故城南。洧水又东注淮。经言下邳淮陵入淮，误矣。

（16）睢水出梁郡鄢县。

睢水出陈留县西蔿荡渠东北流。《地理志》睢水首受陈留浚仪狼汤水也。经言出鄢非矣。又东迳高阳故亭北，睢水又东迳雍丘县故城北，县旧杞国也。睢水又东，水积成湖，俗谓之白羊陂。睢水又东迳襄邑县故城北，又东迳雍丘城北，又东迳宁陵县故城南。

东过睢阳县南

睢水又东迳横城北，又迳新城北，又东迳高乡亭北，又东迳亳城北，南亳也。又东迳睢阳县故城南。又东迳榖熟县故城北，睢水又东蕲水出焉，又东迳粟县故城北，又东迳太丘县故城北，又东迳芒县故城北。

又东过相县南，屈从城北东流，当肖县南，入于陂。

睢水在迳石马亭，又东迳相县故城南，又左合白沟水，又东迳彭城郡之灵璧东，东南流。睢水迳榖丸，两分睢水而为蕲水，榖水即为睢水也。又东南迳竹县故城南，又东与澤湖水合，又东迳符离县故城北。又东迳临淮郡之取虑县故城北，又东合乌慈水，又东迳睢陵县故城北，又与潼水故渎会，又东南流迳下相县故城南。东南流入于泗。

（17）汳水，出阴沟于浚仪县北。

阴沟即蒗荡渠也，亦言汳受游然水，又云丹，沁乱流，于武德绝河，南入荥阳合汳，故汳兼丹水之称。河济水断，汳承游然而东……汳水东迳仓垣城南，又东迳陈留县之铒乡亭北，又迳小黄县故城南，又东迳雍丘县故城北，又迳阳乐城南。汳水又东迳外黄县南、莠仓城北、小齐城南。又东迳济阳考城县故城南，为菑获渠。汳水又东迳黄蒿坞北、斜城下、葛城北，又东迳神坑坞、夏侯长坞。汳水又东迳梁国睢阳县故城北，而东历襄乡坞南。

又东至梁郡蒙县为获水，余波南入睢县城中。

汳水又东迳贳城南，又东迳蒙县故城北，又迳大蒙城北。

（18）获水出汳水于梁郡蒙县北，又东过萧县南，睢水北流注之，又东至彭城县北，东入于泗。

《汉书·地理志》曰，获水首受菑获渠，亦兼丹水之称也。

获水自蒙东出，又东迳长乐固北，已氏县南，东南流迳于蒙泽，又东迳虞县故城北，古虞国也。又东南迳空桐泽北，又东迳龙谯固，又东合黄水口。获水又东入栎林，又东南迳下邑县故城北，又东迳砀县故城北。获水又东，榖水注之，又东历蓝田乡郭，又东迳梁国杼秋县故城南，又东历洪沟东注。获水又东历龙城，又东迳同孝山北，又东，净净沟注之，获水自净净沟东迳阿育王寺北，又东迳弥黎城北，于彭城西南廻而北流迳彭城，获水又东转迳城北而东注泗水。

（19）阴沟水出河南阳武县蒗荡渠，东南至沛，为挜水，又东南至下邳淮陵县入于淮。

阴沟首受大河于卷县，故渎东南迳卷县故城南，又东迳蒙城北。故渎东分为二，世谓之阴沟水，京相璠以为出河之济。右渎东南迳阳武城北，东南绝长城，迳安亭北，又东北会左渎。又东南迳封丘县绝济渎，东南至大梁合蒗荡渠。故渎实兼阴沟、浚仪之称。东南迳大梁城北，左屈与梁沟合，俱东南流，同受鸿沟沙水之目。其川流之会左渎东导者，即汳水也。盖津源之变名矣。

阴沟始乱蒗荡渠，终别于沙，而挜水出焉。挜水受沙水于扶沟县，许慎又曰，挜水首受淮阳扶沟县蒗荡渠，不得至沛方为挜水也，挜水又东迳大棘城南，挜水又东迳鹿邑县北，挜水又东迳武平县故城北，挜水又东迳广乡城北，又东迳苦县县西南，分为二水。挜水又东南屈迳苦县故城南，挜水又东北屈至赖乡西，谷水注之。挜水又北迳老子庙东，又屈东迳相县故城南，挜水又东迳谯县故城北。沙水自南枝分，北迳谯城西而北注挜。挜水又东迳朱龟墓北，又东南迳城父县故城北，沙水枝分注之。挜水又东迳下城父北，又东南迳挜阳城北，又东南迳龙亢县故城南，又屈而南流出石梁，又东南流迳荆山北，而东注也。挜水又东左合北肥水。挜水又东注淮。经言下邳淮陵入淮误矣。

（20）决水出庐江雩娄县南大别山，北过其县东，又北过安丰县东，又北入于淮。

《地理志》曰，决水出雩娄。决水自雩娄县北迳鸡备亭，决水自县西北流迳蓼县故城东，又迳其北，世谓之史水。决水又西北，灌水注之。灌水东北迳蓼县故城西而北注决水。故地理志曰，决水北至蓼入淮，灌水亦至蓼入决。决水又北，右会阳泉水，谓之阳泉口，俗谓之洈口，非也。斯决灌之口矣。余访其民宰与古名全违，脉水寻径，方知决口。

（21）沘水出庐江灊县西南霍山东北，东北过六县东，北入于淮。

《地理志》曰，沘水出沘山，不言霍山，沘字或作淠。淠水又东北迳博安县，泄水出焉。淠水东北，右会蹲鼓川水。淠水又西北迳马亨城西，又西北迳六安县故城西。淠水又西北分为二水，芍陂出焉，又北迳五门亭西，西北流迳安丰县故城西，又北会濡水，乱流西注也。

（22）泄水出博安县，北过芍陂西与沘水合，西北入于淮。

泄水自县上承沘水于麻步川，西北出历濡溪，谓之濡水也。泄水自濡溪迳安丰县北流注于淠，亦谓之濡须口。

（23）肥水出九江成德县广阳乡西，北过其县西，北入芍陂，又北过寿春县东，北入于淮。吕忱曰，"肥水出良余山，俗谓之连枷山，北流分为二水，施水出焉。肥水又北迳荻城东，又北迳荻丘东。肥水自荻丘北迳成德县故城西，又北迳芍陂东，又北迳死虎圹东。肥水又北，右会阎涧水，水积为阳湖。肥水自黎浆北迳寿春县故城东，为长濑津。肥水又西迳东台下，东侧有一湖，谓之东台湖。肥水西迳寿春县故城北，右会北溪。肥水又西分为二水，右即肥之故渎，遏为船官湖。肥水左渎又西迳石桥门北，又左纳芍陂渎。肥水北注旧渎之横塘，迳玄康城西北流，又西北注于淮。"

（24）泗水出鲁卞县北山，《地理志》曰：出济阴乘氏县，又云出卞县北，《经》言北山，皆为非也，《山海经》曰：泗水出鲁东北。余昔因公事沿历徐沇，路迳洙泗，因令寻其源流，水出卞县故城东南桃墟西北。泗水西迳其县故城南，泗水自卞县而会于洙水也。

西南过鲁县北。

又西南流迳鲁县分为二流，水侧有一城，为二水之分会也，北为洙渎。《从征记》曰，洙泗二水交于鲁城东北十七里。泗水自城北南经鲁城西，南合泗水。

又西过瑕丘县东，屈从县东南流，漷水从东来之。又南过平阳县西。

泗水又南迳故城西。世谓之漆乡。

又南过高平县西，洸水从西北来注之。

泗水南迳高平山，泗水又南迳高平县故城西。

又南过方舆县东，菏水从西来注之。

菏水即济水之所苞，注以成湖泽也。而东与泗水合于湖陆县西六十里穀庭城下，俗谓之黄水口，黄水西北通巨野泽。

又屈东南过湖陆县南，涓涓水从东北来，流注之。

《地理志》故湖陆县也，菏水在南，王莽改曰湖陆。泗水又东迳郗鉴所筑城北，又东迳湖陵城东南，济在湖陆西，而左注泗，泗济合流。泗水又左会南梁水。泗水又南，漷水注之。

又东过沛县东。

泗水南迳小沛县东，东岸有泗水亭，泗水又东南流迳广戚县故城南。泗水又迳留县，又南迳宋大夫桓魋冢西。

又东南过彭城县东北。

泗水西有龙华寺。泗水又南，获水入焉。

又东南过吕县南。

泗水又东南流，丁溪水注之。

又东南过下邳县西。

泗水又东南流迳下邳县故城西，东南流，沂水流注焉，泗水东南迳下相县故城东。泗水又东南得睢水口，泗水又迳宿预城之西，又迳其城南。

又东南入于淮。

泗水又东迳陵栅南，又东南迳淮阳城北，城临泗水。泗水又东南迳魏阳城北，又东迳角城北，而东南流注于淮。或言泗水于睢陵入淮，亦云于下相入淮，皆非实录也。

（25）洙水出泰山蓋县临乐山，西南至卞县入于泗。

《地理志》曰，临乐山，洙水所出，西北至蓋入泗水。洙水西南流，盗泉水注之，洙水又西南流于卞城西，西南入泗水。乱流西南至鲁县东北又分为二水。洙水又西南迳南平县之显阁亭西，郈邑也。洙水又南至高平县，南入于泗水。

（26）沂水出泰山蓋县艾山，南过琅玡临沂县东，又南过开阳县东，又东过襄贲县东，屈从县南，西流，又屈南过郯县西，又南过良城县西，又南过下邳西，南入于泗。

郑玄云，出沂山，亦或云临乐山，水有二源，南源所导世谓之柞泉，北水所发俗谓之鱼穷泉，俱东南流，合成一川，右会洛预水。沂水东南流左合桑预水，又东南螳螂水入焉，又东迳蓋县故城南，东会连绵之水。沂水又东迳浮来之山，浮来之水注之，又东南迳东莞县故城西与小沂水合，又南与间山水合。沂水南迳东安县故城东而南合时密水。沂水又南迳阳都县故城东，又南与蒙山水合。沂水又左合温水。沂水南迳中丘城西。沂水又南迳临沂县故城东。《许慎说文》云，沂水出东海费县东，西入泗。沂水又南迳开阳县故城东，沂水于下邳县北，西流分为二水，一水于城北西南入泗，一水迳城东屈从县南亦注泗，谓之小沂水。

（27）沭水出琅玡东莞县西北山，东南过其县东，又东南过莒县东，又南过阳都县东入于沂。

沭水东南流迳邳乡南，又东南流，左合岘水。又东南过东莞县东，左与箕山之水合，又东南过莒县东，沭水又南袁公水注之，又南，浔水注之。又南与葛陵水会。沭水自阳都县又南会武阳沟水。沭水又南迳东海郡即丘县，又东迳东海厚丘县分为二渎。一渎南迳建陵县故城东，又南迳建陵山西，又南入淮阳宿预县注泗水。《地理志》所谓至下邳注泗水也。《经》言于阳都入沂，非也。[9]

四、武同举《淮系年表·水道篇》❶ 所记载的淮河水系[10]

（一）淮河干流

淮水源出河南省桐柏县胎簪山，伏流出山东北流，经固庙寨西，又屈经寨北而东流成川，自此以下始称淮河。淮河屈曲东北流，北岸有响水河及满堂河水口。淮河转而东南流，右会刺耳沟水。淮河又东南流，北岸有张庄水口。淮河又东南流，南岸有水簾河、龙潭河水口，水口西南为桐柏县城。

淮河自桐柏县城东南流，屈经金家桥镇南，稍东南转而东北流，经三河尖南，南岸有

---

❶ 下文中，仿宋体为《淮系年表·水道篇》内容。图2-6为武同举制淮河流域图。

出山河、龙潭河合流之水口。淮河自此东北流，经唐城南，北岸有月河水入焉。淮河又经淮河店南，又经固县镇东南，北岸有栗树河入焉。又东流经卧牛山南，又经上钓鱼台北，入信阳县境，北岸有水沫河水入焉。淮河又经钓鱼台北，又经洪潭、白石二山间，出山折而东南流，东岸有小河水口。淮河南流又屈曲东南流，经桐树庄西、平昌关西、母子河集南，转而南流，东岸有子河水口。淮河又南流，西岸有游河水入焉。又经祝福寺北转而东流，经淮新店南、马鞍山北转而东北流，穿京汉铁路桥，桥北为长台关。

淮河自长台关屈曲东北流，西岸有十字港水入焉，又有明港水入焉。淮河南折而东南流，北岸有曹河水口、小田河水口。淮河经陡沟镇南，转而东南流，西岸有小洋河水口。淮河又北而屈曲东流，北岸有大涧沟水口，南岸有扁担河水口。又东流南岸有老河口，淮河又东流，南岸有浉河水入焉。又东流，北岸有堰沟水口。淮河又流经顺河店南、周家塚南，折而南流，东岸有老河口。又屈西南又折而东北流，南岸有竹竿河入焉。又北流经罗山滩及徐小庄西，西岸有老河下口，又转而东流，北岸有清水港水入焉。淮河又东流，经僕公山北、息县城南。

淮河自息县城东南流，右接故道，流经尹家店南、黑龙潭北。又东南流经新铺湾南、乌龟山东北，淮河自此分为二道，现道在北，故道在南。淮河现道自新铺湾东南流，经息县境，北岸有小臆河及诸涧沟小水口。现道又流至花家店西南，合于故道。……淮河自花家店东流，转而东北流，经淮凤集西而北流，西岸有泥河水入焉。又东北流，经长陵集南稍东流，北岸有闾河水入焉。淮河又折而东南流，经梁家滩南，楚子集北，东南流经息、潢错壤，南岸有潢河水入焉。淮河折东北而东流，行于息县、固始两县错壤间，北岸有营河水口。淮河又东经仙庄集北又东北流，大曲大折，经乌龙集南稍东流，北岸有鹰毛涧水口。淮河转而东南流，经穀堆集，又东流，左会洪河水，即洪河合南汝之水也。又东流，经洪河口集北，南岸有白鹭河入焉。淮河又东，屈经朱皋集北，又屈经往流集北，淮河东北流，折而东流，南岸有黄渡闸口。淮河又屈曲东流，经曹家集南，陡折而南，西岸有大涧水口。淮河又陡折而东，经望冈集北，又经青梅滩北，淮河东北流，至霍邱东之布集西而南北分流为二道，布集稍南为豫皖接界之三河尖。

淮河于三河尖之北，南北分流为二道，故道在北，现道在南。故道自布集北流西折，屈而北，西岸有谷河水入焉。故道又折而东流，北岸有刘家沟水入焉。故道又东流，至陈村西北合于现道。淮河现道自布集南流经三河尖，南岸有史河水入焉。现道挟史河水折而东北入霍丘县境，流至陈村西北合于故道。淮河又东北流，转而东南流，北岸有小涧河水入焉，侧口为南照集。淮河又东南流，经王家积溜之北，又东南流，北岸有润河水入焉，侧口为润河集。淮河又东南流，北岸有王家闸口，又东南流，南岸有龙窝口。淮河自此折而北，又屈曲东北流，东岸有任家沟口，淮河又东北流，左岸有闸口，丘家湖水入焉。淮河又经庙台集南转而东流，南岸有江家湖，北岸有柳沟水入焉，侧口为垂岗集。淮河转而东南流，南岸有新河口，漕河水入焉。淮河又东流，南岸有溜子口，汲河水入焉。淮河又东流，北岸有管家沟小水口。淮河屈东南转而北流，南岸有淠河水入焉。淮北又北流，右岸入寿县境，经正阳关西。

淮河自正阳关北流，左会颍河水，即沙、汝与贾鲁河合颍之水也。又东北流，南岸有夹河下水口。又东北流，南岸有东淝河水入焉。又西北流经硖山口。又北流，西岸有西淝河水入焉，又北转而东南流，经凤台县城南，又转而西北流，右岸分水为超河。淮河又北转东南流，左岸分水为小河。又南，右岸有超河下水口。又东南流，北岸有小河下水口，又东流，北岸有卢家沟水口，又东流，北岸有柳沟承汤鱼湖之水入焉。又东经洛河街北，又东北流屈西而北，西岸有尹家沟承汤鱼之水入焉。又东北流，东岸有洛涧水入焉。又东屈而西北流，西岸有芡河水入焉。又西北转而东流，经荆山南，南岸有天河水口。又东北流，经荆山东、涂山西，形势类硖山口。又东流，北岸有涡河水入焉。又东，合夹河水而东流，穿津浦铁路桥，桥南为蚌埠。

淮河自蚌埠东流，北岸有方家沟口。又东流，南岸有马城沟口。又东转而东南流，北岸有北淝河水入焉，稍东南又有小沫河口。淮河经十里城东、黄家嘴西，水分二道，左为现道，右为故道。又东流，北岸有新沟闸口，又东南流，南岸有濠水口。又东流，经临淮关北，又东北流，东岸有花沟闸口，西岸有拦桥沟闸口。又东北流，西岸有三冲沟闸口。淮河又东北转而东流，北岸有张家沟口，南岸有已固之瞿、黄二湖。又东北流，经安淮集南、花园湖北，南岸有小溪河承花园湖之水入焉。又转而北流，西岸有黄家沟口。又北流至旧县湾，西岸有沱河口。沱河会浍、睢、潼诸水，流经五河县城东又稍东南入淮。

淮河自五河县沱河口屈曲东流入五河县境，又东经浮山北，北对巉石山。淮河傍浮山麓而东流，北岸有潼河水入焉。淮河又于潼口枝分，挟潼河水而东北流，谓之窑河。窑河经峰山南又曲而东南流，至双沟镇合于淮河。淮河自潼口东流，南岸于大河口分水为小李渚。小李渚南流，一支经冯公滩之西下合池河，一支经滩北东汇为潘村湖，又屈东由太平沟合于淮河。淮河自大河口东流，转而北流，经泊冈西又东北合窑河，经双沟镇西转而南流，西会太平沟水，又南经冯公滩东，水势宽阔，其东岸随岗坡而有曲折，又经马过嘴北，有池河入焉。淮河自马过嘴东流，水势宽阔，中流行于黄冈州之南，淮水浩瀚东流，旧泗州城沦于水中，水经盱眙县治北。

淮河自盱眙县治东北流，右岸傍山流结为西山湖，又流结为圣人湖，枯河出焉，左岸则明陵故址在焉。又东北流有龟山屹峙于中流之东。淮水又东北流，潴为洪泽湖。湖水西迤为溧河洼，有睢水自老汴河枝分注之，洼东为土股，土股角名临淮头，有老汴河承谢家沟，睢水自西北来流注入湖。土股之北为安河洼，有安河自归仁集承睢水而东南流注之，又有睢水自青阳老汴河东流注之。安河洼迤东入泗阳县界为又一土股，土股之北为成子洼，洼水东迤为洪泽湖北界。湖水东迤入淮阴县境，又东迤，天然河出焉，又东南迤，张福河出焉。张福、天然，睢水北出之正轨也。……洪泽湖水由张福河北流，经顺河集东又北流，左会天然河，经陈集又东北流，枝分为窑河西北流入旧黄河，其正干仍东北流，至运口会沂、泗水同入里运河。洪泽湖出口：一由三河口东出，为淮水现道；一由里运河口北出东下，为淮河故道。

淮水自淮阴里运河口循马头镇西而东北流，又经惠济祠西而东北流。淮水北流由顺清河入旧黄河槽。淮水傍旧黄河北堤而东北流，左会中运河汶、泗、沂之水。淮水行于旧黄河南北大堤间，东北流转而东流。淮水经西坝盐栈，又经王家营南，直淮阴县北。北岸旧有大河口。淮水又东流经草湾南，又稍东入淮安县境，南岸有已废之盐河。又东北流，行于淮安、涟水两县错壤间，屈东流，经涟水县城南，城东有古涟口、久湮。淮水又东流，北岸旧有苘良口减坝，故址久湮。淮水转而东流，经茭陵北，又经童家营北，北岸为吉家滩。淮水又东北流，经北沙镇西、佃湖集东，自此以下两岸大堤内有临水堤。淮水又东北流，经云梯关南，故海口也。淮水又东北流，经马港口南，旧分河处也。自此以下旧黄河出大通口，两堤放宽至十许里。淮水又经陈家滩北而东流，屈东北流，南岸有挑水大坝故址，北岸有五套、六套旧大河溢决处也。淮水经七套南转而东流，自此以下，两岸临水堤湮废。淮河又东北流，两岸大堤收窄，流经六洪子南，稍东流入于海（图2-6）。

（二）淮河支流

（1）竹竿河，一名宣化河，即《水经注》之谷水，出湖北省麻城县天台山西北流经罗山县境之宣化店，折东北流，经大胜关西，又经仙居山西，又经竹竿铺东，又二十五里至何家寨，左与小黄河之水合。竹竿河又北流十二里至小庞湾入淮。

（2）间河出河南省确山县高皇坡，经正阳县南，又经息县北境万安塘之北，东流过包信镇，经长陵集东，又西南入淮。

（3）洪河合南汝水入淮。洪河口旧名汝口亦名河两口。

自元末堨断故汝，郾城之汝水不复南流，遂以方城舞阳之潕水为汝源，名南汝。南汝东分即古澺水，今为洪河。南汝云者，别于天息山之北汝而名之也。明嘉靖末年，西平之汝亦不南流，遂改以泌阳、遂平之瀙水为南汝之源，潕、澺亦改称洪河，洪、汝合流于新蔡县城东南，即今之势也。

今南汝源出泌阳县北山，名沙河，古瀙水之源，东北流入遂平县境，北岸有阳奉河水自西北来注之。南汝水又东北流，经遂平县城南，东穿京汉铁路桥，北岸有清水河注入。又东南流入上蔡县境，北岸有流堰河水注入。南汝水又东南流入汝南县境，循古汝旧道，西岸有黄酉河、吴桂桥河合流之水注之，即古练水。南汝水又绕经汝南县城东，稍东南，西岸有溱头河水来注之，即古溱水，其上源名石滚河，又东流为溱头河。南汝水又东南流，西岸有山头铺河水、陈家河自西南来注之。又东南流至新蔡县城东南合于洪河。洪河源出方城县北山，即古潕水之源，屈曲东北流，经叶县南境转而东流，经舞阳县南，又东入西平县境，至合水镇西北，南与诸石山河流之水合，名洪河岔。潕水至此又名舞水，皆为元末明初旧汝之源，而今为洪河之源。今舞、澺通称洪河。洪河自上蔡县东北仍东南流，绝蔡河，西岸有杜沟水自西来注之，洪河又东南流，至新蔡县城东南合于南汝，洪、汝合流，洪大于汝，统称洪河，汝名遂湮。其水东南流，经息县、阜阳错境，至两河口合于淮水。

《水经注》叙白露水于《水经》汝水之前，似汝口在白露水东，不知何时移于白露水口西（即旧洪河口集），清道光又西移于今日之洪河口，今洪河口河底尚深，淤少极少，冬春时，舟楫可通至新蔡县城。

（4）潢河，《水经注》谓之"黄水"，出湖北省麻城县黄武山，北流会各支水，经光山县城东，又东北流穿潢川县城，又东北屈曲至罗寨入淮。此河长三百余里。

（5）润河，一出自阜阳境西之驿口桥，经土碑集而东南流，谓之大润河；一出阜阳境西之义兴集而东南流，谓之小润河。小润河在北，其流短；大润河在南，其流长，均东流穿涧河至三塔集而合，统名润河，东南流至润河集之西侧入淮。

《水经注》："润水首受富陂，东南流为高唐陂，又东积而为陂水，东注焦陵陂。焦湖东注，谓之润水"。

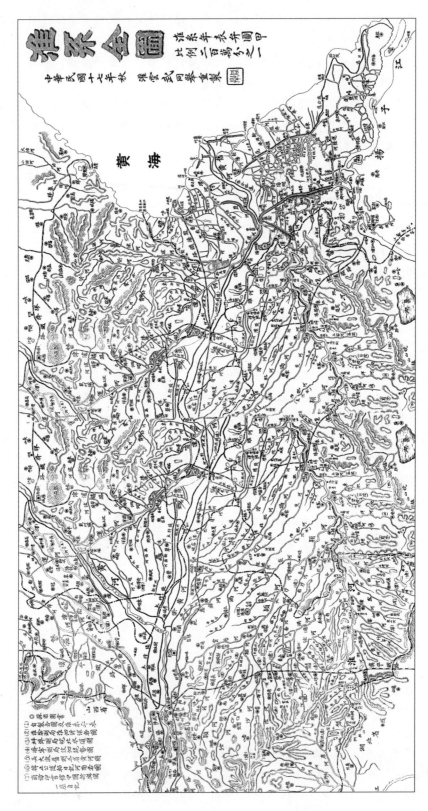

图 2－6　淮河流域图（武同举制）

（6）史河，《水经》谓之"决水"，《郦注》云世谓之史水。今史河出河南省商城县之牛山，东北流，会各支源水转而东流，南岸有竹根河水数源并导，北流注之。史河又东北流，左岸有麻河水注之。史河又经安徽省六安、霍丘两县之西界，左岸有皂靴河注之。史河又北流入霍丘县境，转而西北流入固始县境，旧有向北枝分之泉河，即《水经注》之"阳泉水"。史河又西北流，经龙潭寺西，向北枝分为清河水。史河自龙潭寺又西北流三十里，左岸有羊行河水、急流涧水自南来注之。史河又西北流，左岸有石槽河水注之。史河循土山东麓北流，经固始县之徐家嘴，又东北经黄土沟西，东岸枝分为吴家小河。史河自黄土沟西东北流，左岸有曲河之水来会。史河自灌口东北流，右合吴家小河水，而东北流数里至任台子，左分为柳沟河。史河自任台子东北流，经回水坝北，又东北流，经马家寨西，右岸有泉河水注之，即古阳泉水口，一名新河口。史河又东北流，经霍邱之临水集西，又北流至马家滩，左会柳沟河水。史河又东数里至三河尖南入于新淮河。

（7）汲河，《水经注》谓之泄水，出六安县西北之松冈，北流入霍邱县界，有洪家集之小河来注。汲水又北，汇入城东之荥湖，一名东湖。汲河出湖至溜子口入淮。

《水经注》："穷水出六安国安风县穷谷，川流泄注于决水之右，北灌安风之左，世谓之安风水，亦曰穷水。北流注于淮。"《郦注》又载："泄水上承沘水于麻步川，西北出，历濡溪，谓之濡水，北流注于淠，亦谓之濡须口。"汲河古名戎河。

（8）淠河，《水经》谓之"沘水"，出霍山县西南之门槛山，曲折东北流，会诸山涧之水，流经霍山县城西，又入六安县境，有一水自西来注之，谓之两河口。淠河又北流八十余里，经六安县城西，又北流百五十余里至老河口，分为二支，老河左行，新河右行，约各行三十余里而合，又北行二里入淮。

（9）颍河源出河南省登封县嵩山西南之少室、阳乾诸山，有三源，合而东南流，经登封县南，又经禹县北，又东南穿京汉铁路桥，经临颍县南入西华县界，南岸有泥河水东流注之。颍河转而东北流，北岸有流颍河水自西北来注之。颍河东流，北岸有大浪河水南流注之。颍河又东南，经商水县北境，至沙河口与沙河合。颍河又稍东至周家口与贾鲁河合。

（10）沙河源出鲁山县西境之尧山，东流经宝丰县南界，又经叶县北至襄城县东南，左合汝河。沙汝合流，古统名汝水，今统称沙河。沙河东南流，经舞阳县北境，南岸有辉河水自西南来注之。沙河又东南，经郾城县城南，南岸有醴河水自西来东流注之。沙河即古汝，旧于郾城县南南流入西平、上蔡、汝阳诸县，为古汝故道。元末，有司因汝水泛滥为蔡害，竭断旧流，遏其南入西平之路，郾城之水不复南流，而东导入颍，即今沙河之道。沙河又东北流，经西华县南境，又经商水县北境，至沙河口合于颍河。

（11）贾鲁河，旧名荥阳水，以索水为初源，源出荥阳县西南大周山，东北流名索河，经荥阳县城东，又曲而东流，经荥泽县南境，有京河水自南来会，又流经郑县西北境，有须河水自南来会，索、京、须三河合而东流，郑县有小水北流注之。元至正中，贾鲁自郑州导水通漕，故名贾鲁河，流经中牟县城北，北岸分水为惠济河，下通涡河，其口有惠济闸。中牟以上名小贾鲁河，中牟以下名贾鲁河。贾鲁河东南流，经朱仙镇，又东南流经尉氏县东境，西岸有尉氏县支水东南流注之；东岸有通许县支水西南流注之。贾鲁河又东南至扶沟县东北，右合洧河。贾鲁河南流，经扶沟县东，又南流经西华县西，屈经县北，又屈而东南流，至淮阳、商水两县接界之周家口合于颍河。

三支既合，自周家口以下俗名大沙河，即颍河干道。颍河东南流，经淮阳、商水两县错界，南岸旧有颍歧口，今湮，北岸有柳涉河水来注之。颍河又经项城县北境，北岸有西蔡河水自北来注之。颍河又东南，经沈丘、项城两县错界，北岸有东蔡河水来注之。颍河又东南流，入安徽省境，经太和县城南，又东南入阜阳县境，北岸有茨河水自西北来注之。颍河又经阜阳县城东北，西岸有南沙河水自西北来注之。颍河东南流，经颍上县城西，又东南流，入于淮河，俗谓之沫河口。

（12）西淝河，别于寿县之东淝河而得名，旧称夏河，出鹿邑县西北，分涡河水，东南流为清水河，至淝河口入皖境，名西淝河，穿宋塘河而东南流，左有支津通于涡河，西淝河又东南流经亳县南境，又东南至硖山口北、凤台县南入淮，流长500余里。

《水经注》："夏淝水上承沙水于城父县，右出，东南流迳城父县故城南。夏肥水东流为高陂，又东为大漴陂，水出分为二流，南为夏淝水，北为鸡陂。夏淝水东流，左合鸡水。鸡水右会夏淝水而乱流东注，俱入于淮。淮水又北，迳山硖中，谓之硖石。"诸陂湮废已久，自昔西淝水在禹王山南入淮之说，与《水经注》合。

（13）芡河上通亳县城父寨南之漳河，漳河东通涡河，西通西淝河。芡河自城父寨东南流，右岸有青油湖，旧芡河出也。

芡河又东南流，迳涡阳县南，又经蒙城县南，又东南至荆山南麓东流入淮。流长二百五十余里，介于西淝河与涡河之间上游多沟渠与淝、涡通，芡河渐淤。潦有漫溢之患，旱有干涸之忧。

《水经注》："沙水南迳扶沟县故城东，沙水又与广漕渠合，沙水又东南迳陈城北，沙水又东而南，屈迳陈城东，谓之百尺沟。沙水自百尺沟又东，积而为阳都陂。沙水东南迳城父县西南，即濮水也，又东经城父县之故城南，东流迳龙亢县故城北，东流注于淮，谓之沙呐。"武按："沙水即今芡河，其上游自扶沟至百尺沟，又自百尺沟至城父，故迹久湮。今城父寨以下之芡河，即古沙水所经之道"。

（14）涡河出通许县东南，东南流迳太康县南，北岸有老黄河水自西北来，迳太康城东，而东南流注之。涡河又东流，南岸分水，西淝水受之。涡河又迳鹿邑县北入亳县境，左会惠济河，名两河口。涡河又自亳县城北转而东南流，右通宋塘河。又东南，右岸有百尺沟。涡河又东南流，右岸有漳河水口。又东南，迳涡阳县城北而东，左岸旧受雉河水。涡河又东南流，经蒙城县城北，流迳怀远县城北而东入于淮河。其口曰屾河口。

《水经注》："涡水受沙水于扶沟县，涡水又东经鹿邑城北，又东南，又东迳谯县故城北。沙水自南枝分，北迳谯县西，西北注涡。涡水又东南流，迳城父县故城北，沙水枝分注之，世谓至漳水。涡水又东南迳涡阳城北，又东南迳龙亢县故城南，涡水又东，左合北肥水，涡水又东注淮。"扶沟涡口湮灭久矣。今涡河出通许之青冈河。

（15）东淝河即肥水，出合肥县西北之将军庙，西北流合铁索湖，又东北流至寿县境，汇为瓦埠湖，东通洛河。东淝河自瓦埠湖转而西北流，合安丰塘水。东淝河又西北流，经寿县城东，又西北流，左受城西湖水，东淝河又西北入淮。

《水经注》："肥水出良余山，北流分为二水，施水出焉。施水受肥，东南流经合肥县，夏水暴涨，施合于肥，故曰合肥。肥水经成德县故城西，又北经芍陂东，又北径死虎塘东。肥水自黎浆北经寿春县故城东，为长濑津，又西北，右合东溪。肥水又西经东台下。肥水西经寿春县故城北，右合北溪水。肥水又西合为二水，右即肥之故渎，遏为船官湖。肥水又左纳芍陂渎。肥水北注旧渎之横塘，肥水经玄康城西北流，北出，又西北流，肥水又自西北注于淮。"

（16）沱河出宿县东南之紫芦湖，上承睢河南股溢出之水，由张庄东流入灵璧县境，有何家湖水自北来注之。沱河东南流，经沱河集、濠城集之北入泗县境。沱河南流，至胡家集南汇为韩家湖，又南为沱湖，两湖相连，湖尾至五河县城北而收束，西会浍河，东纳潼水分支之漴河，绕经五河县城东，又稍南屈东入淮。

（17）浍河出河南商丘县东南境，亦名涣河。东南流入永城县境，经浍源集南、酂县集南，又东南流，北岸有大涧河水流注之。浍河东南流入安徽省宿县境，经三义集南，又经临涣集南，南岸有苞河水注之。浍河东南流经蕲县集南，又东南流入灵璧县境，经固镇南又东南流，南岸有澥河水来注之。浍河又东流，经灵璧、凤阳两县错界汇为诸湖，与五河县境诸湖相连。浍河又东流，经旧口西，折向东北，流至五河县城西北，合于沱河。

（18）涣水，《水经注》："涣水首受蒗砀渠与开封县，东南流经陈留北，又东南流经雍丘县故城南，又经襄邑县故城南。涣水又东南经已吾县故城南、鄢城北、亳城北。涣水东经穀熟城南，又东经酂县故城南、铚县故城南。涣水又东，苞水注之。涣水又东南经蕲县故城南，又东经穀阳县，左会八丈故渎。涣水又东南经虹城南，洨水注之。"据《水经注》所载，涣水即今浍河，洨水即今沱河。

（19）潼河上承泗县老汴河至睢水，南流名石梁河，又南流名潼河，潼河水汇为天井湖，湖尾又漴河，西通于沱。潼水自湖尾东南流，至巉石山南入淮。潼河口亦为窑河口，淮河经浮山北而东流，潼河经巉石山南而东通窑河。两水接近处仅隔里许，潼、淮沟通，潼始于此入淮，又分流为窑河，淮盛则挟潼而下窑河。

《水经注》："淮水又东至巉石山，潼水注之。水受僮县西南潼陂，南经沛国夏丘县，绝蕲水，又南经夏丘县故城西，又东南流经临潼戍西，又东南至巉石西南入淮。"[10]

第二节 淮河水系的演化

一、淮河流域水系演化概述

关于历史时期淮河水系演化，归纳起来主要有两种说法：一种是以《淮河水利简史》为代表的水利界的说法；另一种是以《黄淮海平原历史地理》为代表的学术界的说法。现将上述说法简要介绍如下。

（一）《淮河水利简史》[11]中的淮河水系演化

"导淮自桐柏，东会于沂、泗，东入于海"，《尚书·禹贡》中这段简略文字，描述了淮河流域概括的轮廓。这一形势一直延续到12世纪90年代。当时淮河出桐柏山后，除了汇合沂、沭、泗水以外，还有汝水、颍水、涡水、濉水、汴水等支流从北面汇入。古淮河干流在洪泽湖以西大致与今淮河相似。古代没有洪泽湖，淮河干流经盱眙后折向东北，经淮阴向东，在今涟水云梯关入海。

淮河水系的巨大变迁最根本的原因是黄河的侵袭。汉武帝元光三年（公元前 132 年），黄河开始较大规模地侵淮。自南宋初年杜充决开黄河南大堤起（1128 年）黄河侵淮，夺淮愈演愈烈，使淮河水系遭受了巨大的破坏。由于黄河水长期在淮北、苏北地区泛滥、滚动，先后形成了泗水、汴水、濉水、涡水和颍河等 5 条泛道。其中以古汴水泛道行水时间最长，而成为黄河泛道的干流。淮阴以下的淮河故道，徐州以下的泗水故道均为黄河所夺，成为黄河的入海通道，特别是淮阴以下的故道还成为各泛道黄水入海门户。而黄河历年所携带的泥沙将淮阴以下的淮河深广的河道淤成"地上河"。在江苏盱眙和淮阴之间的低洼地带，逐步形成洪泽湖，从而又导致淮河另寻出路。在清咸丰元年（1851 年），洪泽湖水盛涨，冲毁了洪泽湖大堤南端的溢流坝（礼河坝），洪水由三河东进入高宝洼地，经芒稻河于三江营入长江。从此淮河主流由入海改为入江，再经长江入海。

清咸丰五年（1855 年）黄河在河南铜瓦厢决口，黄河改道由山东入海，终结了黄河 700 余年的夺淮史。[11]

（二）《黄淮海平原历史地理》中淮河水系的演化

该书作者邹逸麟认为，"历史时期淮河水系的演变，最根本的原因是黄河入侵，夺取淮河支流水系，侵占淮河中下游干道，破坏淮河水系系统。因此，从黄淮关系发展史分析，可将历史时期淮河水系的演变分为三个历史阶段"。

1. 独流入海时期（南宋初年以前）的淮河水系

先秦至北宋时期，黄河下游东北流注渤海。其河道迁徙主要发生在今黄河以北地区，其间虽有南泛入淮情况发生，但对整个淮河水系尚未构成严重影响。所以，在长时期内淮河水系相对稳定，干流独自入海。淮河上中游的流路与今淮河流路基本一致，唯自今盱眙以下的流路与今日之流路完全不同，该河道穿过洪泽湖，东北至今清江市，沿废黄河流路至今涟水县东境入海。

2. 黄河夺淮时期（南宋初年至咸丰四年）的淮河水系

南宋高宗建炎二年（1128 年），杜充决开黄河南岸大堤，黄河水"自泗入淮"。黄河干流自李因渡（今滑县西南），经濮阳、郓城之南，在鱼台入泗水，由泗水至徐州至今清江，夺取淮河下游河道注入黄海。金大定八年（1168 年）至明昌五年（1194 年），黄河"水势趋南"，下游分成三股夺淮：干流自李固渡开始，南移经今东明、定陶、单县之南，砀山、萧县之北，又东至徐州沿今废黄河入淮；建炎二年时的黄河干流，此时成为北汊流，至徐州入干流；南汊在今延津分出，东南经封丘、睢县、商丘之南，在砀山西北汇入干流。1232 年，黄河全线夺睢合泗入淮；1234 年，黄河干流更南下夺取涡河入淮水。元至元二十三年（1286 年），黄河南徙，夺淮的势头发展至极限。此时，黄河在今原阳县境分为三股：主流经陈留、通许、杞县、太康等地，仍由涡水入淮水，北汊大致沿古汴水流路，至徐州汇泗入淮；南汊经尉氏、洧川、鄢陵、扶沟等地南下，夺颍水入淮。黄河夺颍入淮是黄河夺淮发展至极限的标志。

从此以后至清咸丰四年（1854 年），黄河不再东北流注渤海，而是改流东南夺淮入海。自 1128—1854 年这 700 多年中，淮河水系遭受严重破坏，紊乱不堪，独立入海的淮河干流变成黄河下游的入汇支流，甚至于最后被迫改道入长江。在这一长时段内淮河水系遭受巨大的破坏，形成了泗水、汴水、濉河、涡河和颍河等 5 条泛道。淮阴以下的淮河河道，徐州以下泗水河道被黄河侵夺，特别是淮阴以下的淮河河段成为各泛道黄水入海的门户。还使原来的淮河下游河段淤成地上河，遂将河南、安徽、山东、江苏四省的完整的淮河水系一分为二，把沂、沭、泗流域与淮河流域隔开，使之成为独立的流域。应当指出，将淮河流域分隔成两个流域的时间应定在清咸丰元年（1851 年）淮河大水决开洪泽湖大堤南端的三河口，并由三河东入高邮湖，经金湾河、芒稻河于三江营注入长江。

3. 黄河北徙以后（清咸丰五年以后）的淮河水系

清咸丰五年（1855 年）六月，黄河在铜瓦厢决口，改流大清河由利津入渤海，从而结束了长达 700 余年的黄河夺淮历史。黄河北徙以后，所留下的淮河水系混乱不堪，干流河道淤塞，出海无路，入江流路不畅，洪涝旱碱等灾害交相发生，淮河已成了一条闻名于世的害河。

上述两种说法，虽然是从不同的角度来探讨淮河水系的演化，但是，他们的观点却基本一致。前者认为"导淮自桐柏，东会于沂、泗，东入于海"，这一河势一直延续到 12 世纪 90 年代，古淮河干流的流路，在洪泽湖以西，大致与今淮河相似。后者认为，先秦至北宋末年是淮河独立入海时期，淮河上、中游的流路与今淮河流路基本一致。以上可以看出，两者的主要观点完全一致，其唯一分歧是前者把金章宗明昌五年（1194 年）"河决阳武故堤，灌封丘而东"，这次黄河决口作为"黄河长期夺淮的开端"。而后者则是把南宋高宗建炎二年（1128 年），杜充决开黄河"自泗入淮"作为黄河大举侵淮的起始时间。

至于造成淮河水系发生巨变的缘由，前者认为，"淮河水系巨大变迁最根本原因是黄河的侵袭"；后者亦认为"历史时期淮河水系的演变，最根本的原因是黄河入侵，夺取淮河支流水系，侵占淮河中下游干道，破坏了淮河水系系统"。两者的观点亦完全相同。

二、淮河干流的演化

我们认为，淮河水系自全新世中期形成以来，在内外营力的共同作用下，一直处在不断地变化之中，其中，外营力对淮河水系的影响比内营力大且比较明显。这里的外营力包括气候、降水、海平面变化，黄河的长期的侵扰以及人类的经济、社会活动。在上述营力持续不断的影响下，淮河上、中、下游，均发生了不同程度的变化，而不是如前面所说的"古淮河干流在洪泽湖以西大致与今淮河相似"或"古淮河上中游流路与今淮河流路基本一致，唯自今盱眙以下流路与今日之流路完全不同。"由于淮河上、中、下游各河段演化存在着较大的差异，将淮河干流的演化概括为"上游河道的误判和错定，中游河道的南徙和下游河道的大改道"三部分来讨论。

（一）上游河道的误判和错定

众所周知，一般的河流，尤其是大河都有多个支流（或源头），如何区分主干和支流，在古代一般是由河面宽窄和水量大小来决定，如长江上游有两条较大的支流，即岷江和金沙江，金沙江虽比岷江源远流长，但其"盘折蛮僚豁峒间，水陆俱莫能溯"，而岷江河面宽阔又利于航行和农业灌溉，故古代将岷江当做江水的主流（正源），即"岷山导江"把金沙江作为支流。如《尚书·禹贡》问世以来直到清代，绝大多数典籍都是沿用《尚书·禹贡》的说法，即岷江为江水的源头。只有东汉桑钦之《水经》中将沔水（今汉江）作为江水的源头（正源）。其理由是，三峡长达七百余里，"两岸连山，略无阙处，重岩叠嶂隐天蔽日",而且江面宽度不到150m,山崖经常崩塌,江水受阻。相比之下,汉水(沔水)中游河槽宽1~2km,下游虽束狭,一般也宽600m左右。所以,古人将沔水(汉水)视为江水的主干,而岷江作为江水(长江)的支流。直到"河源为远"的规则出现后,长江的源头才由岷江改为金沙江。

今日之淮河有三个源头,自北而南为颍河、汝河和今淮河上游河段,现将它们的基本情况分述如下。

1. 颍河

(1)颍河源远流长。颍河发源于河南省嵩山,嵩山峰峦叠嶂,气势磅礴,被誉为"中天砥柱",《诗经》曰:"嵩高为岳,峻极于天。"其主峰峻极峰海拔1584m。颍河出嵩山后,沿途纳百川,越万壑,浩浩荡荡,横贯河南省中部和安徽省西北部,流经禹县、许昌、临颍、西华、周口、项城、沈丘、界首、太和、阜阳和颍上等十多个县(市),在正阳关附近的沫河口入淮,全长619km。《汉书·地理志》曰:"颍水出阳城阳乾山,东至下蔡入淮,过郡四,行千五百里。"

(2)大禹导淮应自嵩山,淮颍地区禹迹茫茫。大禹治水的英雄壮举,不仅是家喻户晓,而且流传了数千年,激发了世世代代中华儿女奋发图强的斗志。大禹从四川汶川来到中原大地治水,最早就在嵩山山腰,颍水河畔安营扎寨,开展治水宏伟大业。

据古文记载,夏禹生于四川省汶川石纽,是黄帝的后代,禹父鲧被尧帝封为"崇伯",从古蜀东进到中原创业,定居在今河南省西部嵩岳地区,"夏之兴也,融降于嵩山"进入淮河流域。"夏禹生于四川省汶川,起于河南省嵩山,娶于安徽省涂山,葬于浙江省会稽山"是长期以来史学界的共识。涂山位于安徽省怀远县淮河南岸。夏禹治水成功后,在颍水之源嵩山上建立了夏国,国都阳城(今河南省登封县告城镇),后迁至阳翟(今河南省禹县)。阳城和阳翟均位于颍水两岸。告城镇位于登封县城东南19km处。阳城一带历史上早有"禹居阳城"和"禹都阳城"的传说,但无实证。直到1983年,考古工作者在告成镇发现两座四千年前的古城,经测定,此处可能就是夏代的都城——阳城,流传多年的传说终于被证实。

《史记》曰:"禹受封为夏伯,在豫州外方(即嵩山)之南,今河南阳翟县也。"相传中岳嵩山的太室和少室二山就是以大禹的两位妻子命名的。万岁峰下的启母阙、禹县的钧台陂和锁蛟井都流传着大禹的故事。

(3)颍河流域开发历史悠久,应是治洪水、防洪灾的重点地区。古代先民们在淮颍地区开发的历史可以上溯到旧石器时期的晚期。在河南省颍河上发现的许昌灵井遗址以及淮河中游泗洪县下草湾遗址,沭河下游连云港桃花涧等文化遗址,距今均在一万年以上,属旧石器文化遗址。1977—1979年,在河南新郑县三次发掘的裴李岗文化遗址,属于中原地区早期农耕文化。遗址西南临双洎河,东靠裴李岗,高出周围地面约2m,面积约2万 m²,发现大量墓葬、灰坑等遗迹和遗物。据^{14}C测定,距今已有8000年左右,早于仰韶文化1000多年。古代传说中三皇之首的太皞,号伏羲氏,《左传·昭公十七年》载:"陈太皞之墟也"。陈在今河南省淮阳县,1980年,在河南省淮阳县平粮台发掘一处龙山文化时期的古城遗址。古城建设之时,约相当于鲧所处的时代,可能系"鲧作城郭"留下的遗址。

在远古时代,人类傍河而居,依河流发展,故有古人类逐水草而居之说,而晚辈则称自己祖辈生活过的河流为母亲河，如此看来，淮颍河作为母亲河当之无愧。

周平王东迁洛阳将嵩山定为中岳，它与东岳泰山、西岳华山、南岳衡山和北岳恒山合称"五岳"。公元前110年，汉武帝祭祀中岳时，曾攀登嵩山主峰峻极峰。颍河出禹县，曲折迂回，流入许昌县境。许昌古称为许，秦置颍川郡，东汉建安元年（196年），曹操迎汉献帝都于此，时为五都之一。建安二十五年（220年），汉献帝禅位于魏文帝曹丕。魏文帝于黄初二年改许县为许昌。此间，许都成为当时北方的政治、经济和文化中心，盛极一时。至今许昌一带仍保留不少三国胜迹。北魏太武帝拓跋焘曾在此建中岳庙，后又建峻极寺、真武庙。天册万岁元年（695年），武则天登嵩山，封中岳，改年号为"万岁登封"，同时将嵩阳县改为登封县。唐代大文学家韩愈曾于公元809年携友登峰。宋代名相范仲淹在游中岳的诗中写到："不来峻极游，何能小天下。"

上述情况表明，淮颍地区自古以来就是淮河流域经济最为发达，人口相对稠密地区，应是治洪水、防洪灾的重点地区。何况大禹从四川翻越秦岭，最早在颍河之畔落脚，导淮、治淮应自嵩山，颍河应是淮河正源。

2. 汝河

《尔雅·释水》曰："河有雍，汝有潢"，将汝水与黄河并提，说明了古代汝水是一条古老的较为重要的河流。《山海经》云："汝水出天息山，在梁勉乡西南，入淮极西北。"则说明古汝水源出河南省嵩县西南的伏牛山下。《汉书·地理志》言道："汝水出定陵高陵山，东南至新蔡入淮，过郡四行千三百四十里"。则说明汝水还是一条较大的河流。《水经注》则较详细地记载了汝水的流路，新蔡至淮滨县东入淮。西岸先后会潢水（今沙水）、昆水（今灰河）、醴水（今沣河）、潕水（今小洪河）、瀙水（今南汝河）、溱水（今臻水）；东岸支分出溹水（即大隐水）、澧水（今洪河）。

今日之汝河已经是今非昔比。由于上承伏牛山区的大量洪水，汝河具有山洪河道特色，又经历代的改道，河道变迁很大。元朝初年，为解决汝水泛滥为患，在郾城截断汝水，使汝水上游向东经潢水入颍；元朝末年，又从舞阳再截当时汝水另一源头干江河，使之归醴河，此时的汝水改为以洪河为源头。明嘉靖九年（1530年），汝水再次易源，以古瀙水（今南汝河）、濯水（今石羊河）为上源，向下改道入澧水（今洪河）。到了清代，澧水改称洪河。瀙水和濯水改名为南汝河。南汝河至新蔡县与洪河汇流，新蔡以下河段仍称汝水。到民国时期，将新蔡以下的汝水改名为洪河。至此，汝水成为洪河的支流，汝水改名汝河，变成淮河的二级支流。

3. 淮河上游河段

《尚书·禹贡》曰："导淮自桐柏。"郦道元《水经注·淮水》曰："淮与醴水同源俱导，西流为醴，东流为淮，潜行三十里，出桐柏大复山。"清《桐柏县志》记载："淮，始于大复，潜流地中，见于阳口。"大复山即桐柏山主峰太白顶，又名胎簪山。阳口即固庙镇。而淮源不在固庙。自固庙镇向南，沿一小溪溯水而上，忽进谷底，忽缠山腰。走完十八个山坳，即"十八扭"，通过一线天，再攀两座山头，就到太白顶。太白顶海拔1140m，南拥荆襄，北屏中原。登山远眺，只见苍山似海，云雾如潮，气势磅礴。俯首北望，淮河像一条闪光的银链，蜿蜿蜒蜒伸向远方天际。太白顶上有一古寺，名为"云台禅寺"，为唐代所建，清乾隆间重修，现寺院犹存。古寺东方，有一眼井，清澈明净，久旱不竭。细观之，井内有三处泉眼。淮河的源头就在这里。就是这眼滥觞泉水，潜流入崖，过谷越滩，然后和其他溪水汇合，迂回曲折地冲出峡谷，开始了它的壮举。这就是闻名遐迩的淮河。相传，淮源碑边的那口淮井，就是大禹锁无支祁的地方。人们为了纪念大禹，在淮河源头修建了两座大庙：一座是淮井旁边的禹王庙，另一座是位于桐柏县城的淮渎庙。禹王庙，又称淮祠，建于秦朝，以后几经维修、新建，又几经破坏，至今遗迹难觅。淮渎庙又称淮庙，极盛时，占地百庙。庙院内碑石林立，记载着历代祭淮文告。庙内还有两棵树值得一提：一棵为"汉时虬柏"，另一棵为"古桐抱柏"。桐柏县之名就由此两树而来，可惜此两树今已不存。

《水经注》中的"淮与醴水同源俱导，西流为醴，东流为淮，潜行三十里……"可以理为淮水与醴水同源于桐柏山主峰，主峰西坡流水汇集为醴水，东坡的流水汇集为淮水，"潜行三十里"是指流水呈散流状态不具河形，漫流三十里后方成河形。《桐柏县志》将"潜行三十里"理解淮水在地下潜流了三十里。桐柏山地区不是喀斯特地形发育地区，不可能形成地下河，即使是地下河，但也不可能翻山越岭。所以，该县志的说法欠妥。即使如此，淮河上游河道自源头至正阳关约长 467km，远较颍河短了 152km。至于有大禹治水的遗迹大多是附会和猜测不足为据。淮河上游淮滨以上河道，基本上属山区河流其成熟度远不及颍河。沿河两岸是怪石嶙峋无法农作，河中是急流险滩不利航行，古代此地就是人迹罕至的不毛之地，无灾可言，也无抗洪救灾的必要。

如现代学者宗受于先生在《淮河流域地理与导淮问题》一书中写道："中国山脉自昆仑东下，其中系入中国本部，至河南嵩山而止，旧称北岭山脉。北岭山脉向东南斜出，有伏牛、方城、桐柏诸山。……全淮地势，西起北岭，东尽于海，北自泰山，南至淮阳山脉。"又言道"淮自桐柏至三河尖七百余里，洪潭白石二山以上一百七十余里，河身在山岭之间，无灾可言。下至洪河口四百五十里，两岸有冈以为范，尚无施治之必要。"宗先生上述的第一句话是表明淮河是西起嵩山，东止于海；第二句话的要点是淮河上游是"无灾可言"和"尚无施治之必要"，其意指大禹没有必要或不可能在桐柏导淮，从而否定了"导淮自桐柏"一说。那么淮河的源头在哪里呢？该书还有一段话，即："统观颍河，源颇复杂，于周家口总汇贾、颍、汝、沙四大水。于阜阳北又会洪汝分出之南沙河，是豫省之水大部分归于颍。颍之上源以北汝为最长。自汝源至正阳关入淮共长一千四百余里。较之桐柏至正阳八百余里约长六百里。依流长为源之例，应以颍为淮之正源。而就交通言，正阳以上之淮已不利行舟。若溯颍而上至周家口，更北达朱仙镇，南通郾城，为自古通行之航路。故为整理淮域交通计，亦应以颍为淮之正干也。"颍河为淮河正源是不言而喻的。

大禹治水这一壮举是在古禹、后稷、益、皋陶等领导下开展的，导淮是大禹治水中的一项重要的工程，如何导淮，他们是最清楚的。而《山海经》相传为大禹及属臣益所撰，那么《山海经》中的"淮水出余山，余山在朝阳东，义乡西入淮，淮浦北"是可信的。可是，因时代久远，该书中的山名，地名无从查考。成书于东汉初年的《汉书·地理志》则曰："淮水出平氏大复山，东南至淮陵入海，过郡四，行三千二百四十五里。"东汉末桑钦之《水经》曰："淮水出南阳平氏县胎簪山，东北过桐柏山，……又东过钟离北……"，东汉末应劭之《风俗通》曰："南阳平氏县，桐柏大复山在东南，淮水所出也。……"直到北魏郦道元之《水经注》问世后，"导淮自桐柏"一说，才为世人所知晓。据《汉书·艺文志》载,《尚书》是孔子整理的。而现代通行的《十三经注疏本》中的《尚书》则是《今文尚书》和梅氏《伪古文尚书》的合编本。从孔子所处的春秋时代到郦道元所处的北魏时代,历经了战国、秦、两汉和魏、晋,时间跨度达千年左右。在此期间,黄河不仅发生多次改道,而且数度地决口、泛滥,侵扰淮河,致使黄淮平原的地势和水系均发生了较大的变化。所以,北魏时期问世的《尚书》中所记载的内容是经过后代学者整理、修订和注释的。他们在整理、修订和注释时,往往会将当代的地文来修正和增补前朝的文献、著作,从而造成原著内容的失真。

根据上文中将颍河和淮河上游在自然、经济和人文诸方面的比较,将颍河作为淮河的上游是正确的,是实至名归。那么为何近 2000 年以来,人们总是认为,今日之淮河上、中游是古淮河干流的一部分,而颍河则是淮河的支流。其最主要的根据就是《尚书·禹贡》中的"导淮自桐柏",而不考虑实际情况。古代人由于科学技术条件有这样的认识尚可以理解。现代学术界仍持此说,则使人难于理解。实际情况是淮河上游河道蜿蜒在崇山峻岭之间,人迹罕至,"无灾可言"。再往下至洪河口,两岸有丘冈限制"尚无施治之必要"。当时,大禹为何在此导淮?而颍水上游是大禹时代国都所在地,颍河流域是华夏民众的家园,颍河是他们的母亲河。但颍水之名在古籍中出现较迟。禹疏九川时,淮河流域有河水、济、淮、荷、泗、沂等水,没有颍水。《尚书·禹贡》中该区域有淮、济、荷、泗、沂、汶、荥诸水,没有颍水。《山海经》中有淮水、泗水、济水、汝水,没有颍水。《墨子》中有河、淮、汝、泗等水,仍没有颍水。《史记·河渠书》曰:"自是之后,荥阳下引东南为鸿沟,以通宋、郑、陈、蔡、曹、卫,与济、汝、淮、泗会",其中仍没颍水。我们不禁要问,作为夏国都所在的颍水,为何古书中没有记载。开鸿沟与济、汝、淮、泗会,应先与颍水会,否则如何与淮、汝、泗会。

综上所述,《尚书·禹贡》中的"导淮自桐柏"一说是误判,至于为何产生这样的误判是有原由的,本书就不在探究了。至于现代学者、专家,不作认真、细致的调查研究,又将这种误判做成铁定的事实,贻误于后人。

(二)中游河道的南徙

何谓淮河中游河道,据《淮河水利简史》载,淮河从洪河口到洪泽湖中渡通称为中游。根据上述观点,《山海经》中的淮河仅记载了淮河的源头和尾闾(入海口);《尚书·禹贡》中,记载了淮河的源头、下游及入海处;《汉书·地理志》则记载了淮河的源头、入海处及河长。这三部文献中都没有淮河中游的记载,是起始就没有,还是在不断传抄中遗漏了,不免引起后人的疑惑和不解。经研究、判断,缺失中游记载的原因有二:其一,是"古淮河长度远小于今日,入海处当在京汉铁路东不远,最大限度想不会在息县与洪河口间以东[4]"。其二,是远古时期,淮河平原地区,因生产力低下,人烟稀少,没有大的村落和集镇,没有比较醒目可以作为地标的地物,以至古人没法将淮河全程的流路刻记下来。直到东汉桑钦所著的《水经》中,才概略地记载了淮河全程的流路。《水经》中,从汝水入淮口至下邳淮阴县泗口,相当今日淮河中游段。

在古今文献中,极少看到有关淮河中游河道演化或变迁的记述。在近、现代有关淮河的文献中,经常可以看到,由于黄河的侵夺,使"淮河水系遭到巨大或严重的破坏和巨大的变迁""淮河干流自正阳关以下中下游河道也被黄河主流所夺,从而导致淮河(水系)

紊乱不堪,河床普通抬高……"这类的记述,就是没有淮河中游河道改道或迁徙的记载。有的文章还断言,"《水经·淮水注》中,淮水的这条流程在上中游与今淮河流路基本一致,唯下游自盱眙以下与今流路完全不同,……"从上文可以得知,在古代、近代文献中,不仅没有关于淮河中游河道改道、迁徙的记载,而且还断言,自《水经注》问世至今长达 1500 年左右的时间里,淮河中上游河道基本未变。

直到 1987 年,曹厚增先生在《试论黄淮平原形成和淮河水系演变》[13]中,明确提出淮河干流南移的观点。可叹的是,直到今天仍没有看到有关淮河干流南移的文章。

每当打开有关淮河的书籍,大多有"走千走万,不如淮河两岸"这十个字映入眼帘。这是古代淮河人的骄傲,却成了今天淮河人的憧憬,可惜的是这美好憧憬却难于再现。其原因是淮河流域的生态环境发生了巨变,昔日(12 世纪以前),淮河是一条出路通畅直接入海的河流,淮河自西部山区,横贯肥沃的淮河平原,向东直奔大海。淮河两岸土地肥沃,灌溉便利,人勤年丰才获得如此之盛誉。反观淮河,今非昔比,因受黄河长期的侵夺,河床淤高,而且由直接入海变为先入洪泽湖,再入长江达海,水流不畅,常常泛滥成灾。淮河南岸原是淮南平原,曹魏时邓艾在此屯田,以备军需。今日的淮南不见昔日的平原景观,而是由横向岗岭(或带状岗地)与河谷平原相间排列的丘岗地带,淮河北岸虽仍然是平原,但已由众多大小不一的河流切割成河间平原和沿河分布的低地,易受洪涝威胁。肥沃的淮河平原变成如此景况,其主要原因是淮河中游干流南徙,即淮河干流由淮河平原中间南移到淮阳山脉北麓的丘岗地带。

1. 淮河中游河道南移的推手

促成黄河南移的推手主要有二:一是晚更新世早期发育最为昌盛的黄河冲积扇不断地向南及东南方向推移。进入全新世后,黄河冲积扇体还在不断增高,并在东南部地区形成向南倾斜的地形,从而迫使淮河干流中游段不断南移,直到淮南隆起带(今淮阳山地)北麓;二是黄河南岸长时期的漫溢、决口、改道,将大量的水沙压向淮北平原,造成了淮北平原北部高、南部低的地形。据粗略统计,在 1949 年前的 3000 多年里,黄河下游发生的漫、溢、决口和改道在 1500 余次。洪水遍及的范围,北抵海河,南达淮河,有时还迁淮而南,波及里下河地区,纵横 25 万 km^2。海河以南的黄淮海平原到处都受到过黄河水沙的灌注与淤淀,对黄淮海平原的地理环境产生过巨大的影响。

除了以上黄河漫、溢、决口、改道给淮河水系造成的直接影响外,还有人为的挖沟、开渠造成环境改变给淮河水系带来的间接的影响。如《史记·河渠书》所载的"自是之后,荥阳下引河东南为鸿沟,以通宋、郑、陈、蔡、曹、卫,……""自是之后,用事者争言水利。朔方、西河、河西、酒泉皆引河及川谷以溉田;而中辅渠、灵轵引堵水;汝南、九江引淮;东海引巨定;太山下引汶水,皆穿渠为溉田,各万余顷"。以上的穿渠溉田仅是《史记》一书中所举的例子,事实远大于此。何况,后世更是不胜枚举。穿渠溉田,在引水之际也引来了黄沙,旧渠埋塞又开新渠,不经意间淤高了黄河两岸地面。

紧临黄河的淮北平原就在不经意间自北向南淤高了十数米至数米不等。今淮北平原北部商丘附近海拔为 60m 左右,而南部凤台附近海拔仅 20 余 m,在如此之大的高差下,自然就会形成"黄河南岸水系"。一到洪水期"黄河南岸水系"诸河的洪水纷纷南下,而且年复一年地将洪水、泥沙压向淮河干流中游段。而淮河干流中游原是平原性河流,如何能扛得住如此巨大的压力，河道南徙不可避免。淮河干流中游原在淮北平原中部，现已被压至淮阳山脉北麓，无法再南徙。淮河干流中游河道南徙是在"潜移默化"中进行的，所以很少有人发觉。

2. 淮河中游河道南徙的实例

（1）淮滨—南照集段的南徙。此段淮河干流的南徙可以从汝河入淮河入口位置变化反映出来。《汉书·地理志》中所载的汝河是"汝水东南至新蔡入淮"。而《水经注》中则是"汝水……经上蔡、汝南、新蔡至淮滨县入淮"。从地图上量算，淮河大约南移了50km。

（2）南照集—五河段淮河的南移[13]。

1）从淮北平原岩性分布图上有关内容判定此段淮河南徙淮河干流不断南徙的地质证据，反映在淮北平原埋深150m的岩性分布图上（图2-7）。图2-7所反映的岩性变化趋势是在东西方向上，由西边的临泉、阜南一带的砂砾石，至颍上、凤台一带的粗砂、细砂至东边固镇、五河一带的细砂、粉砂，沉积物粒度逐渐变细；在南北方向上，由南边沿淮的阜南、颍上、凤台一带的粗砂、砾石经阜阳、利辛一带的细砂向北渐变为粉砂、粉砂土和壤土、黏土，沉积物粒度逐渐变细。曹厚增先生（1987年）根据上述岩性分布图上沉积物粒度分布变化趋势和在150m深处有大片席状砂和砾石层分布的情况判断，远古时代远在现代淮河以北存在着淮河的古河道，其主要运动方向是自西向东，和现代淮河流向一致，也和古构造线一致。初步估算，淮河干流自南照集以下至五河一段的河道几乎平均南移了30～40km。造成淮河干流南移的因素一是黄河不断向南溃泄和改道，大量的水、泥沙南压；二是"黄河南岸大堤水系"的发育，众多的支流由北向南流入淮河干流，迫使淮河干流南徙；三是科氏力的长期作用。

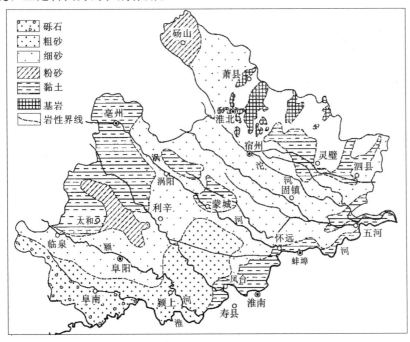

图2-7 淮北平原埋深150m处的岩性分布图

2）三国曹魏时期的"广田蓄谷，屯兵淮南多于淮北"。三国时期，曹魏政权在淮河平原"广田蓄谷"以备军需。《三国志·邓艾传》曰："司马宣王督诸军伐吴。时欲广田蓄谷，为灭贼资，乃使邓艾行陈、项以东至寿春。艾以为田良水少，不足以尽地利，宜开河渠，可以大积军粮，又通漕运之道，乃著《济河论》以喻其指。又以为，……陈蔡之间，土下田良，可省许昌左右诸稻田，并水东下。令淮北屯二万人，淮南三万人，十二分休，常有四万人，且耕且守。水丰，常收三倍于西，计除众费，岁完五百万斛以为军资。六七年间，可积三千万斛于淮上，此则十万之众五年之食也。宣王善之，皆如艾计。遂北临淮水，自钟离而南，横石以西，尽沘水四百余里，[五里]置一，[营]六十人，且耕且守。兼循广淮阳，百尺二渠，上引河流，下通淮颍。大理诸陂于颍南北，穿渠三百余里，溉田二万顷，淮南、淮北皆相连接。自寿春到京师，农官兵田，鸡犬之声，阡陌相属；每东南有事，大军兴众，泛舟而下，达于江淮，资食有储，而无水害，艾所建也。"[14]

由上文得知，屯垦士卒淮南三万人多于淮北的二万人，相应屯田数亦应是淮南多于淮北。今日之淮北仍是广阔的河间平原；而淮河以南，东自钟离（今临淮关）西至沘水（今潕河）却是些由多条河流分割成的许多横向岗岭或带状岗地与河谷平原相间分布山麓平原，其耕地面积明显少于淮北平原。当时，若是现在的情况，淮南的垦卒决不会多于淮北。当时之所以那么安排垦卒的原因是当时的淮河在今淮河以北数十公里，淮南地区可垦地面积大于淮北平原，从而也证实此段淮河南移了 30～40km。

（3）淮河中游五河—淮阴段的南徙。

1）颍河入淮河的河口西移是淮河南徙的标志。《汉书·地理志》记载，颍河在下蔡（今凤台一带）入淮，而《水经》记载颍河是在慎县东南入于淮。

2）以水代兵，浮山堰垮塌，导致淮河干流分流和改道。

淮河干流淮滨—南照集段和南照集—五河段相继南徙，使五河以下河段南徙的压力大增。此后不久，梁天监十四年（515 年），梁武帝以水代兵所修的浮山堰垮塌，加快了淮河此河段南徙的步伐。《南史·康绚传》载曰："……魏降人王足陈计，求堰淮水以灌寿阳。""……梁武帝以为然，使水工陈承伯、材官将军祖恒视地形。"假绚节都淮上诸军事，并护堰作。役人及战士有众二十万，于钟离南起浮山，北抵巉石，依岸筑土，合脊于中流。（梁天监）十四年（515 年）四月，堰将合，淮水漂疾，复决溃。十五年（516 年）四月堰成。其长九里，下阔一百四十丈，上阔四十五丈，高二十丈，深十九丈五尺，夹之以堤，并树杞柳。"……至其秋，淮水暴涨，堰坏，奔流于海，杀数万人，其声若雷，闻三百里。"关于浮山堰的位置，史书上有不同的说法，我们根据此段淮河的河势和地形判断浮山堰的位置，即"南起浮山，北抵巉石"（图 2-8）。浮山堰崩塌后，淮河干流在浮山堰决口处，向东冲出一支分流，该分流后演化为今日淮河干流。当时的淮河干流仍按原河道向东北流至双沟附近进入洪泽凹地（此时洪泽尚未形成）至淮阴，再向东流入大海。原淮河干流浮山堰至双沟河段演化成窑河（图 2-9）。此时，淮河自浮山堰附近分为北、南两支。北支（原淮河干流）在临淮头附近有古汴河汇入，在古汴河与淮河交会处有著名的泗州城（图 2-10）。汴河又名通济河，为隋炀帝开凿，是隋代大运河的重要组成部分，泗州城也因此成为重要都市。南支原为一溪流或沟渠，在变成淮河分流后，水势渐长，在进入洪泽凹地后呈散流状态，河道浅而不固定。当时北支水量渐减不利航运，而南支河道发育尚不成熟也不利航运，故开凿龟山运河（自龟山—清江，今淮阴），以利漕运。

图 2-8　古浮山堰地势图（根据"浮山堰
　　　　位置示意图"改绘）

图 2-9　浮山潼河山四周地形图

　　龟山运河开凿后，南支逐渐取代北支。北宋灭亡后，曾经担任漕运重任的北支也逐渐萎缩，于是南支就成为淮河的主干。洪泽湖形成后，淮河北支（原干流）故道没入湖中，至今洪泽湖中还保存有淮河这段古水道（图 2-10）。随着淮河主干道的南徙，古泗州城也随之衰落而荡然无存。现今考古界所谈及的淹没在洪泽湖中的泗州城，其实不是名噪一时的唐宋时期的古泗州城，而是古盱眙县的县城。因古泗州城沦陷，移治于盱眙，盱眙亦称为泗州城（图 2-11）。所以说，今洪泽湖中的淮河古水道和龟山运河的开凿就是淮河改道的有力证据。

　　其实，这段淮河改道，在《水经注》中已有反映，只是世人至今也没有察觉。《水经》曰："（淮水）又东过钟离县北，又东至下邳淮阴县西，泗水从西北来流注之，又东过淮阴县北。"《水经注》曰："淮水于荆山北，挝水东南注之。淮水又东至巉石山，潼水注之。淮水又东迳浮山，山北对巉石山，梁氏天监中立堰于二山之间，逆天地之心，乖民神之望，自然水溃坏矣。淮水又东迳徐县南，历涧水注之。淮水又东，池水注之。淮水又东，蕲水注之。……淮水又东历客山，迳盱眙县故城南，淮水又东迳广陵淮阳城南，城北临泗水，阻于二水之间。又东北至下邳淮阴县西，泗水从西北来流注之。淮水右岸即淮阴也。

图 2-10　淮河故道和泗州城位置示意图

又东迳淮阴县故城北。"《水经注》中这段记载正是今日淮河的流路，将《水经》和《水经注》二者所记述的内容作一比较，《水经注》中的内容比《水经》详细很多，是不是《水经》简略呢？非也。钟离、盱眙、徐同为汉县，《水经》不可能将盱眙、徐二县省略，而是当时淮水自钟离东北直至淮阴，未经上述二县。由此可知，发生在梁天监年间的浮山堰溃决，使此段淮河改道的直接原因。该段淮河改道南下之后，原淮河干流下游南迁就提到议事日程，果不其然，清咸丰元年（1851年），洪泽湖水盛冲垮了洪泽湖大堤南端的溢洪坝，淮水就沿三河入高邮湖，再经邵阳湖及里运河，最终在三江营入注长江，顺应了"水往低处流"的自然规律。

（三）下游河道的大改道

历史文献中有关淮河下游河道记载较多，如：

《山海经》曰："淮水出余山，余山在朝阳东，义乡西，入海，淮浦北。"

《尚书·禹贡》曰："导淮自桐柏，东会于泗、沂，东入于海。"

《汉书·地理志》曰："淮水出平氏大复山，东南至淮浦入海。过郡四，行三千二百四十里，淮陵故城在今安徽省盱眙县西北九十五里。"

《水经注》曰："淮水出南阳平氏县胎簪山，东北过桐柏山，……又东过钟离县北，淮水又东至巉石山，潼水注之。淮水又东迳浮山，山北对巉石山。淮水又东迳徐县南，历涧水注之。淮水又东，蕲水注之。淮水又东历客山，迳盱眙县故城南。淮水又东迳广陵淮阳城南，城北临泗水，阻于二水之间。又东北至下邳淮阴县西，泗水从西北来注之。淮、泗之会，即角城也。又东过淮阴县北，中渎水出白马湖，东北注之。淮水右岸即淮阴也。又东迳淮阴县故城北，北临淮水。又东，两小水流注之。淮水左迳泗水国南，故东海郡也。又东至广陵淮浦县入于海。淮水迳县故城

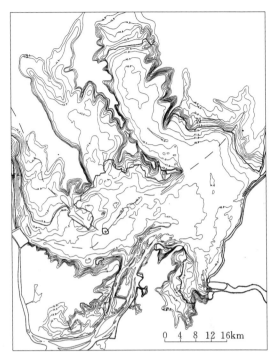

图 2-11　洪泽湖水下地形图
（图中虚线为古淮河河道）

东，淮水于县枝分，北为游水，历朐县与沭合。游水又北迳东海利成县故城东，故利乡也。游水又北历羽山西，又北迳祝其县故城西。又左迳琅玡计斤县故城之西。游水又东北，迳赣榆县北，东侧巨海。游水又东北迳纪鄣故城南。游水东北入海。"《地理志》曰：游水自淮浦北入海。

古淮河上原没有洪泽湖，古淮河干流经过盱眙后，折向东北，经淮阴向东在今涟水县云梯关入海。自汉武帝元光三年（公元前 132 年）黄河开始较大规模地侵扰淮河，但直到南宋高宗建炎二年（1128 年）淮河还未受到较大的影响。自南宋初年起，黄河夺淮愈演愈烈，使淮河水系遭到了巨大的破坏，除了在淮北平原上形成泗水、汴水、濉水、涡河和颍河等 5 条泛道外，还侵夺了淮阴以下的淮河河道，并使此段淮河河道成为各泛道黄河入海的门户。由于黄河泥沙的常年淤积，不仅垫高了淮河河床，迫使淮河支流（沂、沭河）改道，而且还把淮河淮阴以下的深广河道，淤成"地上河"。大量泥沙通过淮河下游河道排入黄海，使淮河入海口处的海岸线向外延伸了 50km 左右。由于黄强淮弱，黄高淮低，致使淮河和沂、沭、泗水的排水出路受阻，最终在江苏盱眙和淮阴之间的低洼地带，逐步形成了洪泽湖，在山东境内的泗水沿岸逐步形成了南四湖；在泗水和沂水交会处逐步形成了骆马湖。

淮河下游河道被淤积成地上河后，淮河洪水被拦在洪泽湖内，抬高水位后用来实施"蓄清（淮河泥沙含量少的清水）刷黄（用淮河的清水去冲刷含泥沙量大的黄水）"的治理方略。毕竟黄强淮弱，淮河敌不过黄河，结果在清咸丰元年（1851 年）洪泽湖水大涨冲垮了洪泽湖大堤南端礼河坝，使淮河水沿三河（即礼河）入高邮湖，经邵阳湖及里运河入

长江。从此，淮河干流由独流入海改道经长江入海。到清咸丰五年（1855年）黄河在河南铜瓦厢决口，改道由山东入海，终于结束了长达700余年的黄河夺淮历史。但是，原先深广的淮河入海故道已淤积成一条高出地面的废黄河，成为淮河干流和泗、沂、沭河之间的分水地形。泗、沂、沭都失去了入海通道，只好袭夺一些排涝河道入海。每遇洪水，苏北徐海地区一片泽国。

（四）古淮河入海口的变迁

在全新世早期，苏北地区海侵影响的最大范围，曾达到洪泽湖的边部，故古淮河可能是在今洪泽湖区入海的；在距今约5000年的海退时期，古淮河大体流经今洪泽附近、清江市东南方的钵池、涟水县以南的淮安县青莲岗等地，在今滨海县西侧的云梯关附近入海，并顺这一线发育了砂堤。在距今4500年左右的高海面时期，海水又顺河道侵入淮河口南侧的里下河洼地及北侧的古硕项湖区，但河口位置的上溯距离并不大。到春秋战国时期，淮河的入海口大致在阜宁县、涟水县和滨海县三县交接部位的今关滩、北沙镇、小关、大关和海岗子一带[2]。所以，《禹贡》和《山海经》中有淮河"东会沂、泗，东入于海"和"入海，淮浦北"的记载。可是，到了汉代，古淮河就有"入海不畅"的迹象，并在今洪泽湖地区发育了自由河曲。后河曲改道而留下一批河迹湖，如富陵湖、破釜涧和白水塘等，"罗列淮侧""淮盛，水注富陵，东浸高宝。故陈登有筑高家堰三十里，以捍淮水之举。"此时，沭水河口段位置发生了变迁，它不再直接流入古淮河，而是改为同沂水并列汇入古泗水（图2-12）。淮河下游河口段最大的变化是发生在1128年人为决开黄河大堤，黄河自河南阳武南岸决口向东南直下，在今淮阴附近的清口与淮河交汇并合于淮。自此以后，淮河入海河段日趋淤高，行洪不畅。自1495年起，黄河全流南下入淮、入海，直至1855年，复北徙入渤海。在这期间，古黄河（与淮河合流段）的入海口，随着三角洲的发展而不断向海延伸，入海口发生过多次变化（表2-1）。

表2-1　　　　　　　　　　古黄河在苏北入海口位置的变化

年　份	古黄河入海口位置	河口伸展的距离/km
公元前602—132	海岗子附近	
1128—1500	云梯关—四套	20
1500—1578	四套—六套	15
1578—1591	六套—十套	20
1591—1660	十套—二木楼	18.5
1660—1700	二木楼—八滩	13.0
1700—1747	八滩—七巨港	15.0
1747—1776	七巨港—新淤尖	5.5
1776—1803	新淤尖—南北尖	3.0
1803—1810	南北尖—六洪子	3.5
1810—1855	六洪子—望海墩河口	13.0

注　据郭瑞祥（1980）、万延森（1989）资料，略有修改。

古淮河的出海口"云梯关"就在硕湖北3km处，相传宋代建有望海亭和大禹庙，现已无迹可寻，只剩下一块"古云梯关"石碑。21世纪初，在古云梯关附近修建了一座七层宝塔，名曰"望海楼"，此外，还建了"禹王庙"和云梯关碑亭（图2-13和图2-14）。

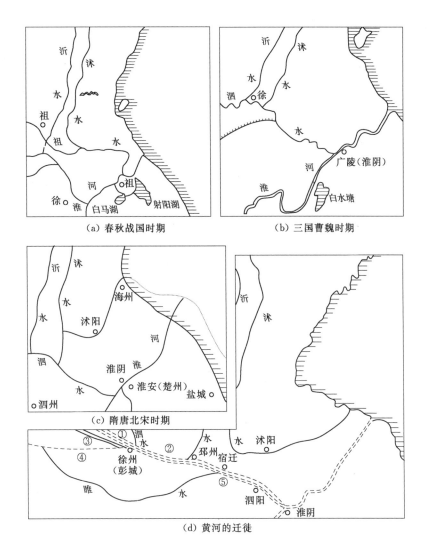

图 2-12　研究区不同时代的水系格局（选自《江苏北部沂沭河流域》）
①—公元前 132 年的决口河道；②—公元 1128 年决口河道；
③—古汴渠；④—汴贾鲁故道；⑤—废黄河

（五）淮河改道入江

自古以来，淮河一直是独流入海的河流，故为"四渎"之一，江淮之间并不相通。直到春秋后期，吴王夫差开凿邗沟以后，江淮才开始沟通。邗沟并非是在平地上开挖，而是利用了江淮之间的地势和湖泊、沼泽密布的自然条件，通过开挖人工渠道巧妙地将它们串通而成的，故邗沟的运道大部分是从里下河洼地中的湖泊、沼泽中穿过。里下河洼地由古海湾——潟湖演化而成的。而邗沟的起点邗城（今扬州市）位于古长江的天然堤上，故河身较高，河水自南向北流，即"江高淮低"，淮水不能入江。之后，由于黄河长期侵淮、夺淮，将大量的泥沙淤填在淮河下游河床里。长此以往，不仅垫高了淮河下游河床，而且也将淮河两岸平地及里运河北段淤高，使江、淮之间的地形改变为"北高南低"。特别是

图 2-13 新建的"望海楼"矗立在
黄海之滨

图 2-14 新建的"云梯关碑亭"记载了古淮河的前世今生

明代大筑高家堰形成洪泽湖后,"淮高江低"的形势突显。淮河在失去原来的入海通道的形势下,向南由长江入海就成为首选。

1. 归江十坝和入江水道形成

明万历二十一年(1593年),洪泽湖大堤在高良涧、周家桥等处决口22处。次年堵口刚竣工,黄河又发大水,淮水入黄口门淤塞,致使洪泽湖水位急剧上升,浸没了泗州城和明祖陵。明万历二十三年(1595年),洪泽湖大堤又决口,侵袭祖陵。由于洪泽湖大堤一决再决,明祖陵一浸再浸,朝野震动,有人主张"开老子山导淮入江",有人主张"疏周家桥截张福堤辟门限沙入海、入江"。朝廷为救祖陵采用了张企程的建议大举分黄导淮,在洪泽湖大堤上修建了武家墩、高良涧、周家桥三座减水闸,分泄淮河洪水经洪泽湖、运河下泄至里下河地区入海。当时,因怕淮水入海之路不畅,又疏浚了接连高邮湖和邵伯湖的茆塘港(今毛塘港),引水入邵伯湖,又开金湾河经芒稻河减水入长江,这是正式开挖水道,疏通淮水入江的起始。但是,在终明之世,淮河自洪泽湖下泄的洪水主要出路是向东经里下河地区入海,入江是次要的,入江的主要河道是金湾河和芒稻河。

清初,为了保护漕运安全,扩大淮水入江入海出路,将入海主要出口南移到高邮以南,形成了归海五坝,并在归海坝上封土,大水时才开归海坝,使洪泽湖下泄的洪水由归海为主改为入江为主;相应地扩大了归江河道,最终形成了归江十坝,入江水道正式形成(图2-15)。

清咸丰元年(1851年),淮河洪水冲破洪泽湖上的三河口,洪水由三河经宝应湖、高邮湖和入江水道流入长江,从此淮河干流由与黄河合流入海改为入江。淮河入江水道自三河口经宝应湖至三江营入江,流程185km;自三河口经金沟河至三江营入长江,流程可缩短近20km。

2. 归海五坝的设置

清康熙十八年至二十年(1680—1682年),河道总督靳辅,采用"蓄清刷黄"的方

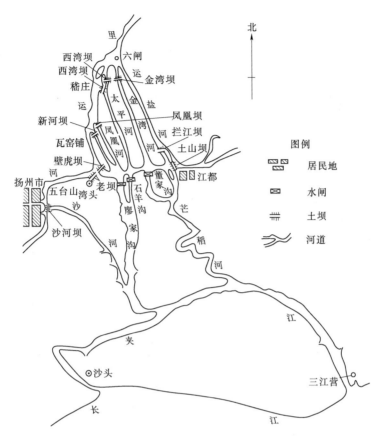

图 2-15　里运河归江十坝示意图（选自《淮河水利简史》）

略，大筑高家堰，提高蓄水能力，以便从清口引水刷黄。为防止淮河过量洪水出现不致高家堰漫顶决口，在高家堰上作 6 座滚水坝以资宣泄，下泄洪水入高邮、宝应诸湖，再入运河，于运河西堤建通湖 22 港，在运河东堤上建归海坝。但是归海坝下泄入里下河后，如何将积水排入黄海没有得到解决。靳辅任河督时有归海坝 8 座，全部是土底的。康熙三十九年（1700 年）张鹏翮任河道总督时，将土质滚水坝改为石坝，并将原来 8 座调整为 4 座，到乾隆二十二年（1757 年）又建一座新坝，计有南关坝、五里中坝、新坝、车逻坝和昭关坝等 5 座，这就是历史上所称的"归海五坝"。到咸丰三年（1853 年）尚存南关坝、新坝和车罗坝。南关坝长 221m，新坝长 211m，车逻坝长 205m，三坝合计共宽 637m。淮河大水时，归海坝的排洪流量可达 4000～5000m³/s（图 2-16）。自清初归海坝建成之后，每当开启归海坝，里下河地区民众要承受深重的灾难。如《冬生草堂诗录·避水词》中写道："一夜飞符开五坝，朝来屋上已牵船。田舍漂沉已可哀，中流往往见残骸"。

三、淮河支流的演化

（一）汝水

古代的汝水是中原腹地的一条大河，其年径流量可达 50.96 亿 m³，曾是淮河上游第

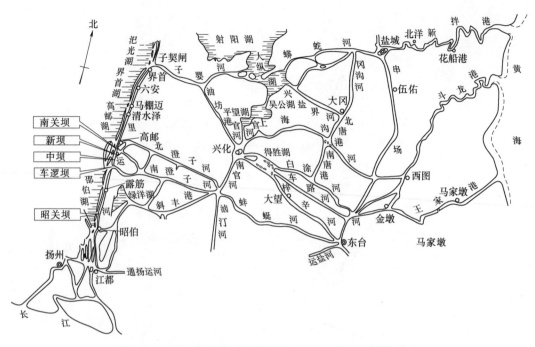

图 2-16　里运河归海五坝位置图（选自《淮河水利简史》）

一大支流。《山海经·岷三江》云："汝水出天息山，在梁勉乡西南，入淮极西北"。《汉书·地理志》曰，"汝水出定陵高陵山，东南至新蔡入淮"，亦言出南阳鲁阳县之大盂山。《水经》云，"汝水出河南梁县勉乡西天息山"，天息山即伏牛山。《水经注》云，"今汝水西出鲁阳县之大盂山蒙柏谷"。

汝水历史上很少受黄泛影响，但是，由于上承伏牛山区的大量洪水，具山洪河道的特点，即常常因洪水宣泄不及而引发特大的洪灾。如西汉永光五年（公元前 39 年），夏及秋大水，颍州、汝南、淮阳……坏乡聚民舍及水流杀人。

西汉更始三年六月（公元 25 年）大水，蚩川（北汝河）盛涨，颍河大水，溺死者万计，水为之不流。东汉建安十七年（212 年）七月，洧（双洎河）、颍川水溢，新郑、许昌水灾……为防治洪灾，"历经各代人的人为改道，汝河的河道变化很大。元朝初年，为了解决蔡州水患（即今西平、上蔡、遂平、汝南一带），在郾城截断汝水，使舞阳以北，汝水上游向东经澺水入颍。"水患暂时得到安宁。可是，到了元末，截去主流之后的汝水仍然泛滥。于是，在舞阳再截当时汝水上源干江河，使之归醴河。斯时，汝水变成以洪河为源。元代的两次截流后，汝南地区的水患仍未见减少。明嘉靖九年（1530 年）西平县周家泊为汝水泥沙所淤塞，汝水上源也在西平附近淤断，汝水再次截流易源。"盖汝源凡三易矣。"此时的汝水以源出泌阳，经遂平县的古瀙水（今南汝河）、灈水（今石羊河）为上源，之后西平的汝水（即古沅水下段），不再南流，改入澺水（今洪河）。到了清代，沅水、澺水、通称为洪河，澺水与灈水改名为南汝河。南汝河至新蔡南与洪河会流，新蔡以下河段仍称汝水。到了民国时期，将新蔡以下的汝水，改称洪河。至此，汝水成为洪河的支流。综上所述，古代汝河是从汝阳、嵩县处的伏牛山区发源，流经今许昌地区和驻马店地区入淮。元世祖至元二十七年（1290 年），汝水于郾城东被截为南、北两段，北汝河连同沙、澧河东流入颍。元惠宗至正年间，南汝水在舞阳西被截，上源干江河北引入澧归颍。明嘉靖年间，残存的南汝河又在西平县被淤断，舞阳、西平之水入古潓水道成洪河。泌阳、遂平及部分西平县之水仍循古汝河线东南而下，成为今日之汝河。

（二）颍河

源出河南省登封县嵩山西南之少室、阳乾诸山，有三源合而东南流，经登封县南，又经禹县北，又东南经临颍县南入西华县界，南岸有泥河东流注之。颍河转而东北流，北岸有流颍河水自西北来注之。颍水东流，北岸有大浪河水南流注之。颍水又东南，经商水县北境至沙河口与沙河会合。颍水又稍东至周家口，贾鲁河北来注之。颍水主干又东北流至陈（今淮阳）再转东南，经郸城以北，蒙城南至怀远涂山口入淮。《汉书·地理志》云，"颍水出阳城阳乾山东至下蔡入淮"。近期考古发现，下蔡即是今日之寿县。后颍水向东南分出一支，此支水量渐丰而后成为颍水主干，即今日之颍河。前主干渐萎缩，后改名沙水，又名濮水。到清代始堙没。新颍河干流自周家口向东南流，经淮阳、商水两县错界，北岸有柳涉河水自西北来注之。颍河又经项城县北境，北岸有西蔡河水自西北来注之。颍河又东南，北岸有东蔡河水自西北来注之。颍河又东南流，经安徽省太和县城南，又东入阜阳县境，北岸有茨河水自西北来注之。颍河又经阜阳县城东北，西岸有南沙河水自西北来注之。颍河东南流，经颍上县城西，又东南流，入于淮河，俗谓之沫河口。

（三）涡河

古涡河源自扶沟县，东经鹿邑城北、武平县北、谯县故城北、城文县（今亳县）北，转向东南，经涡阳城（今蒙城）北，至淮陵县（今怀远）注淮。《汉书·地理志》曰："扶沟县涡水，首受蒗荡渠（唐代称沙水，宋代名蔡河），东南至向（今怀远县）入淮"。《水经注》曰："涡水受沙水于扶沟县，涡水又东迳鹿邑城北，涡水又东南迳谯县故城北，涡水又东南迳城父县故城北，沙水枝分注之。涡水又东南迳涡阳城北，又东南迳龙亢县故城南。涡水又东，左合北肥水，涡水又东注淮。"

《淮系年表》曰："扶沟涡口堙灭久矣，今涡河出通许之青冈河，或以为青冈河即古沙水所经，涡水出焉，然无确证。太康、鹿邑间似为涡故道，然亦颇有变易，古涡经太康北，今在南也，惟亳县以下涡仍行古道，大致不差耳。北肥合涡，今亦离隔。"

由于涡河上游临近黄河，故受"黄泛"影响也较大，扶沟涡口早已堙灭，扶沟至亳县河段也被黄河泥沙淤没。在"黄泛"的影响下，涡河上游增添了许多新的支流，而原有的老支流则逐渐被淤浅、淤废或被它河劫夺，以至了无踪影。涡河中下游河道倒变迁不大，仅演化为浅平型河道。

现在涡河的河源是新中国治淮初期确定的。它位于开封县贾鲁挥东边姜寨乡郭厂村。因现形河道流势较顺，且河形宽大而明显，故将这条主泛道定为涡河正源。该泛道是 1938 年黄泛时期"东泛区"的主流（1941—1942 年）。历史上的青冈河同时被定为"涡河故道"。

今涡河从开封县郭厂村附近流出，经河南省尉氏、通许、杞县、睢县、太康、柘城、鹿邑县，安徽省亳州、涡阳、蒙城，至怀远县城北入淮河。老涡河是宋代以前的涡河上游段，河线走向和沿河地名，基本符合《水经注》的记载。它发源于扶沟县高集北贾鲁河东侧，经古扶沟县向东，经常营镇再向东入太康境。

（四）濉水

濉水是古淮河的一条重要支流，也是受黄泛影响和变迁最大的河流之一。据《水经注》记载，古濉水发源于陈留县西蒗荡渠，而后向东流经今杞县、睢县、宁陵、商丘、夏邑、永城、宿县、睢宁，又东南流至今宿迁县小河口入泗水。后濉水又于宿迁西境分水东南流至白洋河口入泗，上距小河口二十许里，濉河小变。隋开通济渠，自商丘引汴河入濉河，又别濉东南流行蕲水故道，亦名汴河。汴河东南流经今永城县城南、宿县、灵璧、泗县三城，自今泗城南合潼水，又傍行淮水之左，屈曲至旧泗州两城间入淮，谓之西汴河。唐宋时期引黄济运，导致古蒗荡渠淤废，濉水上源也随之淤平。据《宋史·河渠志》记载，濉水已无正源。明弘治以后，河患日亟，分河入濉，濉水竟成为黄河主流。明万历中，河决黄堌，亦夺淮河，濉河全部湮淤，仅睢溪口至孟山湖略存故迹。明天启、崇祯年间，濉水改道南移，由孟山湖出孟山南而东流，行于今睢宁南界，又经大李集北，又东流入今宿迁南境，又东流汇入祠堂湖，又东入泗。今找沟集西一部分之龙河和集东一部分之林子河，即其故道，实为濉水之大变。清顺治年间，宿迁、睢宁河决、小河淤为陆。今大李集上下之濉河亦淤。清康熙中，濉水又改道南移，自孟山湖出，东南流入今泗县，又东南至谢家沟口。濉水自此折而东北流，由归仁、安仁、利仁三闸东南流，同下安河入洪泽湖，濉水再变。雍正中河决朱家海，归仁堤闸均坏。乾隆濉水有壅阻之患。清乾隆四十四年（1779年），濬谢家沟及汴河；四十七年，挑谢家沟及汴河尾，谢家沟、汴河遂成通途，即今日形势，濉水三变。

（五）西淝河

西淝河是淮河北岸支流之一，位于颍河与涡河之间，古代称夏淝水。由于历史上受黄河南泛的影响，西淝河上游河道变迁较大。《水经注》曰："夏淝水上承沙水于城父县，右出，东南流迳城父县故城南。夏淝水东流为高陂，……夏淝水东流，左合鸡水，……乱流东注，俱入于淮。"到元代以后，沙水逐渐淤废。到了近代，西淝河上源称清水河，发源于河南省鹿邑县西北安平集温渡口，自西北向东南流，经亳县、太和、涡阳、利辛、颍上五县，于凤台县峡山口下游许郢孜与东冈之间入淮。

西淝河入淮口几经变迁，据光绪《凤台县志》记载，"西淝河原从毛集北东南流，经董峰湖行致峡山口以上4km多的石家湾村入淮。明万历二年（1574年）寿州知州郑琉曾凿新河由峡石外入淮。以后老河口逐渐淤塞，西淝河行至蒋嘴子北折，由峡山口下游汇入淮河。"

（六）芡河

芡河即古沙水，其上游自扶沟至百尺沟，又自百尺沟至城父，故迹久埋，城父寨以下之芡河，即古沙水所经之道。昔日芡河屡黄河水，故俗称小黄河。今芡河上通亳县城父寨南之漳河，漳河东通涡河，西通西淝河。芡河自城父寨东南流，右岸有青油湖，旧芡河出也。芡河又东南流，经涡阳县南，又经蒙城县南，又东南至荆山南麓东流入淮。芡河流长二百五十余里，介于西淝河与涡河之间，上游多沟渠与淝、涡通。

（七）北淝河

北淝河，古名北肥水。《水经注》曰："北肥水出山桑县西北泽薮，经山桑县故城南，又东积而为陂，谓之瑕陂。"今陂迹无存。北淝河又东南流，经怀远县北，河势展宽为十里长湾，又转东流与四方湖毗连。北淝河又东流，经苏家集北，又经梅家桥北，又东积为小湖。又经八连集北，又东流，北岸有虹沟口通涣。北淝河又东南屈入于淮河。北淝河在涡河之北略与涡河平行而接近，流长四百余里。上游高于下游，下游乃较低于淮河，淝涨即苦泛滥，淮涨又虞内灌，淝、淮往往同涨，灾情极重。

（八）泗河

泗河，古名泗水，是淮河下游最大的支流，亦是一条比较古老的河流。最早它是直接入海的。《山海经》曰："泗水出鲁东北，而南，西南过湖陵县西，而东南注东海，入淮阴北。"此时，泗水河道深阔，尾闾通畅，沂、沭、濉、汴是泗水的支流。

该河虽仅长500余km，却因是古黄河和京杭大运河的一段而闻名遐迩。《山海经》载有"泗水出鲁东北，……而东南注东海，入淮阴北"和"淮水出余山，……入海，淮浦北"。上述记载表明，在全新世高海面时期，泗水和淮水同注今淮阴北面的东海，此时泗水和淮水的关系不得而知。随着全新世高海面下降，海岸线后退，黄河三角洲向前发展，淮阴北面海面出露成为陆地，同时也出现泗水和淮水合注入海的局面。因淮水源远流长，后人遂视淮水为主干，泗水为枝津。如此，才有《尚书·禹贡》中，"导淮自桐柏东会于泗、沂、东入于海"一说。

古泗水源自泗水县东，在鲁县（今曲阜）分出古洙水后南流，经高平（今鱼台北）、沛县至徐州纳古汴水，至下邳（今邳县南）纳沂水，至宿预城（今宿迁北）纳濉水，南至角城（今淮阴西）入淮。此时，泗水河道宽阔，尾闾畅通。

春秋后期，位于江南的吴国国力日盛，吴王夫差欲争霸中原，遂于公元前486年在扬州附近邗城开挖邗沟。据《左传·哀公九年》载，"秋，吴城邗，沟通江淮"。对此，晋杜预注释，"于邗江筑城穿沟，东北通射阳湖，西北至末口入淮，通粮道也。今广陵韩江是也。"邗沟开凿成功后，吴国舟师可以从长江入邗沟，由邗沟入淮水，再沿着淮水支流泗水、沂水到达齐国边境。吴国在打败齐国后，又欲与晋国会盟黄池，于是，吴王夫差又于公元前482年在今山东鱼台和定陶之间开挖了一条运河，即"通于商鲁之间的菏河"。菏河开成后，夫差当年就循邗沟，入泗，由泗入菏，再由菏入济，到达济水岸边的黄池（今河南封丘县南）与晋定公会盟，并被尊为"盟主"，满足了夫差争霸中原的愿望。菏水的开凿，首次将江淮流域与中原联系起来，菏水也因此成为中原地区东西往来的主要航道，泗水亦成为该航道的骨干。

黄河大举侵淮，泗水（泗河）首当其冲是最早受到侵夺的河流之一。黄河首次大举侵淮发生在西汉文帝初元十二年（公元前168年）十二月。是年河决酸枣，东溃金堤，"河溢通泗"，洪水向东南流，顺着泗水，南流入淮，由淮入海。汉武帝元光三年（公元前132年）五月，"夏、河决瓠子，东南注巨野，通于淮泗"。宋高宗建炎二年（1128年），东京留守"杜充决黄河，自泗入淮，以阻金兵"。金世宗大定二十年（1180年），河决卫州及延津京东埽，弥漫至于归德府，黄河下游分为三股。……三股都注入泗水，再由泗入淮。……总之，在黄河长达700余年的侵淮、夺淮期间，主要形成了五条泛道，即泗水泛道、古汴水泛道、涡河泛道、濉河泛道和颍河泛道，其中的泗水泛道、古汴水泛道和濉水泛道都是经过泗河再入淮河的。由于黄河长期侵淮、夺淮，使泗河河道发生了巨大的变化：徐州以下泗水河道作为黄河夺泗河道，全部埋废而消失；徐州至济宁的泗河中段，形成南四湖，济宁以上泗河上源仅存山东鲁桥以上河段。

（九）沂河

沂河，古称沂水《尚书·禹贡》载，"导淮自桐柏，东会于泗、沂，东入于海"。此时，沂水直接入淮。《汉书·地理志》载，"沂水出盖，南至下邳入泗"。沂水入泗不入淮。《水经》和《水经注》皆认为沂水于"下邳西，南入于泗"。作者查阅地图，发现在临沂市南彭道口闸附近沂水分为东西两支，西支西至下邳西入于泗水；东支南经今骆马湖入淮河（今黄河故道）。由此可见，《尚书》成书时期，沂水东支水盛入于淮。到了《汉书》成书时，西支转强，东支势弱，沂水转而入泗。在黄河夺泗入淮之前，沂河是泗水的支流。明万历年间，黄河下游两岸堤防形成后，沂水不能再入黄河（泗水），遂改道入骆马湖。清康熙初年，开凿六塘河，向东穿盐河至灌河入海。清咸丰五年（1855年）黄河北徙后，六塘河则成为沂河的入海通道，沂水也就脱离泗水独立入海。

（十）沭河

沭河，古称沭水，《汉书·地理志》云，"沭水出东莞，南至下邳入泗"（东莞今山东沂水县）。《水经》云，"沭水出琅玡东莞县西北山，东南过莒县东，又南过阳都县东入于沂"。《水经注》则云，"……沭水自阳都县又南会武阳沟水，又南迳东海郡即丘县，又东迳东海厚丘县分为二渎：旧渎自厚丘西南出，南入淮阳宿预县注泗水。《地理志》所谓至下邳注泗者也。《经》言于阳都入沂，非也。沭水左渎自大堰水断，故渎东南出，桑堰水注之，水出襄贲县。沭渎又南，左合横沟水，又迳司吾县故城西，又西南至宿预注泗水也"。自汉至南北朝，沭水出马陵断麓后，西泛沂水，并在古厚丘县（今厚丘镇）分为两支：向西南一支至宿预（今宿迁东南）入于泗；向东一支东南流，合桐水至朐县（今东海县）注入游水入海。北魏孝明帝正光中（520—525年）齐王肖宝寅镇徐州（治所今宿迁县）时，为避免沂、沭相泛，在建陵山下沭河上修建大坝遏沭水西流，并开新渠引沭水东南流与涟水合流，经海州入黄海；沭水入泗西支逐渐变为枯渎。明正德年间（1506—1521年）郯城县令黄琮为筑城取石拆毁禹王台，使障沭大堰毁坏，致使沭水又开始西泛，并挟白马河、黑河合沂河直趋骆马湖，使邳州直河口一带成为黄、运、沂、沭混流场所。直到清康熙二十九年（1690年），为防止沭河侵沂，有害运道，又在郯城禹王台旧址建竹络坝，障沭水西出，使沭水东流入蔷薇河到临洪口入海。从此，沭水西支断流，并脱离泗水主干而成为独立入海的河流。

第三节　淮河干流（中游段）分流与泗州城的演化

泗州城位于江苏省盱眙县境内淮河北岸、明祖陵南面的泗州城，早在清康熙十九年（1680年）就沉入洪泽湖湖底。史载，清康熙十九年夏秋之交，泗州一带连降70多天的大暴雨，洪泽湖水位猛涨，堤坝溃决，滚滚洪水铺天盖地而来，翻越城墙进入城中。顷刻间，只见鱼跃屋上，舟行树梢，繁华的泗州城池成为一片汪洋。位于该城北面高阜之处的明祖陵也未能幸免，也同时没入湖中。泗州城虽然离开了人们的视野，沉埋水下已有330余年，但它近千年的辉煌历史一直为世人所传颂。人们在感叹人世之沧桑的同时，也激起了对自然界的敬畏之心。泗州城，你在哪里？

一、泗州城在历史上曾有 3 座

州是唐、宋时期的一级行政区，相当于现在的专区或地级市，州下辖数个县，州府驻地称为州治，俗称州城。历史上泗州城就有 3 个。

（1）泗州最早是北周末（约 578 年）改安州而设置，治所在宿豫（今江苏省宿迁市东南）。唐高祖武德四年（622 年）又置泗州，领宿豫、徐城和淮阳三县，治所仍在宿豫，故宿豫就是第一个泗州城。该城早已埋废，其遗址也无从查考。

（2）繁华四百载（736—1127 年）的泗州城原是临淮县治。隋大业元年（605 年），隋炀帝开凿的通济渠（又称御河，后世又称作汴河或汴水）西接黄河，东南至临淮县入淮河。贯通淮河流域的通济渠和山阳渎北接黄河，南连长江，成为南北水运的交通要道。随着江南运河的开凿和通航，一条以洛阳为中心，北通涿郡，西连长安，南至余杭的南北大运河全线贯通。它沟通了海河、黄河、淮河、长江和钱塘江等五大水系，连接了当时全国主要的政治和经济中心，成为中国南北向的交通大动脉。位于汴河和淮河汇合处的临淮就成为南北交通的咽喉要道，其政治、经济和军事地位均十分重要。于是，唐玄宗开元二十三年（736 年）就将泗州的州城从宿豫迁至临淮县治。该县治所也就成了泗州的州城，即第二个泗州城，我们称之为（北）泗州城。临淮县本汉代徐县地，唐武后长安四年（704 年）分徐城南界两乡于沙塾村置临淮县，其治南临淮水，西枕汴河。位于淮河和汴河汇合处的泗州城，因具有南临淮河、西枕汴河的优越的地理位置，故很快就成为"中原咽喉"和"水陆都会"。由于隋朝早亡，天下大乱，其优势未能显现。自唐代初年，尤其是"安史之乱"之后，直至北宋末年，泗州城作为"南北襟要"和"中原咽喉"的优势逐渐显现，并逐步放大为"全国的漕运中心"和"水陆都会"。"安史之乱"后，唐王朝的财赋收入和都城长安的给养主要仰仗于江南和江淮一带。当时曾广泛流传"天下以江淮为国命""赋出天下，江南居十九"等说法。而来自江南的财赋则主要通过通济渠（汴河）运往京师。唐代诗人李敬方诗曰："汴水通淮利最多，生人为害亦相和，东南四十三州地，取尽脂膏是此河。"到了宋代，来自江南的皇家漕粮在此中转，泗州城又成为漕运中心，成群的船只蚁集在城下的汴河内。北宋诗人张耒诗曰："舸舰大艑来何州，翩翩五两在船头。淮边落帆汴口宿，桥下连樯南与北。南来北去何时停，春水春风相送迎。"随着航运业的空前兴旺，泗州城也益发繁荣，成为车驰马骤无间地的繁华都市。随着经济的繁荣，泗州城的文化事业亦昌盛起来，成为唐宋时期著名的佛教圣地。城中的普照王寺是当时全国五大名刹之一，著名的僧伽塔就建在该寺内。僧伽塔又名灵瑞塔，是唐中宗时国师僧伽大和尚首建，相传僧伽大和尚是观音菩萨的化身，是民间膜拜的泗州大圣。唐、宋期间，有不少达官贵人和文人墨客造访过泗州，朝拜过僧伽塔，留下了不朽的佳作和名篇，如李白的《僧伽歌》、白居易的《渡淮》《隋堤柳》、韩愈的《送僧澄观》、范仲淹的《淮上迁风》、苏轼的《僧伽塔》、王安石的《吴御使临淮感事》和张耒的《离泗州有作》等。

北宋灭亡，（北）泗州城迅速由盛转衰，直至湮灭，（北）泗州城的诞生和繁荣完全得益于通济渠的开凿，沟通了南北的航运；而通济渠又主要是靠西引黄河之水来维系航运。因黄河水含沙量大，故河床易被淤浅，致使航运受阻。唐、宋时期，为确保漕运大动脉——汴河的航运畅通，中央和地方每年都要投入大量的人力和财力来疏浚和整治河道。

北宋灭亡和金邦入主中原后，金邦与南宋以淮河中流为界，（北）泗州城划入金邦版图，即南宋诗人杨万里诗中所说的"中流以北即天涯"。北宋灭亡，漕运停止，汴河就完全失去了漕运大动脉的作用，自然也无人每年去疏浚河道，致使汴河快速淤浅，所有航运皆停止。又由于金邦对汉民族的野蛮掠夺和残酷的民族压迫，使大批北方民众，包括泗州城的商贾、民众纷纷南逃，于是盛极一时的泗州城也很快地衰落和湮没了。

（3）被洪水淹没的泗州城乃是盱眙县故县城。北宋灭亡和北泗州城沦入金邦后，泗州的治所就移至当时尚在淮河干流南面、南支北岸的盱眙县治，于是县治就升格为州城，即第三个泗州城，我们称之为（南）泗州城。与此同时，盱眙县治就移往今淮河南岸的盱眙县城。（南）泗州城虽是汉县，但远没有（北）泗州城繁华和富庶，故元至元十三年（1277年）将泗州降格为下州。

明洪武元年（1368年），明太祖推翻了元朝的统治，建立了大明王朝。不久，明太祖将祖陵建在（南）泗州城北面约13km处的高阜之上。由于明初实施了一系列有利于经济发展的休养生息政策，农业经济得到恢复和发展。此时的（南）泗州城既是州城，又有了"先祖营家泗州"的光环，在明祖陵王气的"佑护"下，经济发展尤为迅速，数十年间一个经济比较繁荣的泗州城就矗立在淮河之滨。这也是后世之人将（南）泗州城当作（北）泗州城，使二者合成一个"繁荣近千年"的泗州城的重要依据。明祖陵的王气虽然给（南）泗州城带来了空前的繁荣，但也给以后（南）泗州城遭受灭顶之灾埋下了重大的隐患。

由于（南）泗州城地处淮河之滨，地势低洼，易遭水患，特别是洪泽湖水库建成后，洪水频繁地侵袭和淹没城池。当时有人主张分泄淮河之水入长江，以解泗州水患。可是，主政者就以"祖陵王气不宜轻泄"为由，拒绝了这一正确的主张。降及清代，已无保护祖陵王气的顾虑，而漕运则显得更为重要，故未采取任何防洪措施。清康熙十九年（1680年）夏秋之交，一场灭顶之灾突然降临，顷刻间，繁荣数百年的（南）泗州城变成一片汪洋。

二、淮河干流南移使泗州城变得扑朔迷离

（一）淮河干流的南移

淮河是我国九大河流之一，古代与长江、黄河和济水齐名，并称"四渎"，是直接入海的河流。《水经》曰："淮水出南阳平氏县胎簪山，东北过桐柏山，东过江夏平春县北，又东过新息县南，又东北过期思县北，又东过原鹿县南，又东过庐江安丰县东北，又东北至九江寿春县西，又过寿春县北，又东过当塗县北，又东过钟离县北，又东北至下邳淮阴县西，泗水从西北南流注之，又东过淮阴县北，又东至广陵淮浦县入于海。"从中可见，淮河流程在洪泽湖以西与今淮河干流基本一致，没有大的变化。因此，诸多学者皆认为，淮河干流自形成以后就没有多大的变化。其实不然，据曹厚增（1987）研究，自晚更新世以来，由于黄河的经常溃决和频繁改道，黄河泥沙的不断地南侵，不仅将淮河北岸的支流和湖泊逐渐填塞、淤没或迫使其改道；而且，还使"淮河干流自南照集以下至五河一段的河道几乎平均向南迁移了大约30～40km"。淮河干流在五河以下的河道有没有发生过什么变化呢？古代典籍和现代的著作中均没有明确的记载。据研究，淮河在五河以下的河段

也南移了数十公里。比较《水经》和《水经注》中此段淮河流程的差异，就可以看出，淮河干流先是歧分出南支，而后是南支逐步取代老干流而成为新干流。《水经注》上，淮河干流所流经的 10 个县均为汉县（即两汉时期所设置的县），但却没有同为汉县的盱眙县，应该不是遗漏或省略。而《水经注》在淮水"又过钟离县北"条目下，郦注曰："淮水又东历客山，迳盱眙县故城南，又迳广陵淮阳县城南，城北临泗水，……"以上所述可以看出，在《水经》成书时（东汉），淮水在东过钟离县北后就朝东北方向直达淮阴县西，并未经过盱眙县。而在《水经注》成书时（北魏），淮河是"经过盱眙县故城南"的。通过对《水经》和《水经注》中淮河流程的比较、分析，我们可以推断，大约在南北朝时期，淮河干流在五河附近歧分出南支，即淮河在五河以下就分为主干道（北支）和南支两条河流。

发生在梁天监十五年四月的浮山堰崩塌就是淮河决口分流的直接原因。梁武帝欲以水代兵，"求堰淮水以灌寿阳，遂于梁天监十四年（515 年），役人及兵士二十万，于钟离南起浮山，北抵巉石；十五年（526 年）四月堰成，其长七里。……至其秋，淮水暴涨，堰坏，奔流于海，杀数万人，其声如雷，闻三百里。"浮山堰崩塌后，从决口处决出一分流。自此，淮河形成北、南两支，原淮河干流仍为主支，称为北支；新分出的南支，始为支流，后逐步演化成今日之淮河干流。

老淮河干流的流程与《水经》中淮水的流程一致；南支，后来演化成干流，其流程为《水经注》中淮水的流程，即"东历客山，迳盱眙县故城南，又迳广陵淮阳城南，城北临泗水"，大约沿着今日淮河的流程（即今日的花园—盱眙—老子山一线）横穿洪泽凹陷（注：当时洪泽湖大水面尚未形成）。两支淮河出洪泽凹陷后是合二为一呢，还是继续分道扬镳各自流向大海呢？本文不作讨论。

后因黄河不断决口泛滥，泥沙外溢，而淮河干流首当其冲，接纳了大量来自黄河的泥沙，致使河床不断淤浅，河水下泄受阻，于是就出现干流水量不断减少和南支水量不断增加的现象。由于唐初至北宋末年，汴河和淮河干流一直是南、北漕运的大动脉，为保证漕运畅通，历代王朝每年都对河道进行疏浚和整治，所以，直到北宋灭亡时，淮河干流（北支）水量仍然超过南支。南宋建炎二年（1128 年），东京留守杜充为阻金兵南进掘开了黄河大堤，揭开了黄河长期夺泗入淮的序幕。之后，黄河在淮北平原上恣意泛滥和频繁改道，将大量泥沙携入淮河。金邦入主中原后，通济渠（汴河）和淮河干流因失去了南、北漕运大动脉的功能而年久失修，从而导致汴河和淮河干流进一步淤浅，河水宣泄不畅，乃至断流。反之，南支水量却在逐步增加，并进而取代了淮河原干流的地位，而成为淮河的新干流，即今日之淮河干流。五河以下的老干流演化为窑河，后逐渐淤废，今日双沟附近河道很可能就是由淮河原干流故道经过人工整治而形成的，其下游河道已没入洪泽湖中。在现代洪泽湖水下地形图上，还可以明显地看到，在距离临淮头南面不远处的洪泽湖水下有一条东西向延伸、横贯洪泽湖的河槽，它就是昔日淮河干流的故道（图 2-11）。

淮河干流在五河以下歧分为干流和南支是发生在南北朝时期，当时正值"五胡乱华"，中原大乱，连《水经注》作者郦道元都惨遭杀害，还有谁来关注淮河多出了一个分支呢！至于"南支"逐步取代淮河原干道成为淮河主干道，又是发生金、元时期，由于外族入主中原，汉族衣冠纷纷逃亡江南，发生在洪泽凹陷内此段淮河主、支干道的变化，自然也无人过问。何况蒙古族乃是游牧民族对此类事更是不屑一顾。至于后世著书人对此事件亦是闻所未闻，所以有关史书、典籍中的淮河还是亘古以来的淮河，似乎没有发生过任何变化。

（二）泗州城的演化

由于淮河干流的南移和泗州州治的南迁，造成了历史上在淮河北岸先后出现了两座同样南临淮河的泗州城。前文已述及（北）泗州城是南临淮河，西枕汴河。北宋灭亡后，泗州州治迁至原在淮河南岸的盱眙原县城，该城就成新的泗州城，即（南）泗州城。不久，因淮河干流移至原盱眙县治（南泗州城）之南，故（南）泗州城亦是南临淮河。这样就出现了二个南临淮河的泗州城。尽管长期以来，甚至数百年来，在有关文人学者的脑海和著作中，只有一个泗州城，那就是位于盱眙县境内、淮河北岸、明祖陵南面的泗州城；就是那个"享誉近千年"，在清康熙十九年没入洪泽湖的泗州城。其实，只要冷静思考一下，就可以看出这两个泗州城不是同一个泗州城。

1. 两个泗州城的地理位置和形胜不同

唐宋时期泗州城的位置，史书上记载得很明确，就是南临淮水，西枕汴河。除了史书上记载的外，唐、宋时期文人墨客在有关泗州城的诗词歌赋中也频频出现汴河，如苏轼《泗州僧伽塔》中的"我昔南行舟蔡汴"，宋张耒的"淮边落帆汴口宿"，《宋史·河渠三》载："昨疏濬汴河自南京至泗州，概深三尺至五尺"，等等。而今盱眙县境内，已沉没在洪泽湖内的故泗州城西面并没有一条通往南京（今开封）的汴河。泗州城西边的汴河不是可有可无的，如果没有，那该泗州城就不是唐宋时期的泗州城。因为汴河对于泗州城是至关重要的，没有汴河就没有"水陆都会"和"漕运中心""繁华近千年"的泗州城。《宋史》曰："唯汴水横亘中国，首承大河，漕引江、湖，利尽南海，半天下之财赋，并山泽之百货，悉由此路而进。"又曰："汴河乃建国之本，非可与区区沟洫水利同言也。"没有汴河，泗州城也就没有"中原咽喉"和"南北禦要"的形胜。而正在发掘的泗州城是位于淮河北岸的狭长地带，西边没有大的河流，北面是低岗、丘垅，根本不具备"中原咽喉"和"南北禦要"的形胜。所以说，该泗州城不是唐、宋时期的泗州城，而是北宋灭亡后，由原盱眙县治升格而成的泗州城。

2. 史书、典籍中也有（南）泗州城原是盱眙县治的记载

例如，我国著名典籍《水经注·淮水》曰："淮水又东历客山，迳盱眙县故城南，……"《元丰九域志》（光绪八年刻本）载有"泗州，临淮郡，军事，治盱眙县"，它说明了南宋以后泗州的州城就是盱眙县县治。清末杨守敬绘制的《水经注图》古盱眙位于淮水北岸客山附近。

以上足以证明，被洪水淹没的泗州城不是唐、宋时期的泗州城，而是由盱眙县治升格而成的泗州城。因此，在此泗州城的废墟中是寻觅不到僧伽塔的。

由于金、元时期淮河干流南移，即主泓道由北支移到南支，北支渐淤废，使原在淮河南面的（南）泗州城也变成了南临淮河。南、北两座泗州城均位于淮河北岸且二者相距甚近，何况（北）泗州城早已湮没了，所以后世之人就认定只有一个泗州城，并把（北）泗州城的光环统统戴到（南）泗州城头上，称之为"享誉近千年"的名城。但是，后世的文人、学者不知是有意识还是无意识地忽略了泗州城不仅是南临淮水，而且还西枕汴河，西

边没有汴河的泗州城只能是古盱眙县县城。

　　位于盱眙县境内的泗州城已经沉没洪泽湖水下 330 余年。那么，唐宋时期的泗州城今在何处？经研究和探索，该城随着北宋灭亡和汴河及淮河原干流的淤没而很快地衰落，进而销声匿迹了。据推断，它应湮没在原淮河干流和汴河交会处的泗洪县南部陈圩乡临淮头一带，它的一部分很可能已没入洪泽湖中。另一部分则掩埋在黄河的泥沙之下，仅有高耸土城墙还突兀在地面，当地人称之为城头山，即现在城头林柴场所在地。

参 考 文 献

［1］ 司马迁. 史记·殷本纪. 长沙：岳麓书社，1988.
［2］ 黄志强，等. 江苏北部沂沭河流域湖泊演变的研究. 徐州：中国矿业大学出版社，1990：32.
［3］ 施雅风，赵希陶. 中国气候与海面变化及其趋势和影响：中国海面变化. 济南：山东科学技术出版社，1996：98.
［4］ 徐近之. 淮北平原与淮河中游的地文. 地理学报，1953，19（2）：79－109.
［5］ 陆玖，译注. 吕氏春秋：有始览. 北京：中华书局，2011.
［6］ 刘歆，译注. 山海经：岷三江. 北京：北京燕山出版社，2001.
［7］ 中国古典名著译注丛书——尚书·禹贡. 广州：广州出版社，2001.
［8］ 班固. 汉书·地理志. 上海：中华书局，2000.
［9］ 郦道元. 水经注. 上海：商务印书馆，1958.
［10］《中国水利史典》编委会. 中国水利史典：淮河卷一. 北京：中国水利水电出版社，2015.
［11］ 水利部治淮委员会《淮河水利简史》编写组. 淮河水利简史. 北京：水利电力出版社，1990.
［12］ 淮河流域地理与导淮问题. 南京：南京钟山书局，1933.
［13］ 曹厚增. 试论黄淮平原形成和淮河水系演变（未刊稿），1987.
［14］ 陈寿. 三国志·邓艾传. 长沙：岳麓书社，1990.

第三章

沟通大江南北水运网的金纽带——人工运河

第一节　先秦时期的人工运河

一、原始的天然河流航运

众所周知，水面上的船舶运输要比陆地的车辆运输既经济又省力。"一苇之航"，只要水力许可，就能随水道所至而达到其沿岸各处。

我国是世界上开展水运最早的国家之一。相传，早在新石器时期，我国先民们为了渔猎方便，用石斧、石刀"刳木为舟"。大禹在治水时，常年奔波不息，"陆行乘车，水行乘船，泥行乘撬……"[1]，以船（舟）为交通工具。商代甲骨文中屡有"舟"字出现，就是明证（图3-1）。到了商代开始出现了水上运输业，最早见于历史记载的是殷盘庚涉河迁都，武丁入河。《诗经·国风·河广》曰："谁谓河广，一苇杭（航）之。"可见当时水运已有一定的规模。

图3-1　有"舟"字的卜骨（选自《中国水利史稿》）

到了商末、西周初年，随着生产力的发展，经济的繁荣和人口的增多，水运规模又进一步增大。传说周武王伐纣时，曾率五万名士兵、三百乘战车在孟津横渡黄河。不过，此时期，诸侯国间的争战，主要还是在陆地上进行，水上运输也仅局限在天然河道上，著名的"泛舟之役"，就是一次大规模的水上运输。此次运粮大战，是将秦国援助晋国的大批粮食，从秦国都城雍（今陕西凤翔南）经过渭河、黄河、汾水，水运到晋国都城绛（今山西翼城东）[2]。此时，这段水路上的船只络绎不绝，声势浩大。可见，当时水运规模之大。而同为世界文明古国的埃及直到 1869 年才开凿了第一条运河——苏伊士运河，其长度仅173km，比我国京杭运河晚了 576 年，长度少了 1827km（表 3-1）。

表 3-1　　　　　　　　　　　世 界 著 名 运 河

运　河　名　称	所在国家	长度/km	建成年份
京杭运河	中国	2000 余	1293
伊利运河	美国	585	1825
多特蒙德—埃姆斯运河	联邦德国	269	1899
南运河	法国	240	1681
波罗的海—白海运河	苏联	227	1933
苏伊士运河	埃及	173	1869
阿伯尔运河	比利时	130	1939
伏尔加河—顿河列宁运河	苏联	101	1952
基尔运河	联邦德国	98.6	1895
约塔运河	瑞典	87	1832
巴拿马运河	巴拿马	81.3	1914
曼彻斯特运河	英国	58	1894
韦兰运河	加拿大	44.4	1932
科林斯运河	希腊	6.3	1893

注　资料来源于《京杭运河治理与开发》（邹宝山等，1990）。

二、人工运河应运而生

到了东周时期，诸侯间的兼并战争愈演愈烈，并先后出现了"春秋五霸"和"战国七雄"的局面。随着战争规模的扩大，战线的延长，所需要的兵员和物资亦相应增加，仅靠天然河道运输已不能满足战争的需要。因此，用人工开挖的渠道来运输战争物资以弥补天然河道的不足，已是大势所趋。于是，我国历史记载中，最早的一条运河应运而生。

该运河为战国时期徐偃王所开，史载"偃王治国，仁义著闻，欲舟行上国，乃通沟陈蔡之间"[3]。当时，陈国的国都在今河南淮阳县，位于古沙水北岸，蔡国的国都在今河南上蔡县，位于古汝水东岸，当时两地之间没有水路相通，故徐偃王在陈、蔡之间开挖我国最早的一条运河，后世称之为陈蔡运河（图 3-2）。由于先前开挖的人工渠道主要是用于引水灌溉，既浅又窄，难于行舟。而之后为运输兵员和军事物资所开挖的渠道较前者既宽又深，利于行舟。为了将两者区分开来，后者取名为"运河"。繁体字"運"字，是船上满载着军士和战车。

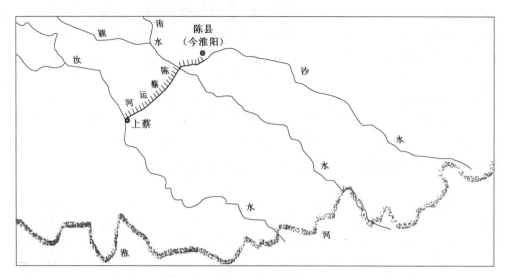

图 3-2　陈蔡运河示意图（选自《京杭大运河时空演变》）

由于我国地势是西部高耸、东部低下，著名的大江、大河都是由西向东流入大海，如长江、黄河、淮河等。它们的河道近乎平行地自西向东流入大海，其间并没有水道连通。淮河位于长江和黄河之间，广阔的黄淮平原是中华民族的发祥地，又是我国古代经济最发达的地区，当然成为诸侯逐鹿之场所。由于缺乏联系长江与淮河间的南北向水道，严重地制约了黄淮地区经济和社会的发展。出于春秋战国时期诸侯国经济发展、政治改革和军事争夺的需要，开凿连通黄河和长江两大水系的大运河，已是形势所需。果不其然，春秋后期，吴王夫差筑邗沟和荷水，魏惠王开凿鸿沟，"自是之后，荥阳下引河东南为鸿沟，以通宋、郑、陈、蔡、曹、卫，与济、汝、淮、泗会。于楚，西方则通渠汉水、云梦之野，东方则通〔邗〕沟江淮之间……"[1]邗沟和鸿沟起到沟通江、淮和黄、淮两大水系的纽带作用，成为当时全国航运干线上的重要环节和纽带。

第二节　人工运河的开凿

一、邗沟的开凿

开凿邗沟的最初动机是吴王夫差在打败楚、越两国后，欲北上与齐、晋两国争霸。因陆上没有水路直通，只能从太湖尾闾笠泽入海，然后沿海岸北上，从淮河入海口进入淮水，抵齐、晋两国。这条水路不仅路途遥远，而且要经过风大浪高的大海，风险很大，而且是将在内河航行的船只，充当海运，更是凶险无比。为了便捷、安全地北上争霸，吴王夫差在公元前486年开始修建由大江直达淮河的运河（即邗沟）。

《左传》上有"秋、吴城邗，沟通江淮"的记载。晋杜预注："于邗江筑城穿沟，东北通射阳湖，西北至末口入淮，通粮道也，今广陵韩江是也。"由于该水道起自邗城城下，故名邗沟，又名韩江、韩溟江。《水经注》中称之为中渎水。邗沟流经路线大体上是引长江水经邗城城下向北，经武广、陆阳两湖之间（两湖在今高邮西南1.5km），入樊良湖（今高邮北 10km），折向东北入博芝、射阳二湖，又折向西北，出夹邪湖（今宝应县之北、淮安县之南）至山阳（今淮安县北）入淮河。邗沟并非是在平地上开挖，而是利用了江、淮之间的地势和湖泊、沼泽密布的自然条件，通过开挖人工渠道，巧妙地将它们串通而成的。因而，运道大部分是从湖荡中穿过，故迂回曲折并向东绕了一个大弯（图 3-3）。邗沟初开时，虽不甚理想，渠水亦不深广，大型战舰通过尚有困难，但在当时的技术条件下，仅用了很短的时间就开凿了沟通江、淮航运的这一伟大工程，充分显示了中国古代劳动人民的聪明才智。东汉建安二年至五年（197—200 年），东汉广陵太守陈登，鉴于"淮湖纤远，水陆异路，山阳不通"，乃"穿沟，更凿马濑百里，渡湖"[3]，即从樊良湖北凿沟入津湖（今宝应县治南），再从津湖北凿渠百里通白马湖，北至山阳末口入淮。经过这次的截弯取直，邗沟变成近乎南北向的直线，航程大大缩短，经济价值更加显著。这条新道历史上称为邗沟西道，而吴王夫差所开凿的邗沟称为邗沟东道。东晋兴宁年间（363—365 年），"复以津湖多风，又自湖之南口，沿东岸二十里，穿渠入北口，自后行者不复由湖。"经过这次穿渠以后，邗沟西道中段全部改为人工渠道，不再穿津湖而过，航运也就比较安全和方便了。邗沟后来又经过隋代的系统整治，基本上形成了元、明、清时代，江、淮间的京杭大运河河线，今称之为里运河（图 3-3）。

如果吴王夫差开凿邗沟的目的，仅仅是为了伐齐，那么，邗沟入淮以后，再由泗水而上，经过鲁国，就可以到达齐国。可是，他还有一个更重要目的是抵达和晋侯会盟的黄池。黄池在今河南省封丘县南，当时正位于济水岸上。可巧在泗水和济水之间当时是一片沼泽区，其中有著名大野泽和雷泽、菏泽，正是开凿运河的好地方。于是夫差就在泗水与济水之间又开凿了一条水道，即《国语·吴语》所说的，"阙为深沟，通于商鲁之间，北属之沂，西属之济，以会晋公午于黄池"。此沟后世称之为菏水。济水乃是黄河一条分流，菏水开凿后，从长江北岸的邗城，循邗沟北上，至沫口入淮，再由淮入泗，经菏水，到济水，最后入黄河，从而沟通了长江和黄河两大水系。位于菏水与济水分流之处的陶（今定陶），东可通齐、鲁，西可通秦、晋，南可通吴、楚，北可通燕、代，而成为当时"天下之中"的大都市（图 3-4）。

二、鸿沟的开凿

鸿沟又名狼汤渠、蒗荡渠，又有浚仪渠和渠水之称，更有汴水之名。

鸿沟位于战国时期的魏国。战国时期早期的魏国地跨黄河南北，是当时的强国，但国都却远在西北边陲的安邑，而且紧靠强秦。为了保障国都的安全和进一步拓展疆域，进而逐鹿中原，魏惠成王于公元前 362 年将国都由安邑（今山西省夏县西北）迁至大梁（今河南省开封市）。迁都后第二年（公元前 361 年），魏惠成王就着手开凿鸿沟，先"入河水于甫田，又为大沟而引甫水者"（《水经·渠水注》转引《竹书纪年》），即先将黄河水引入圃田泽。圃田泽是古代一著名大泽（湖、水库），该泽"东北（西）四十许里，南北二十许里，周围三百余里，中有沙岗，上下二十四浦津流经通，渊潭相接。……水盛则北注，渠溢则南播"。大沟即鸿沟也。鸿沟另一水源为十字沟，该沟自酸枣受河，导自濮渎，历酸枣经阳武县南出，而注入大沟。此渎亦为魏惠成王所开。魏惠成王三十一年（公元前 340 年）又为大沟于北郛，以行圃田水，即又挖大沟，将圃田水继续向东引，延伸到大梁城

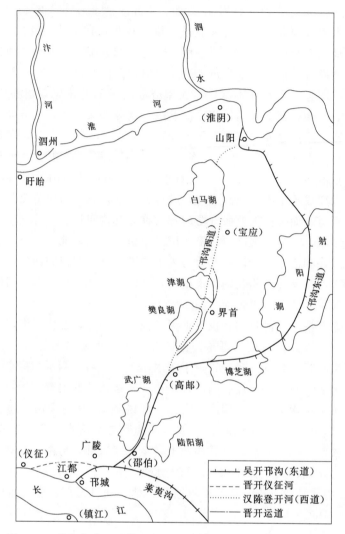

图 3-3　邗沟东道、西道示意图（选自《江苏航运史》古代部分）

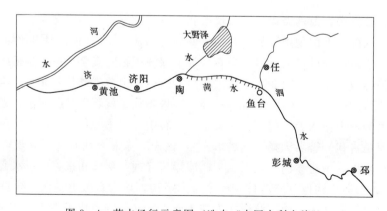

图 3-4　菏水经行示意图（选自《中国水利史稿》）

北，而后又绕过大梁城东，折而南行。上述大沟统称为鸿沟，汉代称之为蒗荡渠。鸿沟再往东流，在今开封陈留镇西北，分出睢水，至陈留县西南分出鲁沟水；再往南流至今太康县西，又分出涡水；再南流，至今睢阳县南，流入颍河。再自颍入淮，遂沟通黄河与长江两大流域[3]（图3-5）。

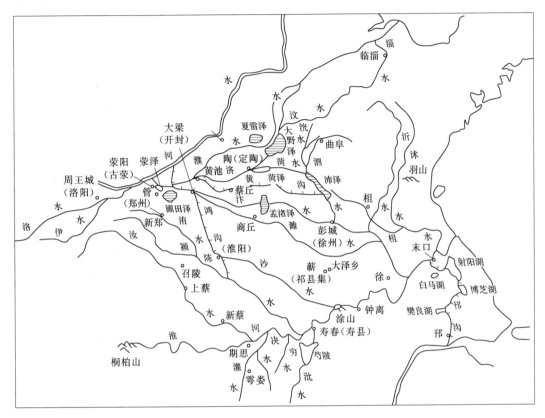

图3-5 古代鸿沟水系图

因此，司马迁在《史记》中，浓墨重彩地写道，"自是之后，荥阳下引河东南为鸿沟，以通宋、郑、陈、蔡、曹、卫，与济、汝、淮、泗会。于楚，西方则通渠汉水、云梦之野。东方则通［邗］沟江淮之间，于吴，则通渠三江、五湖。……"如此一来，鸿沟就沟通了今河南、山东、江苏和安徽等省道。也有学者认为，"鸿沟系统中的汴水、获水、睢水、鲁沟水和挞水都是早已形成的河流，只是彼此互不相通，开凿者斟酌形势，设法沟通，使其成为一个系统"。此观点也不无道理，只是没有人去考究。

鸿沟的开凿对魏国的经济、军事的发展起了重要作用。作为当时强国的魏国是"卒成四方，守亭障者参列，粟粮漕庾，不下十万"，其中这十万军粮就是通过鸿沟系统运输的。那么为何自战国后期至秦、西汉早期名噪一时的鸿沟，到西汉中期以后却很少出现在史书、典籍中。有的学者认为，其原因有三。

其一，是政治和军事格局发生巨变。鸿沟开凿以后成为沟通黄河和长江两大水运系统的重要环节，其经济、政治和军事价值凸现。可是，不久中原地区的政治格局发生了巨大的变化，先是秦灭魏国，继而秦帝国为农民起义军所灭，接着楚汉相争，以鸿沟为界分治，再后来西汉灭楚一统中国。诸侯王国间兼并战争结束，大量的军需物资运输亦相应停止，运河的运输量大为减少。致使鸿沟作为联系黄河和长江两大水系重要环节（纽带）的功能大减，并逐步为更加便捷的汴渠所取代。此时，鸿沟虽仍在通航，但已沦为承担短途运输的地方性运河。汴渠又称汳水，汳水是济水向东南入泗水的一支分流。汴渠和鸿沟同于一个口门接受黄河水补给。因该渠西北受河，东南接泗水而成为汉代，特别是东汉以后漕运的骨干水道。于是鸿沟的作用和地位大降。

其二，漕运数量大减。汉代初期，朝廷倡导黄老之治，奉行与人民休养生息政策，免蠲天下田租，加上连年战乱，关中地区人口大减，故关中每年需要输入的粮食和物资大为减少。其次，改革封君俸禄的发放制度，规定"租税之入，自天子以至封君，汤沐邑皆各为私奉焉，不领于天子之经费"。这就是说，各地封君的俸禄就地解决，不再由中央政府发放，这样就大大地减少租税的往返运输。"漕转山东粟，岁不过数十万石。"每年仅从山东各地调进京城几十万石粮食，与秦代相比，简直是差太多了。汉武帝时每年运到关中的漕粮多达600余万石。汉初，实行的人民休养生息政策，自高祖起一直延续到景帝，历时六七十年，史称"文景之治"。简言之，西汉初期漕运量大减是漕运萧条的主要原因之一。

其三，鸿沟渐被淤塞。由于鸿沟水源来自多沙的黄河水。一般每一两年就需疏浚一次。由于战乱无人疏浚，运输业萧条无力疏浚，故不久就渐趋断航。到了汉武帝年间，即"孝武元光中，河决于瓠子，东南注巨野，通于淮泗"。此次黄河泛滥，河水冲入鸿沟，并顺鸿沟而下，流入淮水，鸿沟遭到彻底破坏。鸿沟至此完成了它的历史使命，也渐渐地淡出了人们的视线。

鸿沟湮废后，洪水在其故道上散流，给附近民众带来深重的灾难。直到元代，工部尚书贾鲁在鸿沟故道上开挖、疏浚、整修，形成一条新河，为感激贾鲁修河功绩，将此河命名为贾鲁河。因贾鲁河地处鸿沟故道上，后人视其为鸿沟的后身。

贾鲁河现为颍河左岸的主要支流，全长 255.8km，流域面积 5896km²。现源头位于河南省新密市，流经市区、中牟县、开封县、尉氏县、扶沟县、西华县于周口市注入颍河。

三、汴渠的开凿

汴渠又称汴水，又名汳水，是济水向东南入泗水的一个分支。东汉以前，汴水或汴渠之名乃至"汴"字都不见于典籍。"汴水"之名最早是出现在《后汉书》，北宋张洎说它就是泌水，泌又音汳，即"汴"字。古人避"反"字，改从"汴"字。但此说未必服众。"汴渠"之名亦出现在《后汉书·循史列传王景传》中。"汴渠"是指经过王景治理后，对从黄河引水口到彭城入泗的这条包括浪荡渠和汳水的水道，统称之为汴渠。《水经注》则将汳水浚仪以上的河段叫做阴沟水，或浪荡渠和济水。王景之所以给这条水道叫"汴渠"，使它既有别于汴水或浪荡渠（它只在浚仪以上）；又有别于汳水（它只在浚渠以下）。有的学者认为"汴"字是为王景这项工程新造的一个字。

汴渠和鸿沟在荥阳同一个口门，首受黄河之水补给，又东流至开封，再东南流至徐州入泗水，再达淮水。因其西北受河，东南接泗水，流路径直，且较少迂回，故该水成为汉代，特别是东汉以后沟通中原与江淮间交通和漕运的骨干河道（图 3-6）。西汉武帝至宣帝年间，一般每年漕运关东谷四百万石至关中，其中有相当大的一部分是经过鸿沟和汴水运输的。西汉末年，特别是王莽始建国三年（公元 11 年）黄河大改道，汴水深受其害。是时，"河汴决坏""汴渠东侵，日月弥广，而水门故处皆在河中，兖豫百姓怨叹，……汴水水运亦深受其害。"于是，东汉明帝于永平十二年（公元 70 年）夏，"发卒数十万，遣王景与王吴修渠、筑堤。自荥阳东至千乘海口千余里。景乃商度地势，凿山阜，破砥绩，直截沟涧，防遏冲要，疏决壅积，十里立一水门，令更相回注，无复溃漏之患。次年夏，渠成。"经过历时一年的大规模治理，实现了"河汴分流，复其旧迹，陶丘之北，渐就壤坟"[5]，黄河顺轨，河汴畅通，一举两得的目标。经过这次治理以后，既固定了黄河河床，又可以通过汴口和渠系的水门来杀减水势，澄清浊流，使黄河洪水对淮河流域的危害得到缓解。此举既利于淮河流域的农业生产又能使黄、淮间的运道得到很大的改善。

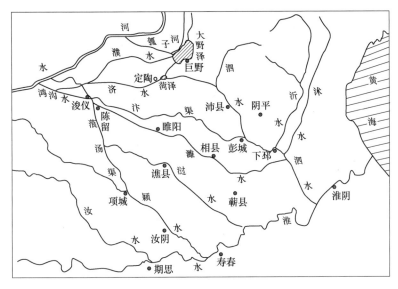

图 3-6　东汉汴渠图（选自《中国水利史稿》）

三国至西晋，黄河、淮河、长江之间主要航运交通有东、西二线：西线是出黄河，经渠水转涡、颍，浮淮，然后入肥水，再经一段陆路至巢湖，再由巢湖经濡须水达于江（图 3-7）；东线则是出黄河，经渠水至浚仪，再由浚仪循汴（汳）水或濉水入泗水，然后循泗水入淮，经邗沟入江。三国初期，东线因兵事，邗沟不能及时浚修，导致水涸，舟行不利，故水运多走西线。但是，东线还是通航的。晋武帝太康元年（280 年），王浚伐吴胜利班师时，杜预建议他走东线回都城，信中曰，"自江入淮，逾于泗、汴，自河而上，振旅还都，亦旷世一事也[3]"。永嘉之乱后，晋室南奔，中原兵连祸结，民众流离失所，大批南逃，黄淮之间运道因无人顾及，大多湮塞。南北朝时期，淮河地处南北争锋的前沿，邗沟、泗水、汴河均为交通要道，南方政权北伐，多经邗沟，溯泗水北上。东晋安帝义熙十二年（416 年），刘裕北伐，与关中的姚秦争霸，曾率舟师北上，溯汴水，由石门入黄河，对汴渠的渠首进行了开凿和维修，对汴渠的河道进行了疏浚，改善了汴渠的通行能力。刘裕班师时，又对汴渠进行疏浚，而后经汴渠回彭城（今徐州）。刘裕南归之后，北方割据势力又复起，军阀们忙于战事，无暇顾及修渠之事，故史籍上鲜有记载。北魏孝文帝迁都洛阳后曾重修过汴口石门，并在洛水侧畔开渠，还设想一旦南伐，就可以就近入洛，由洛入河，由河入汴，由汴入清（口），以至于入淮。北魏宣武帝正始年间（500—508 年），崔亮主持修浚过一次汴渠，该汴渠直到唐初仍通航。唐初，大文豪韩愈在《此时是可惜》一诗中写道"乘舟下汴水，东去趋彭城"。这句诗文就是东汉时的汴水直到唐初，仍在通航的明证。北宋末年，黄河大举侵淮、夺淮，大量洪水泥沙倾泻在淮北大地上，古汴河被泥沙淤没了。而隋唐时期的汴河（汴渠，通济渠）则南下直接入淮。

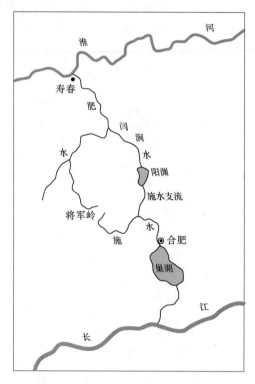

图 3-7　肥水、施水道示意图（选自《京杭大运河时空演变》）

第三节　沟通全国的水运干线

春秋战国时期，各诸侯国在其国内都开凿了一些运河和灌溉渠道。由于各诸侯国的疆域不大，又各自为政，这些运河一般比较短促，规格亦不统一，故未能充分发挥航运作用。至秦、汉，由于国家的统一，春秋末期吴国开凿的邗沟和战国时魏国开凿的鸿沟，起到了沟通江淮和河淮两大水系的巨大作用，为建立沟通全国的航运干线奠定了坚实的基础。秦汉两朝在此基础上，水运又获得了进一步的发展。

一、开凿关中漕渠，把都城同中原地区联系起来

西汉初年，张良建议定都长安，其理由是："关中左殽函，右陇蜀，沃野千里，南有巴蜀之饶，北有胡苑之利，阻三面而守，独以一面专制诸侯。诸侯安定，河渭漕輓天下，西给京师。诸侯有变，顺流而下，足以委输，此所谓金城千里，天府之国也。"[6]此建议被

采纳，西汉遂定都长安。汉武帝元光六年（公元前 129 年），大司农郑当时提出开凿漕渠的建议，汉武帝采纳了这项建议，并征发了几万民工，三年建成。渠全长三百余里，从长安县境开渠，引渭水，沿着南山（即秦岭）东下，沿途收纳灞、浐等水，经今临潼、渭南、华县、华阴和潼关，直抵黄河（图 3-8）。漕渠建成后，极大地增加了由关东至关中的漕运量。在汉初（高祖）时来自关东的漕运量每年不过数十万石，而武帝元封年间（公元前 110—公元前 105 年）漕运量竟达 600 万担。这显然是与漕渠修成有关。东汉初年，杜笃在《论都赋》中回顾了当年长安航运的盛况，"鸿渭之流，径入于河；大船万艘，转漕相过；东综沧海，西纲流沙……"[7]。所以说，畅通的河渭航道是西汉王朝的生命线，但遗憾的是，限于当时科技水平的限制未能克服过黄河三门峡砥柱的险阻。

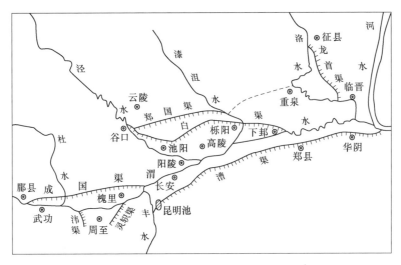

图 3-8　汉武帝时期关中水利工程分布图（选自《中国水利史稿》）

二、开凿阳渠，沟通洛阳与中原地区的航运

东汉建都洛阳。洛阳地处黄河与洛河之间，东汉建武二十四年（公元 48 年），张纯改引洛水以通漕，此渠称为阳渠。阳渠经洛阳之后，再由洛水便直入黄河，从而绕过了三门峡砥柱，沟通了洛阳与中原的水运交通（图 3-9）。

至于黄河和淮河之间的水运，早在战国时期已为鸿沟所沟通。秦汉之际，鸿沟仍是河、淮间的水运要道。即使到了西汉初期，鸿沟（时称狼汤渠）仍然通航，但联系黄河、淮河两个水系间的水运，已逐渐为汴渠所取代。汴渠西北受河，东南接泗水，是汉代，特别是东汉以后漕运的骨干水道。如此一来，秦汉时期，或从关中长安，或从洛阳，通过渭河、黄河、汴渠（或鸿沟）、泗水、淮河、长江以及江南运河，直至杭州，形成横贯东西的大运河，初步构成了全国航运干线，其总长度并不短于元代的南北大运河。

三、纵贯南北水运干线的形成和后人的质疑

由于我国古代水运交通发达，运河遍布，经后人梳理才得知，早在西晋初年，杜预开凿杨口之时，我国北起通州，南迄番禺，纵贯南北的交通干线就已全线贯通。比元代京杭

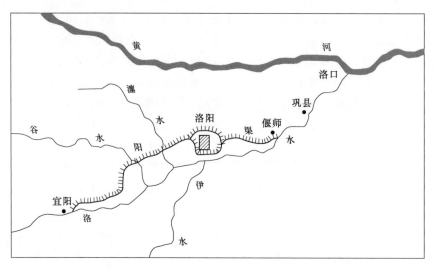

图 3-9　阳渠运河示意图（选自《京杭大运河时空演变》）

大运河早贯通了 1000 年左右。

　　这条古代的南北交通干线，北起通县，顺潞水经曹操所开的泉州渠，进入泒河，由泒河经过曹操所开的平虏渠，而到滹沱河和漳水；又由漳水经过曹操所开的利漕渠和白沟而到黄河；又由黄河进入汴渠的上游，沿狼汤渠而下，由颍水入汝水；再由汝水支流舞水（春秋时楚国所开），经过舞水与泄水间的渠道进入泄水，由泄水入淯水，由淯水入汉水；由汉水经过杜预开凿的杨口渠道入江，由江入洞庭湖，由洞庭湖入湘水，由湘水经过秦时史禄所开凿的灵渠而入漓水。由漓水入西江，直至番禺城下。这条水道的开凿始于春秋，而终于西晋初年杜预开凿扬口时，历时七八百年才联络起来，可见开凿水道之艰辛（图 3-10）。

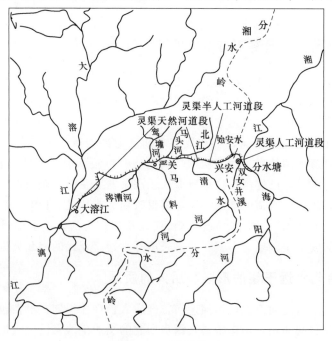

图 3-10　灵渠水源图

　　后人对此南北水运干线存在诸多的质疑，尤其是对分属两个水系的沘水和舞水、潕水是如何贯通的存在怀疑。下文就此作出解释和说明。

　　这其间，北面的汝水、舞水和潕水属淮河水系，而南面的淯水和沘水是属于沔水（汉江）水系，两水系中间横亘着伏牛山，两者是如何沟通的。清代乾隆时期著名史学家、文学家全祖望根据"《水经注》中'潕水即舞水'，'《潕水注》说潕水合沘水'，'《潕水注》说潕水亦合沘水'，'《沘水注》更说沘水合澧水以入淮。'这几条水都是淮水的支流。可是，'《沘水注》又说，沘水合堵水、潕水、潕水入于淯水。'堵水和淯水却是汉水的支流。南阳本是淮、汉二水并行的地区，它们的支流在新野（今河南新野县）、义阳（今河南信阳县）一带，已经互相有出入分合的。"这就说明江、淮未会时，淮汉已经通流了。全祖望的话是相当可信的。

　　春秋战国时期，楚人北上的路程是由今襄樊经南阳，出方城、叶县，而到中原。此路比较平坦，沘水和舞水（即潕水）、潕水正是流经这条路的附近。楚国人是善于治水操舟的，既然此条大路附近有这么几条水道，就没有不加利用之理。这几条水道的上源又是那样的接近，楚国人是有把它开凿沟通的可能。全祖望就是根据上述《水经注》的注述"悟"出当时沘水的上源与其东面的舞水和潕水"似乎是彼此相通的"。我们认为，沘水与潕水（舞水）分属汉水和淮河水系，分水岭伏牛山横亘中间，是不可能也不需要将其贯通。即使耗费大量人力、物力开通，也无法行船（图 3－11）。褒斜道开凿和最终没有达到行舟的目的，就是明证。

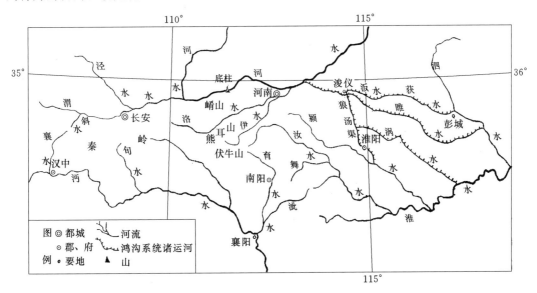

图 3－11　褒斜道及南阳附近水系图（选自史念海《中国的运河》）

　　西汉初年，开凿关中漕渠，畅通了河、渭漕运，但遗憾的是仍不能克服黄河三门峡的险阻。武帝时，有人提出避开三门峡险阻绕道转运的方案，即将东方粮食改从南阳郡（今鄂西北及豫西南地区），溯汉水而上，一直到南郑（即汉中）的褒谷口，又逆褒水至褒水与斜水的分水岭，陆转一百余里到斜水，最后顺斜水入渭水，顺流而下抵长安。武帝采纳并指派张汤之子张邛主持这一工程。由于该工程连接汉水支流褒水与渭水支流斜水，故史称"褒斜道"。

褒斜道开成之后，由于褒水、斜水的河谷都过于陡峻，水流很急，且水中多礁石，根本无法行船。褒斜道的预期目的没有达到，但该通道（褒斜道）却成为川陕间最重要的陆路交通要道（图 3-12）。

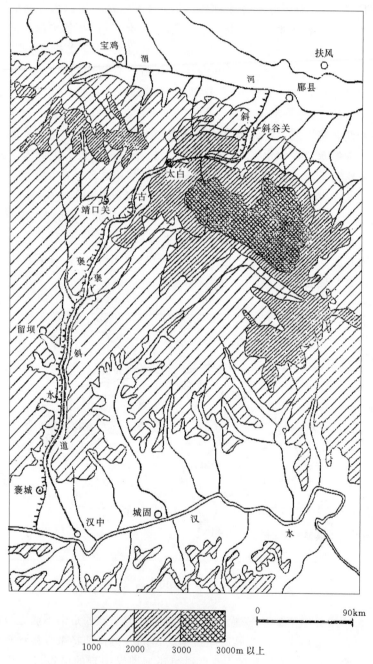

图 3-12　褒斜道图（选自《中国水利史稿》）

第四节　横贯东西的隋代大运河的开凿

一、开凿广通渠和山阳渎

隋文帝杨坚统一中国后建立了隋朝，结束了自东汉末年以来长达 400 余年的战乱局面，为全国经济的恢复和发展创造了良好的社会环境。在长达 400 余年的战乱过程中，历经了东汉、三国、两晋、南北朝等朝代。政权的频繁更迭，军阀混战，战乱连年，民众大批流亡，大片田地荒废，黄淮平原地区的农业遭受重创，经济走向萧条。受战乱影响较小的江南地区和太湖平原地区，因自然条件优越，土地资源丰富，而南逃来的北方民众不仅给南方开发增加了大量的劳动力，同时还带来了先进的农业技术、农器具和大量的财富。因此，江南地区的经济得到了迅速的发展。到了南朝（刘）宋时代（420—479 年），江南及太湖平原地区已成为繁华之地和全国的经济中心。"江南之为国，盛矣。……荆城跨南楚之富，扬部有全吴之沃，鱼盐杞梓之利，充牣八方，丝绵布帛之饶，覆衣天下"[8]，"赋出天下，江南居十九"。欲要把江南地区上交的田租赋税，主要是粮米运到北方京师地区，由水路运输比陆路运输要便捷的多。所以，隋文帝在定都长安后，首要打通通往关中的漕运。由于渭河自古多泥沙，且流有深浅，难于通行，虽然汉武帝时开凿了关中漕渠，以补渭水漕运之不足。但是，到了隋代，汉代所修的漕渠，已因长期淤塞而不堪利用，于是开皇四年（584 年），隋文帝命宇文恺率民工开凿渠道，"引渭水自大兴城（即长安）东至潼关三百余里，名曰广通渠"[7]。历时三个多月，渠成，"转运通利，关内赖之"。广通渠建成后，将大兴城与潼关连接起来，使沿黄河西上的漕船不再经过弯曲的渭水而直达京城长安。广通渠位于渭水之南是在汉代漕渠基础上开浚而成的。广通渠通航后，黄河上的三门峡砥柱仍阻碍关东的航运，开皇十五年（595 年），隋文帝虽然下令凿砥柱，但未见成效。在此之前，为了统一江南的需要，开皇七年（587 年）着手开浚大运河江淮河段，"于扬州开山阳渎，以通漕运"。山阳渎南起江都县的扬子津（今扬州南），北至山阳（今淮安），长约三百里，沟通了长江和淮河。开凿山阳渎实际上是对邗沟旧道进行全面的整修和疏浚。与此同时，还整修了汴河。

二、开凿通济渠

黄河和淮河之间的水运，早在战国后期已为鸿沟所沟通。西汉以后，黄、淮之间的水运已逐渐为汴河（即汳水）所取代。魏、晋、南北朝时期历朝又对汴渠进行过维修和局部改建。隋炀帝在此基础上于大业元年（605 年），"发河南、淮北诸郡民，前后百余万，开通济渠"。通济渠是隋代大运河中最重要的一段，它分两段凿成：一段自今河南洛阳县西的隋帝宫殿"西苑"开始，引谷、洛二水达于河，大概循着东汉张纯所开凿的阳渠的故道，由偃师至巩县间的洛口入黄河；另一段自河南的板渚（今河南荥阳县汜水镇东北三十五里），引黄河水经荥阳、开封间与汴水合流，又至今杞县以西与汴水分流，折向东南流，经今商丘、永城、宿县、灵璧、虹县，在今泗洪县临淮入淮水。通济渠在今商丘以下趋向东南，直接入淮，而东汉时的汴水故道是自浚仪（今开封）向东至彭城（今徐州）入泗水、入淮。同年，"又发淮南民十余万开邗沟，自山阳至扬子入江"[7]。同时，还进一步疏浚了山阳渎。通济渠和山阳渎共长二千余里，渠广四十步，两岸筑御道，并种了柳树，既可护岸，又可给牵船人遮阴（图3-13）。

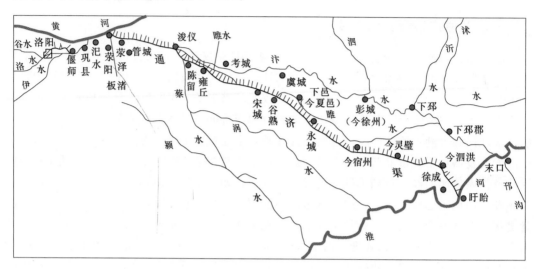

图3-13 通济渠示意图（选自毛锋《京杭大运河时空演变》）

三、开凿江南运河

大业六年（610年），隋炀帝在孙吴时已有的运道基础上加工开凿新"江南运河"。该运河"自京口至余杭，八百余里，广十余丈"，从长江口的延陵（今镇江）出发，经晋陵（今常州），绕太湖东面的无锡、吴郡（今苏州）到余杭（今杭州），从而把长江与钱塘江两水接通。

四、开凿永济渠

大业四年（608年），隋炀帝"诏发河北诸郡男女百余万开永济渠，引沁水，南达于河，北通涿郡"。永济渠基本上是在曹魏旧渠的基础上开凿的。该渠分为两段：一段是"引沁水南达于河"，使河南来船可以由黄河沁口溯沁水而上，连接淇河、卫河等河，通过今河北平原；另一段人工渠道"北通涿郡"，在今天津以北的一段是利用一段沽水（白河）和一段漯水（永定河）到达涿郡郡城蓟县（今北京）南。永济渠全长2000余里。

由通济渠、永济渠、山阳渎和江南运河所构成的我国隋代大运河，北通黄河，南接长江、钱塘江，流经今陕西、河南、河北、天津、北京、安徽、江苏和浙江等8个省（直辖市），全长5000多里，沟通长江、淮河、黄河、海河和钱塘江5个水系。在隋代就形成了以都城洛阳为中心，西通关中盆地，北达河北平原，经淮河，越长江，南抵太湖和钱塘江流域，把华北、江南和京城所在地关中地区联系在一起，形成全国性的运河网（图3-14）。这个四通八达的运河网，对巩固我国的统一，促进南北经济、文化和物资的交流，互补共荣都具有巨大而又深远的意义。唐代崔融称赞该运河网是"……天下诸津，舟航所聚，旁通巴、汉，前指闽越，七泽十薮，三江五湖，控引河洛，兼包淮海。弘舸巨舰，千舳万艘。交贸往返，昧旦永日"[9]。唐宪宗时宰相李言甫曾评说"自扬、益、湘南至交、广、闽中等州，公家运漕，私行商旅舳舻相继。隋氏作之虽劳，后代实受其利"[12]。唐代著名诗人皮日休评论说：（开凿此运河），"在隋之民不胜其害也，在唐之民不胜其利也"[13]。宋代卢襄还评说，"盖有益于一时，而利于千百载之下者，天以隋为我宋王业之资也"。由上可见，后世对隋代开凿大运河，特别是通济渠评价极高。它的畅通与否，关系着国家的政治、经济之兴衰。

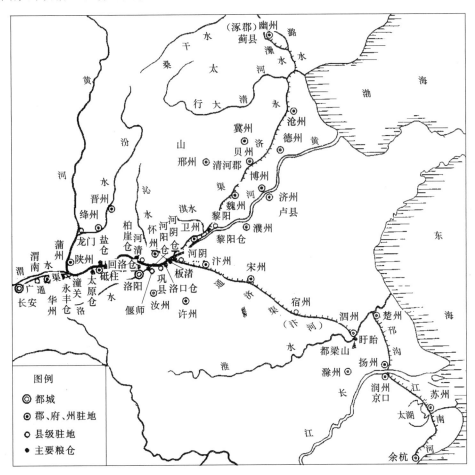

图 3-14　隋唐大运河图（选自邹逸麟《黄淮海平原历史地理》）

对隋代运河的开凿，历史上有不同的声音，甚至是褒少贬多，究其原因：一是开凿通济渠时"役丁死者什四五"，弄得许多人家卖儿卖女，家破人亡。朝廷还规定五户出一人参加供应食物等准备工作。河工在五万名监工的监视下日夜劳作，稍有差池，即受"枷项笞脊"；二是通济渠刚建成，隋炀帝便巡游江都（今扬州），龙舟相接，逶迤二百余里，彩女拖纤，锦帆蔽日，五百里内各州县百姓都要进献山珍海味，可谓是穷奢极欲，劳民伤财。这些都在民众心中留下深深的积怨，遂导致隋末农民大起义，酿成"龙舟未过彭城阁，义旗已入长安宫"的恶果。隋末的农民大起义最终推翻了短命的隋王朝，炀帝也踏上了不归路，不仅为臣子所杀，而且还留下了千古骂名。唐代诗人皮日休曾对隋炀帝开凿运河做过公允的评价："尽道隋亡为此河，至今千里赖通波。若无水殿龙舟事，共禹论功不较多。"[10]

通济渠及其后身京杭大运河，自隋代至今一直是我国南北水运交通大动脉，对我国经济社会的发展和文化的繁荣起了重大作用。2014年京杭大运河被列入世界文化遗产名录。

五、通济渠的演化与湮废

唐代将通济渠改名广济渠，通常亦称汴渠或汴河。唐代不仅可以通过汴河沟通黄淮，而且还可以溯淮出颍、蔡，西北入于河。日僧圆仁在《入唐巡法求礼行记》中写道：他由长安经洛阳东行，"遂泛汴流，通河于淮"，沿途由河阴，经汴州、陈留、雍丘、宋州、永城、埇口（当即埇桥，后设为宿州）、泗州，然后下汴渠入淮。唐代大文豪韩愈在《次日是可惜》一诗中云："乘舟下汴水，东去趋彭城"。此诗文表明韩愈所走航道是东汉时古汴水的航路，即"去彭城入泗水"，从而也说明直到唐代，东汉古汴仍然在通航。到唐代，汴水可由汴京直通淮河。

因漕船循汴入淮后，要在淮河中游行驶一段路程后方可经邗沟入江。这段淮河水流迅急，风高浪险，漕船经常被毁，造成生命财产重大损失。旧用牛曳竹索上下，流急难制。唐玄宗开元二十七年（739年）汴州刺史齐浣奏请"自虹县开河三十余里出清水，又开河至淮阳北岸入淮"，名为广济新渠，但新渠筑成不久，发现"流复迅急，又多礓石，漕运难涩，行旅弊之"。后只得废之，仍行旧道。

唐玄宗天宝十四年（756年），"安史之乱"爆发，导致唐朝国力渐衰，无暇修治汴河，造成某些河段泥沙严重淤塞，八年不能通航。史载："夫以东周之地，久陷贼中，宫室焚烧，十不存一，……东至郑、汴，达于徐方，北自覃怀，经于相土，人烟断绝，千里萧条。……东都河南并陷贼，漕运路绝。"

唐代宗广德元年（763年），刘晏就任江淮转运史，他从三个方面采取措施：首先是疏浚水道清除河中障碍；其次是派军队护航，10船为一纲，每纲300人，篙工50人；第三是改进管理制度，把无偿劳役改为"以盐利为漕佣"，这样就可以"不发丁男，不劳郡县"而完成漕运任务。他还进一步改进了裴耀卿的"转船法"，把扬州作为转运中心，江南漕船至扬州便可卸粮返回，然后换船经汴河漕运至河阴。江船不入汴，汴船不入河，河船不入渭，并相应在扬州、河阴、渭口建仓积粮。经过刘晏所采取的一系列改革措施，大大缩短了转运时间。原需八九个月，江南漕粮才能运抵洛阳，改进后40天便可由扬州运抵长安。每年还减少20余万石的漕粮损失，年输太仓漕粮可达110万石。

之后30年间，漕路通畅，唐宪宗元和年间（806—820年），唐代一度中兴，也与漕运通畅有关。唐末，因藩镇割据，战乱不息，久不通漕，汴河连年失修，下游淤为污泽。穆宗长庆四年（824年），白居易途经汴河时，有感眼前汴河的凋敝萧条景象赋诗曰："汴河无景思，秋日又凄凄。地薄桑麻瘦，村贫屋更低。旱苗多间草，浊水半和泥。最是萧条处，茅城驿向西。"昭宗乾宁四年（897年），汴河下游埇桥东南处溃决，两岸全部沦为沼泽。唐末有诗人吴融诗曰："搔首隋堤落日斜，已无余柳可藏鸦。岸傍昔道牵龙舰，河底今来走犊车。"此时，宿州东段汴河已干涸，河床上已可通车。后因割据势力的干扰、破坏和漕吏的腐败，"岁漕江淮米不过四十万石，能至渭仓者十不三四。"汴渠漕运时通时阻，除去政治和军事上的原因外，还有一个重要原因，就是河道泥沙淤塞。汴渠水源来自含沙量大的黄河水，若当政者无钱又无暇经常疏浚，河道淤塞是必然的，运道淤塞，朝廷财用难措，唐王朝的气数也到了尽头。

五代后期的后周王朝在继续实施统一全国战略的同时，开始筹建以汴京（今开封）为中心的运河网。该运河网以汴京为中心，将几条主要运河呈放射状展开并与众多较小的地方性运河联在一起，从而构成一个错综密集的运河网。北宋王朝建立后，继续对以汴京为中心的运河网加以整治，扩大运输能力，这样做既加强了中央政府与各地区之间的政治、军事和经济的联系，又有助于完成统一全国大业。五代（除后唐）和北宋王朝之所以选择汴京为国都，主要在于汴河航运方便，不必因京师远在西边，涉黄河航运之险阻。

后周显德二年（955年），世宗柴荣平定淮南后，遣部卒丁壮疏导汴渠古堤，使之"东达于泗上"。显德四年（957年）四月，"诏疏汴水北入五丈河，由是齐、鲁舟楫皆达于大梁"。显德五年（958年），世宗欲引战舰自淮入江，阻于北神堰不得渡，欲凿楚州西北老鹳河通其道，遂"发楚民夫浚之，旬日而成，用功甚省，巨舟数百艘皆达于江"。三月又"浚汴口，导河流达于淮，于是江舟楫始通"。显德六年（959年）二月，又"命马步军指挥使韩令坤，自大梁城东，到汴水入于蔡水以通陈、颍之漕。命步军都指挥使袁彦浚五丈渠，东过曹、济、梁山泊，以通青、郓之漕"。经过后周的一番整治，汴渠状况有所改进，东南流入通济渠，沟通了江淮漕运；东面流入五丈河，沟通了齐鲁的河运；南面流入蔡，沟通了陈、颍。

北宋王朝建立后仍定都汴京，并在后周对汴河整治的基础上，又进行大规模的治理，使其运输能力大大超过其他运道，而成为当时最重要的水路运输大动脉。同时，北宋王朝还大力整治和扩建了蔡河、五丈河和金水河，使它们与汴渠一同在汴京交会，构成了著名的"汴京四渠"。

六、开凿沟通长江黄河西部水运通道的美好愿望再度破灭

长江和黄河间东部的水运通道早在春秋末期，吴王夫差开凿邗沟和菏水就实现了。可是黄河和长江之间西边的水运通道却迟迟未开通，但是一些有识之士一直在努力。西汉初期开凿的褒斜水道和南阳水道就是例证，尽管没有实现预期目标，但人们并没有放弃。北宋初，又有大臣提出白河运道的开凿计划。

白河开凿计划：北宋早期就建成了以汴京为中心的运河运输网。该运输网向东南可直接通达江、淮；向东可通往齐、鲁；向南可至陈、颍，还可间接通到河北各地，可以说是四通八达。但却不能利用水道将襄（阳）、邓县等地与京师连通起来，导致川蜀、湘潭以及岭南的物质只能绕行江、淮运至京师。因此，开通长江、黄河间第二条运道具有重要意义。斯时，曾有大臣建议，在前朝开发漕河和白河流域的基础上，从江陵开辟运道直抵长江，并利用南阳、方城隘口开凿运渠，使集聚在江陵的两湖、川蜀及岭南的物资，从江陵经襄阳沿唐白河转蔡河运入京师。北宋太宗太平兴国三年（978年），"西京转运使程能献议，请自南阳下向口（今新店镇北）置堰，回水入石塘、沙河，合蔡河达于京师，以通湘潭之漕"。朝廷准其言"诏发唐、邓、汝、颍、许、蔡、陈、郑丁夫及诸州兵，凡数万人"兴役。开山填谷，经过博望、罗渠（今赵河镇西南）、少柘山（方城附近的罗汉山）、凿城

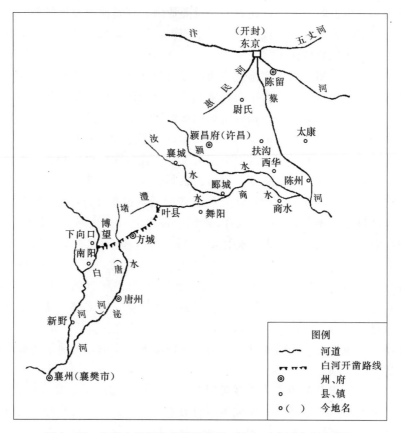

图 3-15　北宋白河开凿路线示意图（选自《中国水利史稿》）

百余里抵方城隘口，出方城隘口后再回水入石塘河（即叶县东北，为汝水上源的一支）、沙河（即古滍河）、蔡河，沿途纳淮河水系有关支流，以扩大运河水源，同时利用原有运河以达京师。但是凿河抵达方城后，却因"地势高，水不能至"，又经过努力后勉强能通水，但"不可通漕运。会山水暴涨，石堰坏，河不克就，卒埋废焉"。这次开凿工程没有成功。十年之后的端拱元年（988 年），在开凿江汉漕渠的同时，"又开古白河，可通襄、汉漕路至京"。但这个由白河水道北通中原的理想仍未能实现，其主要原因是由于方城地势高，白河水无法引入通舟楫（图 3-15）。

七、汴京四渠

（一）汴河（渠）

唐代以后，汴水实有两条流路：一条是自宋城县（今商丘）分流，经虞城县、砀山县、曹县至徐州入泗，沿泗入淮，即古汴水路线，称之为北线；另一条则自宋城县分流，经谷熟、下邑、鄎县、永城、符离、蕲县（今宿县）、灵璧县、虹县至临淮入淮，称之为南线（图 3-16）。

由于唐末、五代，军阀混战，战乱频繁，黄河以北广大的农业地区，受到严重地摧毁，人口大量南迁，江南地区的经济却得到迅猛的发展。北宋王朝几乎全赖江南租税财赋

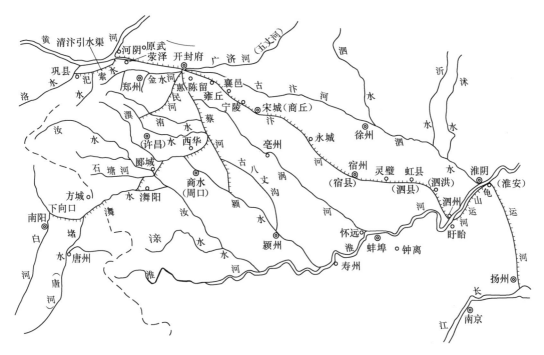

图 3-16　北宋汴河及清汴引水渠位置示意图（选自《淮河水利简史》）

调运至汴京，以维持其庞大的军政开支和奢侈用度。而漕运又以汴河为主，正如北宋张洎所言，"今天下甲卒数十万众，战马数十万匹，并萃京师，悉集七亡国之士民于辇下，比汉、唐京邑，民庶十倍。旬服时有水旱，不至艰歉者，有惠民、金水、五丈、汴水等四渠，派引脉分，咸会天邑，舳舻相接，赡给公私，所以无匮乏。唯汴水横亘中国，首承大河，漕运江湖，利尽南海，半天下之财赋，并山泽之百货，悉由此路而进。"

宋太宗淳化二年（991 年）六月，汴渠在汴京附近的浚仪县决口，宋太宗亲自督工堵塞，朝廷重臣也跟在皇帝后面，弄得泥泞沾衣。太宗不胜感慨地说："东京养甲兵数十万，居人百万家，天下转漕，仰给在此一渠水，朕安得不顾。"[14] 宋神宗熙宁五年（1072 年），大臣张方平曾对汴渠的功用作了精辟的概括，就"今日之势，国依兵而立，兵以食为命，食以漕运为本，漕运以河渠为主……汴河废，则大众不可聚，汴河之于京师，乃是建国之本，非可与区区沟洫水利同言也。"[14] 从以上论述都明显地反映当时的汴渠对北宋王朝的重要性，可以说是性命攸关。

由于汴河畅通舟楫，不仅给当时汴都带来空前的繁荣，保证了朝廷百官和京师数十万军民的衣食日用，也使汴河沿岸一些主要县邑迅速发展起来。北宋时汴渠运输量之大，运输的百物众宝种类之多，都远远超过唐代。汴渠给京师汴京带来的繁荣，可从北宋张择端的名画《清明上河图》中窥见当时汴京的一角，即店铺林立，舟楫连樯，车水马龙，熙来攘往，一派繁华热闹的都会景象。

（二）惠民河

惠民河包括闵河、蔡河和颍水自合流镇至长平镇一段河道。闵河水源承"溱、洧诸川"，溱水发源于今密县境，亦名浍水；洧水即今双洎河。二水在今新郑县西的代湾附近汇合。宋太祖乾德二年（964年），陈承昭凿渠"自长社引洪水至京，合闵河"，将易于泛滥的洪水作为闵河的水源，"及渠成，民无水患，闵河之漕益通流焉"。宋太祖开宝六年（973年），闵河改名为"惠民河"，其包括蔡河和长平镇至合流镇间的水道。

蔡河即古鸿沟、浪荡渠，隋以前为中原地区的重要水道干线，宋代加以整治，为惠民河的主干道。蔡河自汴京西接闵河后，穿城而过，出京城后，经通许县西北，入扶沟县境，经长平镇与合流镇一段接颍水入淮河。

惠民河在汴京四渠中占有相当重要的地位。在北宋时期，惠民河承担着重要的运输任务。起初，运输量次于汴渠，却超过广济河和金水河，但到了宋英宗治平二年（1065年），其运输量已低于广济河（即五丈河）。

（三）五丈河

该河是在武周时期湛渠故道的基础上修凿而成。因该渠宽五丈，故名五丈河，又称广济河。后周世宗显德四年（957年）"诏疏汴水，北入五丈河，由是齐鲁舟楫皆达于大梁"。显德六年又加疏浚，并引汴渠注入以通漕运。北宋太祖建隆二年（961年），宋太祖命陈承昭整治五丈河。整治后的五丈河于汴京城西北，引京、索、蔡水为源，东北行经今兰考北部的定陶、菏泽之间，又东北行经郓城、巨野之间，以及梁山、安山之间，至今在平县西北，以通当时的北清河（即古济水会汶水以下故道，又称大清河），然后由北清河东至广饶以达渤海，基本上是循济水故道。经过这次整治后，五丈河基本保持通航，保证了京师和齐鲁之间的漕运。同时还对汴河起着分洪的作用。宋宗室南迁后，五丈河汴京至东平段逐渐淤废，只剩下会汶以东的大清河同御河一道构成金王朝的主要运道。

（四）金水河

"一名天源，本京水。导自荥阳黄堆山，其源曰祝龙泉。"北宋建隆二年（961年），在陈承昭的主持下，开渠一百多里，东经中牟，直抵汴京西，架渡槽横跨汴渠之上，使京水通过渡槽向东注入五丈河。金水河不仅辟为新运河的水源外，还作为当时京师的重要水源。

尽管北宋初年，宋王朝对众多的运河进行疏浚和整顿，使其运力大增，但是北宋王朝的军政费用却是与日俱增，据《宋史·食货志》所载，宋太祖开宝五年（972年），京师岁费有限，漕事尚简，江淮米年运额通过汴、蔡两河运到京师的只有数十万石。但到了宋英宗治平二年（1065年），到达京师的漕粮共676万石，其中由汴河运来的共575万石，约占当年总运量的82%。汴河上仅纲船（一纲10~30只）就有几千艘之多，加上公私客货船只不下万艘。

自唐代以来，汴渠时通时阻，到了宋代河性大大变坏，除去政治、军事上的因素外，还有一个更重要的因素就是汴河易为泥沙淤塞。原因是汴河水源来自黄河河水浑浊多沙，天长日久，就有大量的泥沙沉淀在汴河里，导致汴河频繁决口，从而影响航运。因此不得不常常疏浚。宋初规定每年疏浚一次，实际上有的三五年疏浚一次，竟有二十年还未疏过一次的。由于泥沙长期淤淀，有的河段的河床比附近的城区还要高。到北宋中晚期，京城开封东水门，下到雍丘（今河南杞县）、襄邑（今河南睢县）河底皆高出堤外平地一丈二尺余，自汴堤下瞰民居，如在深谷之中。如何彻底整理汴河，北宋朝廷为此争论不休，有人主张另开新河，但这些新河有的是恢复古汴水河道，有的是遵循古菏水遗迹，故此项建议未能通过。又有人提出，今汴河水源黄河水多泥沙，可将汴水的源头改为洛水，洛水比黄河要清得多了。于是就"清汴"和"浊汴"之说。但是此举很难操作，最初导洛入汴，洛水很清，汴河就成了清汴。后来黄河大溜南徙，河水就由斗门侵入汴河，清汴又成了浊汴，最终不了了之。宋徽宗宣和七年（1125 年），金兵大举南进，不久汴京被围，汴渠上游堤防岸失防。"靖康而后，汴河上流为盗所决者数处，决口有至百步者。塞久不合，干涸月余，纲运不通，南京及京师皆乏粮。"至此，汴渠朝不保夕，并很快淤塞了。

"靖康之乱"以后，宋、金隔淮河对峙，汴河因疏于疏浚维护，很快就淤塞断流了。南宋乾道五年（1169 年），楼钥奉命出使金国，回来后将沿途所见记载下来，"乾道五年十二月二日，癸未、晴、风，东行八十里，虹县早顿，……饭后，乘马行八十里，宿灵璧，行数里，汴水断流……三日，甲申，晴，东行六十里，静安镇早顿，又六十里，宿宿州。自离泗州，循汴而行，至此，河益埋塞，几与岸平，车马皆行其中，亦有作屋其上。"后楼钥使金归来，仍走原路，又将沿途所见记录所下，（乾道六年正月二十）"车行六十里，至雍丘县，……又六十里，渐行汴河中，……（二十四日）宿宿州，汴河底多种麦。"由于长期淤淀，有些地方的河床比附近城市还要高。汴河上游早已於为平路，灵璧至泗县段虽有河形，但因河浅水少已被分割为数段长塘。

汴河自南宋初年起，直到现在再没有将它修复了。这条曾经"横亘中国，首承大河，漕引江、湖，利尽南海，半天下之财赋，并山泽之百货，悉由此路而进"的汴河，因湮废而淡出人们的视线。

千年岁月渐渐湮没了汴河曾经的辉煌，只遗留下断断续续的河堤（古隋堤）依然蜿蜒在皖北的大地上。新中国成立初期从宿州到永城的老公路（人们叫做槽子路）就修建在汴河河道遗迹上。道路两边是高高的堤坝，北堤比平地高出 5m 左右，残缺不全的南堤也高出地面 3~4m。有老人说，这条路就是一条曾经从柳孜集穿过来的河，两边的堤坝，千百年来一直被叫做"隋堤"。据说，从宿县经灵璧、泗县至泗洪县的公路，也是利用汴河遗迹修建起来的。它们就是当时通济渠的河道与河堤。唐代诗人罗隐在《隋堤柳》一诗中云："夹路依依千里遥，路人回首认隋朝。"李益《汴河曲》云："汴水东流无限春，隋家宫苑已成尘。行人莫上长堤望，风起杨花愁杀人。"从上述两首诗中，可以看到曾经辉煌一时的汴河，不仅给后世留下断断续续的河堤，而且还给后人留下了深切的怀念。

第五节　元代京杭大运河的开凿与治理

元灭金、南宋统一全国后，定都大都（今北京市），全国政治中心北移，一改以往王朝定都长安、洛阳和开封的传统，这是我国建都史上的巨大变革。黄河流域的中原地区是中华民族的发祥地，亦是历代王朝的政治、经济和文化的中心。但历经魏、晋、南北朝以及"安史之乱"连年战乱的摧残，已经是元气大伤，虽经北宋时代短暂的休养生息，但仍无法恢复汉、唐时期的繁荣景象。何况隋唐时期形成的东西向的大运河，由于受到黄河的侵淤和战乱的破坏，已几乎断流，无法满足日益增加的漕运需求。元代的政治中心虽然北移了，但当时的经济中心仍在江南和太湖平原地区，故漕运任务十分繁重，正是"元都于燕，去江南极远，而百司庶府之繁，卫士编民之众，无不仰仗于江南"[15]。中原地区自"安史之乱"后，战祸连绵，北方农业再受重创，经济复陷入萧条。自后，历代王朝的财赋收入和都城的给养主要仰仗于江南和江淮一带。那时漕运的主要方向是从东南向西北。元王朝建都大都之后，漕运的主要方向相应地改为自南向北。

元初的漕运主要依靠海运和水陆联运。海运运输线是元代南北运输的主要运输线，"岁运三百六十万石"江南粮食。海运之利虽大，但"风涛不测，粮船漂溺者无岁无之"。有时甚至损失粮食数十万石，淹死士兵数千人，而且海运的弊端极多。因此，还是利用原有的河道采取水陆联运的方式。当时，来自东南各地的漕粮，先运入邗沟，然后再由邗沟运入淮水，由淮水入黄河，更逆黄河而上，运至中滦（今河南省封丘县西南黄河北岸），再由中滦陆运至御河岸上的淇门（今河南省淇县南），再由淇门沿御河而下，以至于大都。这条运道虽然大部分是水运，但绕路太远，其间还有一段陆运，既费时间又费人力，终非一条理想之运道，大有改良之必要。因此，打通自大都通往江南富庶之地的南北向内河运输线，是元王朝迫在眉睫的头等大事。

一、元代京杭大运河的开凿

元世祖至元十八年（1281年），着手开凿运河。新开凿的京杭大运河，大体上分成三种类型：第一种是元代新开凿的新运道，即自任城（今山东省济宁市）至安山（今山东省梁山北）的济州河，安山至临清的会通河，通州至大都的通惠河三段；第二种是利用天然河道，即淮安至徐州的黄河水道（泗水故道），徐州至任城的泗水河道和直沽至通州的潞水水道；第三种是利用宋代以前的，原运河水道，其中包括临清至直沽的御河等河段，扬州至淮安的淮扬运河，以及镇江至杭州的江南运河。

京杭大运河元代主要是完成了济州河、会通河和通惠河三段，其中会通河和通惠河两段，其长度仅占大运河全长的十分之一强，但开凿运道的工程却十分艰巨，工程量大，技术也较复杂。它们的凿成和通航，为元、明、清三代开创了南北运输线的基本格局，为我国的人工运河事业的发展作出了卓越贡献。

（一）开济州河以通泗、济

元至元十九年（1282年）十二月动工疏浚济州河，次年八月"济州新开河成"，济州河南起济宁，经南旺、袁家口至东平县安山西侧入大清河，全长150里，从而沟通了泗水和大清河（御河）。济州河开通后，南粮北运即可由长江入淮河，经泗水运道至济宁州，入济州河北行达东阿的张秋镇与沙湾之间入大清河，历利津入渤海。这条运输线虽较以前便利，但由于海水潮汐的作用，大清河入海处发生沙壅，影响运道的畅通，只得"舍舟而陆"，改从"东阿旱站运至临清入御河"，再由运河水运京师。从东阿旱站至临清，长约200里，而且"地势卑下，夏秋霖潦，艰难万状"。为了解决此段陆运的艰难，只好开凿东平至临清的会通河。

（二）开凿会通河以沟通济州河和御河

为了解决东阿至临清200多里陆运的困难，元至元二十六年（1289年）正月，朝廷征丁夫三万开凿会通河，是年六月竣工，并立即通航。"滔滔汨汨，倾注顺通，如复故道，舟楫连樯而下。起堰闸以节蓄泄，定堤防以备荡激。"此河南起东昌路须城县安山西南，经寿张西北至东昌，又西北至于临清，以逾于御河，全长250里。会通河本来就指安山至临清这段运河，后来却包括了济州河，甚至包括了沛县以南的泗水河段。如此一来，会通河就成了北抵御河（即大清河），南联济州河通泗水古运道。它不仅结束了东阿至临清间200余里的艰难陆运，而且沟通了举世闻名的京杭大运河，从而实现了南自杭州，北达大都的全程漕运。

（三）开凿通惠河

自会通河开凿成功以后，元代主要的运河系统就算建成了，可是蓟县（今北京市）到潞县（今通州）未通运河。原因是隋炀帝开凿永济渠的目的地是当时涿郡的治城蓟县，而金时改用潞河水道，只通到潞县（今北京通州区）。由潞县到中都（金都，今北京）还有一段陆路，颇费人力。金章宗泰和年间（1201—1208 年）韩玉才把这段运河开成。金末迁都开封后，该运河就湮塞了，直到元世祖二十八年（1291 年）郭守敬为都水监的次年才恢复开凿此运河，1293 年竣工，此河即为通惠河，河长 164 里。

通惠河是京杭大运河的最北段，亦是开凿时间最晚的一段漕河，它的开凿成功使京杭大运河全线通航，南方来的漕船可直达大都城内的积水潭。京杭大运河虽然在元代全线通航，但在元代却没有充分发挥漕运作用，每年从南方运至大都漕粮约 300 万石，其中由运河运至大都的仅有二三十万石，大部分则是由海运运到直沽（今天津）再从直沽循北运河和通惠河运入大都。其原因是济州河和会通河两河水源不足，经常又受黄河侵淤的影响，运河本身又因"河道初开，岸狭水浅，不能负重"。故终元之世，海运漕粮一直占据主要地位。

（四）疏浚和整治江南运河

（1）疏浚由镇江路（治所在今江苏省镇江市）至吕城坝（今江苏省丹阳县东南）的131 里的水道。

（2）整治练湖（在丹阳县），练湖为这段运河的源头，"开放练湖水一寸，即可添河水一尺"。故整治练湖，当时列为江南运河的要务。

通惠河开凿成功，由大都（今北京）向南可以沿着运河直到钱塘江上的杭州，纵贯南北的元代京杭大运河至此全线贯通（图 3 - 17）。

二、明代对京杭大运河的整治和维护

明初洪武、建文二帝定都应天（今南京），四方的漕运皆通过长江运至，水运极为方便。明洪武二十四年（1391 年）黄河在原武决口，漫过安山湖而东流，会通河尽淤。因此，明初只能利用京杭运河南段，对北段则闲之不用。明成祖永乐年间迁都北京以后，为了加强与江南富庶地区的联系，输送漕粮以巩固北方边防，考虑恢复京杭运河物资北运的问题。为了恢复京杭运河的运输功能，明政府对运河进行了大力整治，其中最重要的工程有疏浚会通河及南旺分水济运、开凿南阳新河和泇河等。

（一）重新疏浚会通河及南旺分水济运

永乐初，明代的漕运运道仍仿元代之举，继续采取陆海兼运的办法，"一仍由海，而一则浮淮入河至阳武陆挽百七十里抵于辉，浮于卫。"而达于京师，但因海运艰险，粮船漂溺者，无岁无之，而河运又需发山东、河南丁夫，陆运 170 里，历 8 处运所而入卫河，每处运所需用民工 3000，车 200 余辆，"岁久民困其役"。这种陆海兼运的办法远不能满足明王朝的需求。因此，重开会通河，沟通京杭大运河，成为朝堂热议的话题，但久议不决。后济宁州同知潘叔正一席话打动了永乐帝，其言"会通河道四百五十余里，至淤者三

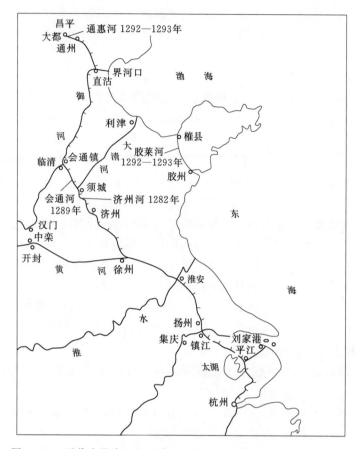

图 3-17　元代京杭大运河示意图（摘自《江苏航运史》古代部分）

之一，浚而通之，非惟山东之民免转输之劳，实国家无穷之利"[16]。于是朝廷听之，并于永乐九年（1411 年）二月，征集民夫 16 余万并力浚之，是年六月竣工，由济宁至临清长385 里。运道"深一丈三尺，广三丈二尺。"同时，在济宁至临清间共增置 15 座水闸，以时启闭，舟行便利。

在重浚会通河时，又进行袁口改线，废弃了元代所开的旧河道而另凿新河道。自汶上袁家口，左徙 20 里至寿张沙湾接旧河，长 130 余里，东徙后的新运道，由袁口北循金线岭东，经薪口、安山镇、戴庙而达于张秋。

会通河疏浚和袁口改线后，运道全线疏通，但因为水源得不到保障而不能充分发挥效益。工部尚书宋礼在重修会通河时，又着手兴建南旺分水枢纽，将分汶济运的分水点从元时的任城（济宁）移至南旺。"又于汶上、东平、济宁、沛县并湖地设水柜、陡门。在漕河西者曰水柜，东者曰陡门，柜以蓄泉，门以泄涨"。南旺段运河纵贯南旺湖中，分湖为二，东为南旺东湖，西为南旺西湖。戴村坝引水渠小汶河入运又横穿南旺东湖，将东湖一分为二，北为马踏湖，南为蜀山湖。分水口在三湖包围之中。自南旺作为分水枢纽后，各湖都先后筑起堤防，加大了蓄水滞洪的作用，成为人工控制的水库。这些水库故时称为水柜，它们与引水渠和分水口，一同构成（南旺）分水枢纽。

（二）开南阳新河以避黄河侵扰

明嘉靖五年（1526年），"黄河上流骤溢，东北至沛县庙道口，截运河……河水出飞云桥者漫而北，运道淤塞数十里。次年，河决曹、单、城武、杨家、梁靖二日……夺运河。"黄河连续两年溃决夺运，致使运道受阻，引起朝廷上下震动，诏诸臣献治理之策。嘉靖七年（1528年）总河都御使盛应期建议在昭阳湖东另开新河，"北进汪家口，南出留城口，约一百四十里可改运漕河，北引运之水，东引山下之泉，内设蓄水闸，旁设通水门及减水坝以时节蓄"。此议朝廷批准动工，但此项工程只进行了四个月，却因天气大旱不得不中途停工。此后竟无人再提此事。直到嘉靖四十四年（1565年）七月，"河决沛县而东注，自华山出飞云桥，漫昭阳湖，由沙河至徐、吕二洪，浩渺无际，运道淤塞百余里，全河逆流。朝廷急诏举大臣之有才识者，督有司治之"。工部尚书兼理河槽朱衡总督其事。朱氏经过一番调研后，决定循盛应期之旧迹，开挖新河。新河在旧运道东三十里，"起南阳迄留城，百四十一里有奇。"又加浚旧河自留城以下，抵境山、茶城，长53里。同时修筑马家桥堤35280丈，石堤30里，全部工程仅用一年多时间，于明隆庆元年（1567年）五月竣工。从此，黄水不再东侵，运道得于畅通。南阳新河是山东运河一次较大规模的改道，它成功地遏止了黄河的侵扰和漫淤。

（三）开泇河以避黄河骚扰

明隆庆三年（1569年）七月，黄河决于沛县，自考城、虞城、曹、单、丰、沛县抵徐州俱受其害，茶城淤塞，粮船二千余皆阻于邳州。都御史翁大立建议在梁山之南，茶城之东另开河渠，此渠即谓之泇河也，此议即为首议开泇河。隆庆末年，翁大立再请开泇河，没有奏准。直至万历三十一年（1603年）四月，河水暴涨，冲鱼、单、丰、沛之间，运道复塞。三十二年（1604年）万历帝命工部右侍郎李化龙大开泇河。该河自夏镇李家口引水，东南经良城、万庄、台庄等地，中合承、沂等水，下注邳州直河口泗水故道，全长360里。泇河工程是山东运河史上的一项重要工程。其成就之一，是使山东运河定形，避开黄河决口泛滥对运河的干扰；其成就之二，是大大缩短了航运路线，"仅以二百六十里之泇河，避三百六十余里之黄河。"运道缩短了近百里；其成就之三，延长了通航时间，由过去的限时通航，变为"朝暮无妨"。

总之，有明一代，对运河的治理主要集中在山东段运河，其主要目标：一是开辟水源，二是避开黄河的侵扰。明代自重浚会通河起，相继采取了筑戴村坝引汶水至南旺济运，设水柜，疏泉源以补运水；开南阳新河以避黄淤；开泇河以避险滩等一系列措施和工程，使山东段运河线路基本定形，京杭大运河得以全线畅通，漕运事业繁荣。漕运年运量由元初不足10万石，增至400万石，最高年份可达580万石，是京杭运河的黄金时期。

三、清代大运河走向衰落

京杭大运河自元初全线贯通以来，历经了元、明、清三朝，在这期间大运河承担了历朝繁重的漕运任务，不断地与黄河的侵扰抗争，有过辉煌的黄金时期。尽管历代都做出了不懈的努力，但终究敌不过黄河不断地决口、漫溢的侵扰，到了嘉庆之季，运道淤垫日盛，通航日趋艰难。故早在明代就有重开海运的动议。嘉庆五年（1800年），有大臣主张雇海船以分滞运，并于次年暂行海运一次。嘉庆八年（1803年），河决封丘衡家楼，东北由范县达张秋，穿运河东趋盐河，经利津入海；嘉庆二十四年（1819年），又决马营坝，夺淄东趋，穿运河，入大清河，分二道入海。黄河如此频繁地决口泛滥侵淤运河，清政府对此束手无策，漕运难继，只得另开海运。咸丰十二年后，"遂以海运为常"，漕运亦相应由鼎盛走向衰落。咸丰五年（1855年），黄河决兰阳铜瓦厢，夺淄由长垣东流至张秋，穿运河注大清河入海。京杭运河因此南北断流。到了光绪二十七年（1901年），漕粮改为折色（折成现银），漕运完全废止。京杭运河也随之完成了历史使命而退役（图3-18）。

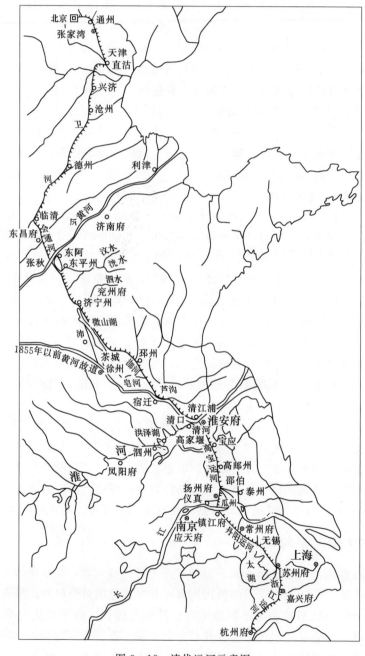

图3-18　清代运河示意图

京杭大运河走向衰落的主要原因如下。

（1）田赋折色，漕运废止。京杭大运河是在邗沟的基础上扩建的，亦可以说邗沟是京杭大运河的前身。邗沟是春秋时期吴王夫差出于北上争霸中原的军事目的需要而开凿的。到了秦汉时期，全国一统，国家的政治中心和经济中心合为一体，运河的运输量大减，鸿沟就是因此衰落的。西汉中期以后，中原地区由于连年战乱，经济遭受重创，国家经济中心逐步南移至江淮和江南地区。一方面是京师地区所需粮食等物资大增，另一方面是粮食等物资远在江淮、江南地区，因此，开凿运河，发展水上运输是首选。可以说，各朝代的都城设在哪里，运河就修到哪里，如西汉都长安，关中漕渠修到长安附近；东汉都洛阳，阳渠亦修到洛阳；后周、宋都汴京，同样汴河随即修到汴京；元帝国一改以往王朝定都的旧制，将都城定在大都（今北京市），京杭大运河也紧跟着建到大都。连接江南富庶地区的运河成为每个王朝的生命线。宋太宗一语道破天机："东京养甲兵数十万，居人百万家，天下转漕，仰给在此一渠水，朕安得不顾。"宋朝大臣张方平对汴渠的功用作了精辟地概括："今日之势，国依兵而立，兵以食为命，食以漕运为本，漕运以河渠为主，……汴河之于京师，乃是建国之本。"换言之，漕运就是立国之本，运河就是为漕运而开凿的。试想，如果废除了漕运，运河也就没有存在的价值。所以说，废漕折色即将漕粮改为现银，致使漕运废止。此举实是运河淤塞的关键。

（2）海运和铁路的修建取代了运河。取代运河者最初是海运，尤其是轮船的发明，使海运更加安全、便捷和大运量，使运河难望其项背。京津、津浦等铁路的修建使运河运输更是雪上加霜。铁路运输是迅速易达，又与运河平行，自然会夺去运河的运输量。海运代替运河的地方还仅限于几个海口，及距离海口较近的地方，而铁路则因与运河邻近，沿途都可以和运河竞争。

（3）运河日趋残破，一些河段已断断续续地淤塞了。

在如此内外交困形势下，运河的命运可想而知了。到了民国时期，京杭大运河更是残破不全，难以为继。

四、新中国成立后，大运河浴火重生

新中国成立后，党和政府十分关心京杭运河的整治与建设，大运河迎来了新生。20世纪50年代初期，对京杭运河进行恢复性的整治，主要是对江苏省内河航道及苏北运河进行局部治理，包括开挖苏北灌溉总渠、培修运河大堤，兴建三河闸和淮安、皂河水利枢纽，对苏南部分河段实施裁弯取直等工程，初步改变了运河的残破状况。交通部水运规划设计院从1955年就开始研究运河的治理方案，对运河的黄河北段、黄河至长江段、长江以南段分别提出了相应的规划建设方案。1958年，交通部联合河北省、山东省、江苏省和浙江省组成了京杭运河建设委员会，统一领导京杭运河的整治工作。同年，国家批准了交通部提出的整治京杭运河计划，着重整治和建设徐州至扬州段404.5km江苏境内的苏北运河。1958年10月全线动工的疏浚工程，既是航运工程，又是灌溉、排涝、防洪、综合利用河道的水利工程，到1961年10月基本完成，历时三年整。该工程共开挖土石方15946万 m³，新建解台、刘山、泗阳、淮阴、淮安、邵伯、施桥等7座大型船闸，建设了万寨、双楼、邳县三大煤港的基础设施，改建中运河、徐州孟家沟铁路桥，新建徐州、淮阴、扬州跨运河公路桥以及节制闸、穿运地涵等配套建筑物，整治运河山东段的南四湖（西线）至黄河段航道，新建微山湖大型船闸、济宁运河大桥等重大工程，奄奄一息的京杭运河浴火重生，面貌一新。

现在的京杭大运河北起北京（涿郡），南至杭州（余杭），途经北京、天津两市及河北、山东、江苏、浙江四省，贯通海河、黄河、淮河、长江和钱塘江五大水系，全长1794km。目前通航里程1442km，其中全年通航里程为877km，主要分布在山东省济宁市以南、江苏和浙江三省（表3-2）。

表 3-2 　　　　　　　　　京杭运河航道现状表（1990）[11]

航段名称	起讫地点	距离/km	通航情况	通航船舶吨级/t	活水期航道尺度/m		
					水深	宽度	弯曲半径
通惠河	北京东便门—屈家店	165.0	×				
北运河	屈家店—天津	15.0	√	50	0.8		
南运河	天津—四女寺	320.0	×	100	1.0	15～30	
卫运河	四女寺—临清	94.0	×	100	1.5	30	
鲁北运河	临清—位山	104.0	×				
鲁南运河	位山—固那里	11.8	过黄河段				
	固那里—梁山	20.0	×				
	梁山—济宁	60.9	√	50～100	0.5	15	
	济宁—二级坝	78.1	√	100	1.5	50	200
	二级坝—蔺家坝	58.0	√	100	2.0	25	
	二级坝—韩庄	50.0	√	100	1.2	300	50
	韩庄—大王庙	54.2	√	100	2.0	15	180
不牢河	蔺家坝—大王庙	72.0	√	200～300	2.0	30	800
中运河	大王庙—邳县	18.5	√	200～300	2.0	30	800
	邳县—皂河	32.5	√	500～700	3.0	50	800
	皂河—泗阳	79.5	√	500～700	2.5～3.0	50	400
	泗阳—淮阴	32.5	√	500～700	3.0	45	
里运河	淮阴—淮安	27.0	√	500～700	3.0	50	
	淮安—邵伯	112.5	√	500～700	3.0	45	
	邵伯—施桥	23.5	√	500～700	3.0	50	800
	施桥—六圩	6.0	√	500～700	3.0	45	800
	六圩—谏壁	13.5	过长江段				
	谏壁—丹阳	25.2	√	100	2.5	15	600
	丹阳—常州	39.3	√	50	1.0	8	60
	常州—无锡	42.0	√	60～100	2.0	20	100
	无锡—苏州	49.7	√	60～100	2.0	25	100
	苏州—平望	36.7	√	100	2.5	15	150
	平望—嘉兴	30.1	√	60～100	2.3	15	100
	嘉兴—杭州艮山港	100.8	√	60～100	1.7	10	100

注　1. 表中×为目前不能通航，√表示可以通航。
　　2. 表中数字据交通部1981年编写的全国内河航道普查资料汇编。

京杭大运河纵贯南北，连接起我国的政治中心和经济中心，京杭大运河流经的地域都是我国古代经济和文化最为繁华的地域，是一条经济发展带，也是一条文化传播的纽带。2500 多年来，大运河为我国经济的发展、国家的统一、文化的繁荣和社会的进步都做出了杰出的贡献，至今仍在发挥着巨大的不可替代的作用。京杭大运河还保存着 2500 多年来宝贵的文化积淀，所以说，京杭运河不仅是中国宝贵的文化遗产，而且也是全世界宝贵的文化遗产。2014 年 6 月京杭大运河申遗成功，载入世界文化遗产名录中。世界遗产委员会认为："大运河是世界上最长、最古老的人工水道，也是工业革命前规模最大、范围最广的土木工程项目，反映出中国人民超常的智慧、决心和勇气，以及东方文明在水利技术和管理能力方面的杰出成就。"

五、京杭运河名称的由来和河长的计算

（一）京杭运河名称的由来

京杭运河顾名思义是指自北京至杭州的运河的名称。可是目前有些出版物中，往往将隋代南北大运河和京杭大运河混淆起来，因此有必要在这里加以澄清。遍查历史文献，在明代以前没有名称为京杭运河的运河。即使是元代开凿的北起北京，南讫杭州的京杭运河，自它们开通之后直到明代以前，都没有统一的名称。所谓的"隋代南北大运河"实际上是两条运河。其一为"永济渠"，是隋唐时期"引沁水达于河，北通涿郡"凿成的，长2000 余里的运道；其二为"通济渠"，又名御河。它西起自于河南洛阳西隋帝宫殿"西苑"，东南讫于安徽盱眙北之古泗州城。即使是京杭运河本身，因其开凿的时间不同，每段都有自己的名称。元代把北京昌平白浮至通县南李二寺段运河称之为通惠河，临清至安山段称之为会通河，安山至济宁段称之为济州河，……即使自隋至元代，上述已开凿、贯通的运道，也没有全程统一的名称。只是到了明代，才把元朝开凿的自北京到杭州的运河通称为"漕河"。各段的名称仍沿用元代之名称。直到清代和民国时期，京杭运河才有"运河"之称。所谓京杭运河，和南北运河之称则是最近几十年人们对元代以来形成，现在仍然存在的北起北京大通桥，南讫杭州拱宸桥的运河的习惯叫法。而隋唐时期开凿的所谓的南北大运河，实际上就是永济渠和通济渠两条渠，从未有什么"南北运河"的统一称呼。只因为元代的京杭运河与隋唐运河同属于一个范畴，实际并非如此。

如今隋唐时期开凿的大运河运道绝大部分早已废弃。山阳渎和江南运河则是隋代以前历代开凿和疏浚的。元代开凿京杭运河时，只借用了隋代永济渠的临清至天津部分河道，却新开凿了济州河、会通河和通惠河，三河共长 332km。所以，不能因此把这两条运河混为一谈。

（二）京杭运河的长度

人工开凿的运河亦和自然河流一样有源头和尾闾，所以，运河的源头长度应该是自源头到源尾的距离。但在计算运河长度时应注意以下三点。

（1）运河的源头和尾闾应以相应的码头为准。

（2）利用江、河、湖泊等自然河道的运道，应计算在运道的长度内，但应注明利用自然河流的水道长度。

（3）在计算运河总长度时应摒弃复线的长度。

根据上述有关规定，计算出：元代京杭运河长 4000 余里；明代京杭运河长度为 3500 余里；清代至民国期间，京杭运河长度为 1768km；现代京杭运河自北京东便门大通桥至杭州艮山港，其总长为 1642km。

六、中国大运河被誉为"中华民族的血脉"

中国大运河是中国古代创造的一项伟大工程，是世界上距离最长、规模最大的运河，展现出我国劳动人民的伟大智慧和勇气，传承着中华民族的悠悠历史和文明。在 2500 多年的漫长岁月中贯通南北、联通古今的大运河，留下了丰厚的物质财富和精神财富。2014 年成功列入世界遗产名录，与长城一起成为华夏文明的重要标识。"大运河是中华民族的血脉，是祖先留给我们的宝贵遗产，要深入挖掘以大运河为核心的历史文化资源，统筹保护好，传承好，利用好。江苏作为大运河起源地，正致力于推进大运河文化带建设，打造文化建设高质量鲜明标志和闪亮名片"[17]。如果说万里长城是莽莽神州坚强的脊梁，千年运河就是泱泱中华充盈的血脉，涌动着生生不息的文化基因。

参 考 文 献

［1］ 司马迁. 史记：夏本纪第二. 长沙：岳麓书社，1983.

［2］ 史念海. 中国的运河. 西安：陕西人民出版社，1988.

［3］ 水利部治淮委员会，《淮河水利简史》编写组. 淮河水利简史. 北京：水利电力出版社，1990：39.

［4］ 杜预等注. 春秋三传：左传. 上海：上海古籍出版社，1995.

［5］ 范晔. 后汉书. 西安：太白文艺出版社，2006.

［6］ 司马迁. 史记：留侯世家. 长沙：岳麓书社，1983.

［7］ 武汉水利电力学院，水利水电科学研究院，《中国水利史稿》编写组. 中国水利史稿. 北京：水利电力出版社，1979.

［8］ 宋书：孔委恭传. 北京：中华书局，1974.

［9］ 旧唐书：崔融传. 北京：中华书局，1975.

［10］ 彭定求. 全唐诗. 上海：中华书局，1956.

［11］ 邹宝山，何凡能，何为刚. 京杭运河治理与开发. 北京：水利电力出版社，1990.

［12］ 皮日休. 皮子文薮：汴河铭. 上海：上海古籍出版社，1981.

［13］ 周密. 说郛：西征记. 北京：中华书局，1986.

［14］ 宋史：河渠志. 北京：中华书局，1985.

［15］ 元史 卷九三：食货志//元史. 北京：中华书局，2016.

［16］ 河渠志//明史. 北京：中华书局，1974.

［17］ 扬子鉴藏·中华民族的血脉·扬子晚报，2019－05－11.

第四章

淮河流域洪水灾害

淮河流域位于我国东部平原中部，长江与黄河两大流域之间；地处北热带与南温带、湿润区与半湿润区、内陆与海洋、平原与山岳的过渡地带，故自然条件复杂多样，气候复杂多变，降水时空分布不均，加上黄河的长期侵淮、夺淮和人类非理性的活动，使本区洪涝灾害发生频次大为增加，灾情更为严重。历史上，以"大雨大灾、小雨小灾、无雨旱灾"而闻名于世。其中又以黄河长期侵淮、夺淮所导致的洪涝灾害最为严重，影响亦最为深远。因此，我们根据历史时期黄河侵淮、夺淮的严重程度将淮河流域的洪涝灾害分为以下几个时间段来叙述和讨论。

（1）先秦时期（公元前 220 年以前），黄河与淮河同为"四渎"之一，互不干扰，各自独立入海。

（2）秦初（公元前 221 年）至黄河铜瓦厢北决，注入渤海（1855 年），黄河不断地侵淮、扰淮。

1）秦初至东汉后期（公元前 221—220 年），黄河拉开了侵淮序幕，不断地侵淮。

2）东汉后期至唐朝末期（220—907 年），黄河极少侵淮，安流 800 余年。

3）唐朝末期至北宋靖康二年（907—1127 年），黄河侵淮日趋严重。

（3）黄河大举侵淮、合淮、夺淮时期（1127—1855 年），黄河大举侵淮，最终夺取淮河入海河道。

（4）黄河北上入渤海至中华人民共和国成立前（1855—1949 年）黄河改道北上入渤海，结束了长达 2300 余年的侵淮夺淮的历史，但淮河流域依然洪涝灾害不断。

（5）中华人民共和国成立以来（1949 年以来）。

第一节　淮河流域洪涝灾害概述

一、先秦时期（公元前 221 年以前）

关于先秦时期发生在中原地区（包括今淮河流域在内）的洪水灾害，古文献中记载最多的就是发生在尧舜时期的那场滔滔洪水，如：

《尚书·尧典》："汤汤洪水方割，荡荡怀山襄陵，浩浩滔天。"

《归藏·启筮说》："滔滔洪水，无所止极。"

《孟子·滕文公上》："当尧之时，天下犹未平，洪水横流，泛滥于天下；草木畅茂，禽兽繁殖，五谷不登，禽兽逼人，兽蹄鸟迹之道交于中国。"

《庄子·秋水》:"禹之时,十年九潦。"

《淮南子·齐俗训》:"禹之时,天下大雨,禹令民聚土积薪,择丘陵而处之。"

《春秋》中载有 7 次大水(在近 250 年内):鲁桓公元年秋大水、鲁桓公十三年夏大水、庄公十一年秋宋大水、庄公廿四年八月大水、庄公廿五年秋大水、成公五年秋大水、襄公廿四年七月大水。

尧舜时期的那场大洪水和大禹治水的事迹为古代许多典籍所记载。上述 7 种典籍中就有 6 种记载了那次大洪水。还有许多文学作品大力颂扬了大禹治水的功绩,甚至达到神化的境界,可以说是家喻户晓,人人皆知。

关于大禹治水事迹,《史记》曰:当帝尧之时,洪水滔天,浩浩怀山襄陵,下民其忧。尧求能治水者,群臣四岳皆曰鲧可。于是尧用鲧治水,九年而水不息,功用不成。……尧崩,帝舜问四岳曰:"有能成尧之事者使居官?"皆曰:"伯禹为司空,可成美尧之功。"舜命禹:"女平水土,维是勉之。""禹乃遂与益、后稷奉帝命,命诸侯百姓兴人徒以傅土,行山表木,定高山大川。……乃劳身焦思,居外十三年,过家门不敢入。……陆行乘车,水行乘船,泥行乘橇,山行乘檋。左准绳,右规矩,载四时,以开九州,通九道、陂九泽,度九山。……于是九州攸同,四奥既居,九山刊旅,九川涤原,九泽既陂,四海会同"[1] 终于完成了万世流芳的治水大业。

大禹治水的功绩为后世民众广泛传颂。汉代赵君卿注释说:"禹治洪水,决疏江河,望山川之行,定高下之势,除滔天之灾,释昏垫之厄,使东注于海而无浸溺,乃勾股之所由生也。"说明大禹治水时已采用一些基本的科学勘察、测量和计算的方法。

孔子赞扬大禹的高贵品格,曾感叹地说:"禹,吾无间然矣!菲饮食而致孝乎鬼神;恶衣服而致美乎黻冕;卑宫室而尽力乎沟洫。禹,吾无间然也。"翻成白话文就是"禹,我简直找不到一点可以对你非议的啊!你自己虽然吃的非常差,但能够以很丰盛的食物来祭祀鬼神;你平常衣着很朴素,但祭祀时又能庄重地穿上祭服;你居住的宫室虽然很简陋,但没有想到先改善自己的居所,而是尽全力平治土地,开沟渠,发展农耕。"《左传·昭公元年》载有"美哉禹功,明德远矣;微禹,吾其鱼乎!"其大意是,"禹光明磊落的德行,光照千秋;禹治水功绩使我们免为鱼鳖。"至于民间歌颂和赞扬大禹近乎神化的功绩不绝于书,这里不再一一赘述。

关于大禹治水的范围,《史记·殷本纪》载,"古禹、皋陶久劳于外,……东为江,北为济,西为河,南为淮,四渎已修,万民乃有居"[2]。此外,《史记·河渠书第七》太史公曰:"余南登庐山,观禹疏九江,遂至于会稽太湟,上姑苏,望五湖。"《尚书·禹贡》云:"荆及衡阳惟荆州,江汉朝宗于海。九江孔殷,沱、潜既导,云土、梦作。"《史记·夏本纪》曰:"荆及衡阳惟荆州,江汉朝宗于海。九江甚中,沱涔已道,云土、梦为治"。上述禹疏九江和导沱、潜(涔)都发生在当时的荆楚地区。值得一提的是大禹最后崩于浙江会稽。从而证明帝尧时期发生的那场大洪水主要是在江淮流域,当然也包括淮河流域。

由于上述六种先秦文献中,自大禹治水之后,再没有大洪水的记载,于是人们就认为,从大禹治水起到春秋早期长达 1600 多年的时间内,中原地区没有发生过洪水。之所以没有发生洪水是大禹治水功绩所致。春秋时代早期有位贵族就持此观点,曾说:"美者禹功！明德远矣。微禹，吾其鱼乎！吾与子弁冕端委以治民临诸侯，禹之力也。"意思是"没有大禹制服洪水，我们早就过着鱼样的生活。"如此说法尽管有些夸张，但是大禹治水惠及后世子孙的不世之功，中华儿女应永远铭记。大禹治水所采用措施，如导九川、陂九泽等工程，对后世防洪、治水起到很好启迪作用。但在长达1600多年的时间内不可能不发生大洪水，桀骜不驯的黄河也不可能安流如此之长的时间。古籍中没有洪水的记载并不代表在这漫长的时间内没有发生过洪水灾害，而是另有原因。古籍中没有发生洪水记载的原因有二：一是大禹治水的措施，如导九川、陂九泽等措施对防止洪灾发生、减轻洪灾危害程度确实起到很大的作用；二是经过尧舜时期那场大洪水和大禹艰苦卓绝的治水，广大民众获得许多宝贵的防治洪灾的经验和教训，其中最简便易行的是"择丘陵而处之"。远古时期土地广博人烟稀少，完全可以择高处而居之。大禹就是将都城建在嵩山山腰处的告成。淮夷族涂山氏部落居住在涂山之上。又如，在今太湖周围发现众多的距今6000～4000年前的马家浜、崧泽和良渚等新石器古文化遗址都建在一些丘陵山地的山麓、坡角、岛屿和残丘周围以及高阜、土墩之上。在全新世大海侵时，它们都高于当时海面十数米，故未被淹没。"择高处而居"，洪水不能酿成洪灾。未酿成洪灾的大洪水也就不引起人们的关注，故古文献中很少有洪水的记载。其实，在古代文献中还是能找到发生洪水的蛛丝马迹的。例如，商朝的都城自成汤以后曾多次搬迁，但大多不离黄河左右，可视为是躲避黄河洪水之举。又如，《尚书·咸有一德》中有"河亶甲居相，……祖乙圮于耿"的记载。耿地在今河南温县界，离黄河不远。"河水所毁曰圮"，就是说都城是被黄河的洪水冲毁的。再如，《国语·鲁语上》载有"冥勤其官而水死，……商人禘舜而祖契，郊冥而宗汤。"韦昭注曰："冥，契后六世孙根圉之子也，为夏水官，勤于其而死于水也"。今本《竹书纪年》也载有"商侯冥治河""商侯冥死于河"，它说明冥是在治理黄河洪水过程中死的，也间接地说明，自大禹治水后，黄河仍不时地漫溢、决口以致发生洪涝灾害。类似上述记载，在古文献中并不鲜见。

夏、商、西周时代属奴隶制社会，人烟稀少，生产力低下，生产工具主要是石器。1955—1957年在陕西长安附近西周遗址出土的石制生产工具，有砍伐用的斧、锛，挖土用的铲，收割谷物用的刀镰。石斧大都是砾石打制成的，只是在刃部略加修磨。此时人类的社会、经济活动对自然界破坏较少。广袤的淮河流域基本上处于原始状态，山清水秀，森林草地广布。此段时期淮河流域水系基本上是处于原始状态，广阔的黄淮平原上主要存在四条河流，即黄河、淮河、长江和济水，古人视之为四渎。

《史记·殷本纪》载："古禹、皋陶久劳于外，其有功乎民，民乃有安。东为江，北为济，西为河，南为淮，四渎已修，万民乃有居。"《尚书·禹贡》又曰："导河积石，至于龙门；南至于华阴，东至于底柱；又东至于孟津，东过洛汭，至于大伾；北过降水，至于大陆；又北播为九河，同为逆河，入于海。岷山导江，东别为沱，又东至于澧；过九江，至于东陵，东迤北会于汇；东为中江，入于海。导淮自桐柏，东会于泗、沂，东入海。"《水经注·济水》曰："济水出河东垣县东王屋山，……"所以说，先秦时期发生在淮河流域的洪水灾害，既没有黄河的侵扰，也没有人为干扰，纯属大自然所赐。那时期发生的大洪水主要是由地带性气候和大气环境变幻所致。

二、秦朝初期至北宋靖康二年（公元前221—1127年）

（一）秦朝初期至东汉后期（公元前221—220年）

战国中后期，中原诸侯各国争战激烈，为了在争战中增加胜算，都大力发展经济，纷纷引河、开渠以溉田，开凿运河以利交通。于是"自是之后，荥阳下引河东南为鸿沟，以通宋、郑、陈、蔡、曹、卫，与济、汝、泗会。于楚，西方则通渠汉水、云梦之野，东方则通沟江淮之间。""自是之后，用事者争言水利。朔方、西河、河西、酒泉皆引河及川谷以溉田；而关中辅渠、灵轵引堵水；汝南、九江引淮；东海引巨定；大山下引汶水。皆穿渠为溉田，各万余顷"[3]。引河开渠破坏了原有水系的特性，改变了地形、地貌，尽管此举利在当代，却遗患于未来。为未来发生较大的洪涝灾害埋下了祸根。此时淮河流域的洪灾主要是由黄河决口泛滥所致。而引河开渠所引发的洪灾已经显现，但尚未引起人们的重视。

战国中后期修筑的黄河大堤虽然将黄河河道限制在大堤内，但是，河水仍然在大堤内游荡，并将其所携带的泥沙沉积在大堤之内。随着时间的推移，河床被不断淤高。于是，小规模的漫溢现象开始发生。延至汉代，大规模地漫溢、决口终于发生。西汉文帝前元十二年（公元前168年）"河决酸枣，东溃金堤"，拉开了黄河长期侵淮、夺淮的序幕。这是黄河首次决堤侵扰淮河。紧接当年十二月，"河决东郡"。时隔不久，西汉武帝三年"夏五月，河水决濮阳，氾郡十六"。"孝武元光中，河决于瓠子，东南注巨野，通于淮泗。"因未及时堵口，致使黄水在梁、楚之地（今豫东、鲁西南、苏北、皖北）泛滥了20余年之久，这是汉代最严重的一次水灾。史书载曰："山东被河灾，及岁不登数年，人或相食，方一二千里。"在西汉末年黄河还有两次南泛，给汴水造成很大的破坏。

据《淮河综述志》所载，在两汉230年间只有10年发生洪灾，其中有4年洪灾是由黄河决口所造成的，其余6年洪灾是淮河流域自身原因所致。而且这6年的洪灾均发生在颍河和汝河两水系（表4-1）。

表4-1　　　　　　　　　　秦汉时期淮河流域主要水灾年表

年份	朝代	灾情	资料来源
公元前185	西汉高后三年	汝水溢流八百余家	《淮系年表》
公元前168	西汉文帝前元十二年	"河决酸枣，东溃金堤。于是东郡大兴卒塞之""十二年冬十二月，河决东郡"	《史记·河渠书》《汉书·文帝纪》
公元前132	西汉武帝元光三年	"夏五月，河水决濮阳，氾郡十六""孝武元光中，河决于瓠子，东南注巨野，通于淮泗"	《汉书·武帝纪》《汉书·沟洫志》
公元前39	西汉元帝永光五年	夏及秋大水。颍州、汝南、淮阳……坏乡聚民舍，及水流杀人	《汉书·五行志上》
公元前7	西汉成帝绥和二年	秋，诏："……河南颍州郡水出，流杀人民，坏庐舍。……赐死者棺钱，人三千。"	《汉书·哀帝本纪》
公元1—5	西汉平帝元始一至五年	"平帝时，河、汴决坏"	《后汉书·王景传》
公元25	西汉更始三年	六月，大水蛊川（北汝河）盛涨，颍河大水，溺死者万计，水为之不流	《河南历代大水大旱年表》

年份	朝代	灾情	资料来源
公元 58	东汉明帝永平元年	七月，河溢太康、西华、淮阳、临颍等，漂没官民房舍	《河南历代大水大旱年表》
100	东汉和帝永元十二年	六月，颍川大水伤稼，赐被灾尤贫者谷人三斛	《河南历代大水大旱年表》
212	东汉献帝建安十七年	七月，洧（双洎河）、颍川水溢，新郑、许昌水灾	《河南历代大水大旱年表》

（二）东汉后期至唐朝末期（220—907 年）

自东汉末年的黄巾大起义后，随之是三国争雄，西晋短暂的太平之后紧接着是"五胡乱华"。中原大地是狼烟四起，刀光剑影，军阀混战，民不聊生。中原地区大批士族和民众南逃至长江以南和太湖平原地区。中原地区则是人烟稀少，田地荒芜。北方少数民族相继入主中原，变良田为牧场，变士民为奴隶，中原地区经济受到严重的破坏，广大民众遭受到空前的浩劫。令人惊奇的是，此段时期内的文献中，有关黄淮地区洪水灾害的记载是少之又少。正如清代胡渭在《禹贡锥指》中写到："魏晋南北朝，河之利害不可得闻。"

《淮河综述志》记载了魏、晋、南北朝时期（220—581 年）淮河流域共发生了 19 次大洪水。其中，以水代兵酿成的洪灾有 5 次（表 4-2），其余 14 次为淮河自身发生的洪灾（其中有 11 次是发生在汝、颍河流域）[4]，竟然没有一次是由黄河泛滥决口所造成的（表 4-3）。发生此情况并非是黄河发善心，眷顾黄河两岸民众，而是另有缘由。原因是自东汉末年以来，黄巾大起义之后中原地区战乱频繁，特别是"永嘉之乱"以后，"五胡乱华""百姓为寇贼杀，流尸满河，白骨蔽野，百无一存。"斯后，各少数民族又互相残杀，使道路断绝，千里无烟。北魏迁都洛阳后，划"石济以西，河内以东，拒黄河南北千里为牧地，驱大量杂畜夷中原为牧场。"《魏书·食货志》载，"世祖之平统万，定秦陇，以河西水草善，乃以为牧地，畜产滋息，马至二百余万匹，橐驼将半之，牛羊则无数。高祖即位之后，复以河阳为牧场"[5]。中原农业区顿成牧场，耕地化为乌有，农业生产力遭到毁灭性的破坏。农业虽遭到破坏，但牧业却得到大发展，大片田地荒芜，却免于耕作，水土得以保持，水土流失减轻，入河的泥沙亦相应减少，故黄河得于安流，免于漫溢决口。

表 4-2 以水代兵所酿成的洪灾

年份	朝代	灾情	资料来源
198	东汉献帝建安三年	曹操东征吕布，决泗水、沂水灌下邳城（今邳县古邳镇），月余，城降	《资治通鉴》
480	南北朝北魏孝文帝太和四年	垣崇祖守寿阳，魏人来攻，崇祖堰肥水以自固，旋洪堰灌魏军，魏军皆被漂溺，遂退走	《淮系年表》
514	南北朝南梁武帝天监十三年	梁用魏降人王（足）策，筑浮山堰，堰淮水以灌寿阳。天监十五年四月，浮山堰成，长九里。九月淮水涨，堰坏，缘淮城戍十余万口，皆漂入海	《淮系年表》
522	南北朝北魏孝明帝正光三年	齐王镇徐州，立大堨于厚邱县建陵山，西遏沭水西流，两渎之会，置城防之，曰曲沭戍	《淮系年表》

年份	朝 代	灾 情	资料来源
547	南北朝东魏孝静帝武定五年	（梁）大举北伐东魏，命羊侃监筑寒山堰，堰泗水攻彭城，两旬堰立未果，魏援军大至，梁军败还	《淮系年表》
573	南北朝北周武帝建德二年	（陈）吴明彻攻北齐兵于寿阳，堰肥水灌城克之。又吴明彻曾于古屯城置堰，断淮水以灌濠州	《淮系年表》
578	南北朝北周武帝宣政元年	（陈）吴明彻北伐，围彭城，堰泗水灌之，周将王轨驰救轻行，据淮口，横流竖木以铁锁贯车轮沉之清水以遏陈船归路，明彻决堰退军至清口被擒	《淮系年表》
784	唐德宗兴元元年	李希烈围宁陵，引汴水灌城	《淮系年表》
910	五代后梁太祖开平四年	遣丁会攻宿州，壅汴水以浸其城	《淮系年表》
923	五代后唐庄宗司光元年	段凝以唐兵日逼，乃自酸枣决河东注于郓，以限唐兵，谓之护驾水，决口日大，屡为曹、濮患	《淮系年表》
924	五代后唐庄宗同光二年	八月，梁所决河口复溢漫入郓州界。为曹濮患，命娄继英督兵塞之，未几复坏	《淮系年表》
1128	南宋高宗建炎二年	是冬，杜充决黄河，自泗入淮，以阻金兵	《宋史·高宗本纪》

表 4-3　　　　　　　　　　**魏、晋、南北朝时期淮河流域洪涝灾害**

年份	朝 代	灾 情	资料来源
237	魏明帝青龙五年	九月，淫雨，冀、兖、徐、豫四州水出，漂溺死人，漂失财产	《晋书·五行志》
242	魏齐王正始三年	吴全琮略淮南，决芍陂灌魏将王凌军，战于芍陂，琮败	《淮系年表》
257	魏甘露二年	夏秋，凤阳洪水灌城	《安徽水旱灾害年表》
268	西晋武帝泰始四年	九月，青、徐、兖、豫四州大水……开仓以赈之	《晋书·武帝》
278	西晋武帝咸宁四年	徐、兖、豫等州连年大水，五稼不收，居业并损	《晋书·五行志》
294	西晋惠帝元康四年	五月，淮南，寿春洪水出，山崩地陷，坏府城及百姓庐舍。是岁，荆、扬、兖、豫、青、徐等六州大水	《晋书·惠帝本纪》
295	西晋惠帝元康五年	六月，荆、扬、徐、兖、豫、青（长江下游，淮河下游、黄河下游南岸）六州大水	《中国水利史稿》
298	西晋惠帝元康八年	九月，徐、豫州大水，徐州原治彭城，由于水灾改治下邳 九月，荆、扬、徐、冀、豫（黄河、长江、淮河下游）五州大水	《江苏近两千年洪涝旱潮灾年表》《中国水利史稿》
302	西晋惠帝永宁二年	七月，兖、豫、徐、冀等四州大水灾	《中国水利史稿》
478	南北朝北魏孝文帝太和二年	四月，南豫、徐、兖州（今山东西半部、苏北、豫东）大霖雨，州镇二十余，水灾民饥	《中国水利史稿》
480	南北朝北魏孝文帝太和四年	垣崇祖守寿阳，魏人来攻，崇祖堰肥水以自固，旋洪堰灌魏军，魏军皆被漂溺，遂退走	《淮系年表》
482	南北朝北魏孝文帝太和六年	七月青、雍二州大水。八月徐、东徐、兖、济、平、豫、光七州，平原、枋头、广阿、临济四镇大水（今黄河下游及淮河流域）	《中国水利史稿》

年份	朝　代	灾　情	资料来源
499	南北朝北魏孝文帝太和十三年	六月，青、齐、光、南青、徐、豫、兖、东豫八州（黄河下游及淮河流域）大水。是年州镇十八水，民饥	《中国水利史稿》
500	南北朝北宣武帝景明元年	七月，青、齐、南青、光、徐、兖、豫、东豫、司州之颍川、汲郡（今山东、河南二省，及苏北、皖北）大水。平隰一丈五尺，居民全者十之四、五。是年十七州大饥	《中国水利史稿》
514	南北朝南梁武帝天监十三年	梁用魏降人王（足）策，筑浮山堰，南起浮山，北抵巉石，堰淮水以灌寿阳。天监十四年，浮山堰将合，淮水漂疾决溃，复兴大工，筑逾年，堰成。天监十五年，四月浮山堰成，长九里。九月淮水涨，堰坏，缘淮城戍十余万口皆漂入海	《淮系年表》
522	南北朝北魏孝明帝正光三年	齐王镇徐州，立大堨于厚邱县建陵山，西遏沭水西流，两渎之会，置城防之，曰曲沭戍	《淮系年表》
547	南北朝东魏孝静帝武定五年	大举北伐，命羊侃监筑韩山堰，堰泗水攻彭城，两旬堰立不果，魏振大至，梁军败还	《淮系年表》
573	南北朝北周武帝建德二年	吴明彻攻北齐兵于寿阳，堰肥水灌城克之，齐将皮景和赴救，屯于颍口，及渡，淮寿阳已陷，狼狈北还	《淮系年表》
578	南北朝北周武帝宣政元年	吴明彻北伐，围彭城，堰泗水灌之，周将王轨驰救轻行，据淮口，横流竖木以铁锁贯车轮沉之清水以遏，陈船归路，明彻决堰退军至清口被擒	《淮系年表》

隋、唐两朝（581—907 年），长达 426 年间共发生洪灾 34 年，其中只有一次是以水代兵酿成的，其余 33 次都是淮河流域自身洪水造成的，仍没有一次是黄河南泛造成的。自东汉末年到唐末 800 余年的时间，黄河竟没有向南漫溢和决口。产生此种状况并非偶然，它与"黄河安流"800 载息息相关。

前文我们提到东汉明帝时，王景治河、修筑了千余里的黄河大堤（自荥阳至千乘海口），不仅将黄河重新置于大堤的约束之中，而且形成了一条入海最近的行洪路线，使得河水能顺利入海，避免了河水的漫溢和决口，这是一个原因，另一个原因则是"因祸得福"，如前所述。

唐太宗贞观年间以后，史籍中水灾记载逐渐增多，而且均为淮河自生的洪水灾害，没有黄河侵扰的记载，很可能是气候变暖、降水增加等气候因素所致。大多数水灾发生在济、汴和泗河所流经的州、县。到了唐代后期，黄河结束了"安流"状态，开始骚动起来，不时地漫溢、决口而造成洪灾。

唐代黄河决溢造成水患主要发生在后期，尤其是"安史之乱"以后，黄河下游处于藩镇割据状况，农田水利遭到严重的破坏，水旱灾害频繁发生。据《黄河水利史述要》记载，在唐代 290 年中，黄河决溢年份为 21 年。而五代时期的 55 年中，有记载的黄河决溢竟达 18 年。在隋、唐、五代时期黄河决溢灾害，影响淮河流域的只有 8 年。发生水灾的地区主要是郑州、汴州（今开封地区）、宋州（今商丘地区大部）、亳州（今亳县、鹿邑、郸城、拓城、永城、涡城、蒙城县）、郓州（今东平、梁山、郓城、巨野、嘉祥等县）。

据《淮系年表》记载，五代十国时期（910—931 年）仅有 4 次洪灾，其中 3 次是

"以水代兵"引发的洪灾，另有一次是 931 年 "四月，郓州河溢岸阔三十里，东流漂溺四千户。"[6]

（三）唐朝末期至宋钦宗靖康二年（907—1127 年）

北宋王朝的建立结束了五代时期军阀割据的局面。为了发展农业生产，执政者颁布了《农田利害条例》和《淤田法》[7]，大大地调动了农民兴修水利的积极性，仅熙宁间的短短 6 年，在全国兴办的农田水利工程达 10000 余处，灌溉面达 3000 万亩。在京西东路，开挖了曹、单等九州 13 处河道沟洫；在京都开封附近，兴建排涝工程，把涝水导入汴、泗；在淮南东路兴建的大型水利工程，有天长县的三十六陂、宿州临涣县的横斜三沟，两处工程可灌溉 90 万亩农田。由于北宋王朝重视水利建设，农业得到发展。当时黄河南泛较少，淮河流域除豫东地区常受汴水泛滥之灾外，淮河干流区域水灾较少。到了北宋后期，黄河下游河道变迁频繁，决溢灾害超过前代[7]。据黄河水利委员会统计，在北宋的 167 年中，黄河共发生决溢 66 年，影响淮河流域豫东、鲁西南等地区的有 6 次，即 983 年、1000 年、1006 年、1019 年、1020 年、1077 年，其中较为严重的是 1019 年和 1007 年。天禧三年（1019 年）六月，"渭州河溢城西北天台山旁，俄复溃于城西南，岸摧七百步，漫溢州城。历澶、濮、曹、郓，注梁山泊，又合清水、古汴渠东入淮。州邑罹患者三十二。"这次黄河南泛淮、泗长达九年才将决口堵塞。另一次，是熙宁十年（1077 年）7 月，黄河"大决于澶州曹村，澶渊北流断绝，河道南徙，东汇于梁山、张泽泺，分为二派，一派合南清河（即泗河）入于淮，一派合北清河（大清河）入于海，凡灌郡县四十五，而濮、济、郓、徐尤甚，坏田逾三十万顷。""八月又决郑州荥泽。"这次河决泛淮是北宋时期黄河泛淮成灾最为严重的一次，次年五月才堵塞断流。据《淮河综述志》统计，北宋时期自 964—1118 年，共发生洪水灾害 23 次，其中河溢致灾 6 次。

三、黄河大举侵淮、夺淮时期（1127—1855 年）

自北宋太平兴国八年（983 年）至熙宁十年（1077 年）的 85 年中黄河竟 5 次先后南决入淮，而且其规模一次比一次大，虽经朝廷着力修塞，未形成大河南徙，但是黄河大举南徙已经是势在必然。杜充决黄河以阻金兵，只是黄河南徙提前实现而已。

南宋高宗建炎二年（1128 年），"是年冬，杜充决黄河，以阻金兵"（《宋史·高宗本纪》）。开创了黄河长期大举侵淮、夺淮的先河。决口处大致在卫州（今汲县）和渭州（今渭县东）之间，决水东流至梁山泊分为南、北两支，南支入泗水，北支由古济河道北流入渤海。因此时宋、金对峙，争战不休，金王朝无意过问此事，致使黄河在金灭北宋后的"数十年间，或决或塞，迁徙不定"（《金史·河渠志》）。金世宗大定八年（1168 年），黄河又在李固渡决口（今河南浚县南），水淹曹州城，分流于单州之境……此时，黄河南流经泗入淮的水量已占黄河总水量的十分之六，北流仅占十分之四。此后的 20 年间，河势不断南移，呈多股分流。金大定二十年（1180 年），"河决卫州、延津、京东埽，决水弥漫于归德府，河势益南"。金章宗明昌五年（1194 年），"河决武阳故堤，灌封丘而东"（《金史·河渠志》）。黄河洪水大溜经长垣、曹县以南，商丘、砀山以北至徐州入泗，从淮阴入淮（《黄河变迁史》）。金王朝却不堵决口，任其泛滥，形成黄河长期据淮的局面。

南宋理宗端平元年（1234 年），元军灭金以后，随即决开封北黄河寸金堤，"以灌南军，南军多溺死"（《续资治通鉴》）。黄河进一步南移，并分三股南流，主流经涡河入淮。此后，黄河在流域腹地作南北滚动漫决。淮河的五条支流颍、涡、濉、汴、泗水都成为黄河侵淮的泛道，形成长期多股分流的局面。

每当黄河在泛道沿线决溢，平地汪洋一片，一望如海。灾后的黄泛区出现了人烟断绝，一片荒凉的景象。南宋时期淮河流域洪水灾害较严重，据《黄淮河综述志》记载有11次，其中淮河自身洪灾有8年。灾情较重的是南宋绍兴三十二年（1162年）至隆兴二年（1164年），连续3年淮河大水，水漫寿春和泗州等沿淮城市，"操舟行市者累日，流徙江南灾民有数十万之众"。南宋淳熙十五年（1188年）五月，"淮甸大雨水，淮水溢，庐、濠、楚州、无为、安丰、高邮、盱眙军皆漂庐舍、田稼"。

金元时期的洪灾在古籍中记载不多。元代淮河水灾比较严重的年份，有元惠宗元统二年（1334年），是年"六月，淮河涨，淮安路山阴县满浦等处民畜房舍多漂溺。"元至正四年（1344年）"六月，济宁路兖州、汴梁路鄢陵、通许、陈留、临颍等县大水害稼，人相食"。

到了元代黄水灾害更为严重。元世祖至元十五年（1278年）"河决灌大梁，漂溺千里"。元至元二十三年（1286年），"河决开封、祥符、陈留、杞、太康、通许、鄢陵、扶沟、洧川、尉氏、阳武、延津、中牟、原武、睢州十五处。"元至元二十四年（1287年）"汴梁河水泛滥"，……据《元史·世祖本纪》载，从元至元二十三年（1286年）到至元二十七年（1290年），黄河连年大水，黄河决口，洪水在颍河、涡河沿岸15个州县泛滥，"没民田，漂荡麦禾房舍"，其中太康、祥符，"没民田319808亩"。又如，元泰定三年"河决归德"，"河决郑州"，"河决亳州"，……元代为我国历史上河患严重的朝代之一。

黄河大举侵淮泛道[8]：

（1）1128年，杜充在卫州掘开黄河南岸大堤，河水东至梁山泊之南分为两支，南支入泗河，北支入古济河（大清河）。

（2）1194年，黄河在阳武决口，经封丘、长垣、曹县以南，商丘至徐州入泗河、淮河。

（3）1234年，元军在开封北面寸金淀决开黄河大堤，黄河主流入涡河。

（4）1297年，黄河在杞县蒲口决口，北支主流入泗河、淮河。

（5）1391年，黄河在原武黑洋山决口，主流经颍河入淮河。

明初，黄河下游主流逐渐南移，并在淮河平原上摆动，河道迁徙不定，无岁不决，河患严重。明总河杨一魁曾言道："洪武二十四年（1391年），（河）决原武黑洋山，经开封城北，又东南绕项城、太和、颍州、颍上至寿州正阳镇入淮，行之二十余年，至永乐九年（1411年）河稍北入鱼台塌场口。未几（1416年）复南决，由涡河经怀远县入淮。嗣后又行之四十余年，至正统十三年（1448年）间，河复北决冲张秋。先臣白昂、刘大夏（1495年）相继塞之，复导河流，一由中牟至颍、寿；一由亳州、涡河入淮；一由宿迁小河口会泗。时则全河大势纵横于颍、亳、凤、泗间，下溢符离、睢、宿。"[9]从上述总河杨一魁这段讲话，我们可以一睹黄河上下摆动，河道迁徙不定的情景，也可以想到黄河如此摆动，会给当时的民众带来多么深重的灾难。从洪武二十四年（1391年）到弘治八年（1495年）的104年的时间内，除少数几年是黄河北决由泗入淮外，其余大多数年份，黄河是走颍、涡、睢三条河入淮。黄河如此流向就加大了淮河中游洪水负担。每年夏季，黄淮并涨，给淮河中游地区带来十分严重的洪水灾害。

在明朝的 276 年中，据《淮河志》记载，淮河发生了较大洪水灾害 33 次，平均 8.4 年发生一次水灾[10]，主要水灾集中在永乐元年（1403 年）至万历二十三年（1595 年）这个时段。明代前期洪水灾区多集中淮河中上游，明代后期多集中在淮河下游地区。流域性大水灾有 10 多次。明代主要水灾年有天顺四年（1460 年）、成化十三年（1477 年）、正德十二年（1517 年）、隆庆五年（1571 年）。严重水灾年为万历元年（1573 年），是年五月淮水暴发，千里汪洋，"没室淹田，濒河民多溺死"。万历七年（1579 年），淮河下游安东县水灾，"田与海连，百里无烟，舟行城市，复有废县之议"。特大水灾发生在万历二十一年（1593 年）。

清代从顺治元年（1644 年）到咸丰五年（1855 年）的 211 年中，淮河发生较大洪水灾害有 64 次，平均 3.3 年发生一次水灾。清代淮河洪水灾害多发生在淮河下游及沂、沭、泗水系。主要水灾年有顺治十六年（1659 年）、康熙二十四年（1685 年）、雍正八年（1730 年）、乾隆十二年（1747 年）、乾隆十八年（1753 年）。严重的水灾年为道光二十五年（1845 年），是年运河大水漫溢，平地淹没人畜无数，漕船由运河漂到岸外，且多损坏。而淮河水灾发生的范围（区域）是由上游向中下游移动。明代前期淮河洪水灾区多集中在淮河的上中游地区。到了明后期，淮河洪水灾区主要在淮河中下游地区，到了清代淮河洪水灾区多集中在淮河下游及沂沭泗水系地区。

自 1128 年杜充掘开黄河大堤拉开黄河大举侵淮、夺淮的序幕到 1855 年黄河北徙北入渤海的 700 余年的时间内，黄河共冲出五条泛道。其中 1128 年和 1194 年冲出的泛道是经泗河入淮、入海；1234 年形成的泛道是经涡河入淮、入海；1297 年冲出的泛道是经濉河入淮、入海；1391 年冲出的泛道是经颍河入淮、入泗。但它们都是通过淮河清口以下的入海通道入海。在长达 600 多年的时间内，这些泛道先后将大量黄沙直接或间接带入淮河下游河道，使该河床逐渐淤高，造成决溢、泛滥频繁，洪灾不断。黄河由大举侵淮到合淮以后，淮河承担了比它流量大数倍的黄河水量，已是不堪重负，若黄、淮并涨，淮河决口、漫溢就在所难免。

据《江苏省近两千年洪涝旱潮灾害年表》统计，黄河侵夺淮河时期，黄、淮并涨 47 次，又以 1437 年、1453 年和 1676 年较为严重。明正统二年（1437 年），黄、淮并涨，淮北、淮南大水，泗州城内，水与檐齐，淮安城里行船，漂溺人畜庐舍无算，田禾荡然。清康熙十五年（1676 年），黄、淮并涨，清口以下，河床淤高，不能奔趋归海，致使黄水由清口倒灌洪泽湖，冲决洪泽湖大堤与里运河堤等 30 余处，淹里下河七州县田禾，汪洋600 余里，兴化水骤涨以丈计，而涓滴不出清口。黄、淮、沂、沭、泗并涨 14 次，以1649 年、1685 年和 1730 年较为严重，如 1685 年（清康熙二十四年）黄、淮、沂、沭、泗五水并涨，两淮均发生大洪水，邳州平地水深丈许，村落为墟；海州大水，城圮十之六七；泗州大水，堤上水深数尺，官民架木以栖，绝烟数日；睢宁岁饥，民鬻子女。高邮大水，决堤浸城，溺死人无算。宝兴、兴化、盐城、阜宁、泰州均大水，田庐尽没。淮阴无收，麦石银一两八钱。毕竟黄强淮弱，淮河不敌黄河，到清咸丰元年（1851 年），洪泽湖盛涨冲毁洪泽湖大堤南端的溢流坝，使淮水沿三河入高邮湖及里运河入注长江。

四、黄河改道北上入渤海至中华人民共和国成立前（1855—1949 年）

清咸丰五年农历六月中旬，黄河发生大水。河南境内今开封至兰考段黄河水位猛涨一丈以上，又遭遇大雨，水势汹涌。六月十九日，兰阳铜瓦厢三堡以下决口三四丈。翌日，口门迅速扩大至 170 余丈，导致全河夺流北上，原河道断流。之后，黄河北徙夺大清河入渤海。黄河北徙，给河南、山东、江苏造成巨大的灾难。其中山东灾情最为严重，菏泽县又是首当其冲，"平地陡长水四五尺，势堪汹涌，郡城四面一片汪洋，庐舍、田禾，尽被淹没。"东明县被黄水所陷，"菏泽、定陶、鄄城、曹县、单县、金乡、成武、鱼台等县田庐人畜半入巨侵"，"黄水泛滥五府二十余州县"。当时，清政府既不堵口，又不在新河两岸筑堤，听任黄河洪水泛滥。直到同治三年（1864 年），官方开始主持修筑部分黄河新堤。

黄河北徙经山东流入渤海，结束了长达 6 个半世纪的黄河侵淮、夺淮局面。但黄河侵夺淮期间所携带的大量洪水和泥沙，对淮河水系造成了深远的影响。最突出的是黄河夺淮所占据的淮河故道把淮河流域分割成淮河和沂沭泗两个水系，黄河故道则成两水系的分水地形（岭）。淮河北岸众支流河床普遍被垫高，有的被湮没或改道成新河。老湖泊被湮没，良田沃野变成新的湖泊和洼地。洪泽湖就是在这自然营力和人工的共同作用下形成和扩张的。由于淮河下游入海河道被淤塞迫使淮河河水汇聚洪泽湖，后又被迫改道入长江。

黄河北徙后留下的遗患：

从清末（1855 年）至新中国成立（1949 年）这段长达 95 年的时间内，虽然黄河北徙结束了黄河 660 多年的侵淮、夺淮历史，但黄河侵淮给淮河流域造成了巨大伤害。如淮河水系混乱，出海无路，入江不畅，河水漫溢和水旱灾害频繁。在这段长达 95 年的时间内，淮河全流域发生洪涝灾害 86 次，平均 1.1 年发生一次，几乎是年年有灾。根据有关权威资料统计，在这段时间内淮河流域共发生较大的洪灾 48 次，其中淮河水系 28 次，沂、沭、泗水系 10 次，黄河泛淮水灾 10 次，平均 1.9 年发生一次较大的洪涝灾害。淮河水系发生特大洪害的灾害年有 9 年，即 1866 年、1887 年、1889 年、1898 年、1906 年、1916 年、1921 年、1931 年和 1938 年。

清同治五年（1866 年），山河淮湖盛涨，凤、颍、滁和六、泗等十府州属县俱大水，水灾为历年罕见。春大旱，河涸为平道。

清同治二年（1863 年），六月黄河泛滥，因铜瓦厢决口未堵，新河无堤，汛期洪水到处漫溢，鲁西南、鲁北平原地区十余县皆受其害。

清同治十二年（1873 年），"秋，黄河大决东明石庄户，……自济宁至宿迁两堤冲刷殆尽。昭阳、微山等湖连成一片。"

清光绪十三年（1887 年），"八月，（河）决郑州，夺溜由贾鲁河入淮，直注洪泽湖。正河断流，五家圈旱口乃塞。"

民国 24 年（1935 年），"七月，河又决鄄城县董庄临河民埝，分正河水十之七八，……决官堤六大口，溜分二股，小股由赵王河穿东平县运河，合汶水复归正河；大股则平漫于菏泽、郓城、嘉祥、巨野、济宁、金乡、鱼台等县，由运河入江苏……"

五、新中国成立以来（1949年以来），淮河流域仍是全国洪涝灾害的重灾区

新中国成立后，为了根治淮河水患，政务院颁布了《关于治理淮河的决定》，毛泽东主席发出了"一定要把淮河修好"的伟大号召。数十年来，豫、皖、苏、鲁四省人民在党和政府的领导下，开展了大规模的治淮运动，并取得了伟大的成就，基本上建成了除害兴利的工程体系，抗洪减灾效益巨大，洪涝灾害大为减轻。但是，局部的洪涝灾害仍然年年发生，大洪大涝没有从根本上解除。据统计，从1949年至1991年的43年中，全流域水灾面积为11.11亿亩，其中淮河水系7.8亿亩，沂沭泗水系3.24亿亩（表4-4）。

表4-4 　　　　　　　　　　　1949—1991年水灾成灾面积统计表 　　　　　　　　单位：万亩

年份	流域	河南	安徽	江苏	山东
1949	3383.4	322.4	604.4	1986.7	469.9
1950	4687.4	942.4	2293.0	1172.0	280.0
1951	1631.1	332.7	362.4	368.0	568.0
1952	2244.5	637.1	1028.0	470.7	108.7
1953	2011.7	748.4	115.6	356.1	791.6
1954	6123.1	1538.7	2620.5	1543.3	420.6
1955	1918.0	637.0	346.3	614.8	319.9
1956	6232.4	2058.2	2356.2	1391.0	427.0
1957	5453.9	1960.4	473.2	908.3	2112
1958	1412.4	269.5	356.6	229.0	557.3
1959	312.5	53.6	42.0		216.9
1960	2185.0	398.0	447.0	293.1	1046.9
1961	1285.4	168.5	374.0	276.3	466.6
1962	4079.6	489.3	1242.5	1487.4	860.4
1963	10124.2	3422.4	3799.8	892.4	2009.6
1964	5532.7	2540.4	1331.2	235.6	1425.5
1965	3809.3	1279.2	1172.2	1009.9	348.0
1966	389.4	303.7	83.4		2.3
1967	412.1	79.2	196.3		136.6
1968	809.7	386.2	384.6		38.9
1969	870.6	245.6	501.3		123.7
1970	1055.7	66.4	272.7	276.8	439.8
1971	1451.8	209.4	472.1	413.3	357.0
1972	1532.9	282.3	1001.0	91.1	158.5
1973	765.9	202.4	328.6	18.5	216.4

年份	流域	河南	安徽	江苏	山东
1974	1987.9	121.2	479.6	830.0	557.1
1975	2765.7	1526.9	921.3	84.3	233.2
1976	739.9	432.2	39.9	36.0	231.8
1977	515.6	272.1	141.3		102.2
1978	428.4	114.9	42.9	40.0	230.6
1979	3794.5	1142.0	1469.3	911.2	272.0
1980	2489.1	624.4	1164.8	556.5	143.4
1981	242.3	25.1	121.0	29.0	67.2
1982	4812.0	2695.4	1365.1	543.3	208.2
1983	2204.7	460.4	596.0	1076.1	72.2
1984	4407.1	2200.4	1182.3	521.6	502.8
1985	2885.0	1019.5	612.0	519.8	733.7
1986	1124.7	79.5	219.0	781.4	44.8
1987	1190.0	304.3	443.6	382.1	60.0
1988	191.4	69.8	20.8	27.8	73.0
1989	2227.9	472.4	302.0	1429.7	23.8
1990	2079.0	76.1	271.4	1084.4	647.1
1991	6934.1	2037.3	2422.8	2114.4	359.6
合计	111077.0	33247.3	34020.0	25001.9	18807.8

注 1. 表中成灾面积1949—1980年摘自《淮河流域防汛资料汇编》，第一分册。

2. 1981—1990年，摘自淮委编《淮河流域水利统计资料汇编》。

3. 1991年，摘自《治淮汇刊》，十七辑。

新中国成立以来，淮河流域洪灾害频繁，尤以20世纪50年代最为严重，洪涝灾害较大的有6年，其中1950年、1954年、1956年和1957年，年成灾面积都在3000万亩以上；1952年和1953年成灾面积在2000万亩以上。10年成灾总面积达32026万亩。

20世纪60年代以平原涝灾为主。1962—1965年连续四年发生大涝，各年成灾面积都在3800万亩以上，而以1963年最为严重，春秋两季流域四省受灾面积超过1亿亩。

20世纪70年代，流域内雨量偏少，洪涝灾害较轻，10年成灾面积只有15057万亩。

20世纪80年代，洪涝灾害年份相应增多，1982年和1984年受灾面积最大，各年成灾面积都在1000万亩以上。

从1950—1991年的42年中，淮河全流域每年洪涝灾害成灾面积在2000万亩以上的年份有22年。年平均成灾面积达到2606.9万亩，占全流域土地总面积的13%左右，占全国同期多年平均成灾4718.5万的38.8%。它说明淮河流域仍是全国洪涝灾害的重灾区。

第二节　洪 涝 灾 害 实 例

一、前清时期主要大灾年

（一）明万历二十一年（1593 年）淮河特大水灾年

明万历二十一年（1593 年）淮河流域地区气候异常，雨季来得早，且历时长，淮南史河和淮北洪汝河南部，自 3 月进入雨季至 8 月，个别地区延至 9 月雨季方结束，淫雨时间长达五六个月。淮南地区三月开始出现大暴雨，7 月、8 月多次出现强暴雨；洪汝河区 3—8 月暴雨中"黑风四塞、雨若悬盆"。中心雨区位于洪汝河、沙颍河和淮南山区。7 月上旬淮南史河特大洪水"水漫山腰"。8 月上旬，沙颍河是洪水奔流澎湃，顷刻百余里，陆地水深丈许，舟行水梢，城圮者半迤，庐舍田禾漂没罄尽，男妇婴儿牛畜稚兔累累挂树间。淮河干流上游淮、汝河洪水横流，舟行于陆，中下游淮北平原遍野行洪，河泽一片。怀远、蚌埠、凤阳、五河、泗州等州县平地行舟。沂沭河也发生了大洪水。淮河流域的洪汝河、沙颍河、涡河、包浍河、淮河干流、淮南地区、沂沭泗河均发生洪灾。据统计，受洪灾地区多达 120 个州县。

（二）清雍正八年六月（1730 年）特大水灾年

清雍正八年（1730 年）五六月间，淮河流域沂沭泗河、沙河、颍河、涡河等淮北地区淫雨绵延 40 余日，6 月下旬大暴雨 3～7 天。整个降雨过程历时长达一个半月。大水灾涉及范围包括山东省大部、江苏北部、河南东部，其中沂、沭河地区灾情最重。山丘区州县由于山洪暴发，莒县"横流四十里，城垣冲坏，漂没庐舍、淹毙五六千人"。沂沭河下游平原区骆马湖、大运河汪洋一片，不辨崖岸。其他重灾区涉及淮北的颍河、涡河和浍河地区。

二、民国时期主要大灾年

（一）民国 10 年（1921 年）淮河流域大水灾年

民国 10 年（1921 年），淮河流域汛期长，6—9 月不断出现大雨和暴雨。7 月中旬至 9 月底，淮河干流长期处于高水位状态，洪水量大，据调查推算，中渡洪峰流量达 15000m³/s，120 天洪水量 800 亿 m³。如此大的洪水导致淮河上、中、下游普遍成灾，沂沭泗河水灾也很严重。淮河上游信阳是"倒塌民宅无数，城内倒塌房舍万间，城墙崩溃数十丈，压毙数十人。田禾树木皆烂死"。确山、正阳、西平河道漫溢成灾，房屋倒塌无数，谷荒殆尽；淮河中游，"颍州府大水，城内房屋多被淹倒"。皖北平地水深三尺，蚌埠街道可以行舟，淝河两岸上下数百里，禾稼均被淹没。据文献资料，1921 年淮河流域洪灾损失，淹田 4903 万亩，损失禾稼 3267 万石，毁房 88.1 万间，灾民 766 万人，死亡 2.49 万人。

（二）民国 20 年（1931 年）淮河流域特大水灾年

民国 20 年（1931 年）6 月下旬至 7 月底，淮河流域持续长时间的大雨和暴雨，雨量主要集中在 7 月，雨日多达 15～25 天，月雨量为常年同期雨量的 2～3.5 倍。月雨量超过

300mm，覆盖面积约 13 万 km²。

三、新中国成立以来（1949 年以来）大灾年

（一）1950 年洪水

1950 年夏，淮河流域发生了一次大范围的洪涝灾害。6 月下旬，淮河干流出现第一场暴雨，雨区笼罩在淮河中下游地区。暴雨中心正阳关，5 天降雨 150mm。7 月 1—6 日下第二场暴雨，中心在信阳，降雨量达 313mm。从 7 月 7—16 日，淮河上、中、下游，接连普降暴雨。从 6 月 17 日至 8 月 15 日，淮河洪泽湖以上地区平均降雨量达 664mm。

7 月 6 日淮河洪水暴发，五道河流（潢河、白鹭河、大小洪河、淮河）的洪水经河南新蔡、淮滨等地在洪河口相遇。洪水在老观巷、邓郢子首先漫决，平地水深丈余，沿淮群众闻声相率攀树登屋，呼号鸣枪求救，哭声震野。广大农村或陆沉或冲成平地。继而城西湖和邱家湖破堤，正阳关至三河尖水面，东西 200 里，南北 40～80 里，一望渺无边际，电话、公路交通断绝，有些村庄仅见树顶。

颍河 7 月 6 日第一次上涨，12 日第二次上涨，水位平槽。颍上以上各沟口先后溃决。涡河平槽，南部蒙、润等河，北部茨、淝、芡、黑、泥等河皆已漫溢。至此，淮、颍连成一片，颍河北岸各支流水相连接。正阳关以下沫河口、鲁口、禹山坝、毛滩等堤防相继漫决。至此淮河左岸地区，平地行船，灾情严重万分。

阜阳地区以阜南、颍上和凤台三县，六安专区以霍邱、寿县灾情最为严重，宿县专区以五河、怀远、灵璧、宿县灾情最为惨重。7 月 4 日连续大雨后，积水成灾；14 日后继降大雨，濉、唐、沱、浍、淝、黄等河先后漫决；20 日后受灾范围扩大，淮河水面高出平地 2m，洪水下灌，庄村台子，高者成孤岛，低者被淹没。

（二）1956 年洪水

1956 年夏季，淮河流域又暴发了一次大洪灾。6 月 2 日至 8 月下旬，淮河水系干支流先后出现 4 次大暴雨。6 月 2—11 日，第一次暴雨中心主要在浉河、洪汝河及沙颍河下游地区。6 月 8 日，息县站最大洪峰流量为 7270m³/s，超过 1954 年流量。6 月 9 日，王家坝出现当年最高水位 28.98m，相应流量为 7850m³/s。6 月 16 日正阳关出现本年度第一次洪峰，水位达 25.27m，相应鲁台子洪峰流量 7320m³/s。6 月 19 日蚌埠站本年最高水位 20.90m，相应洪峰流量 6770m³/s，6 月 20 日至 7 月 1 日，淮河上游再次出现暴雨。7 月 3 日王家坝出现第二次洪峰，水位达 28.63m；7 月 6 日，正阳关出现本年度最高水位 25.44m。7 月 8 日，蚌埠洪峰流量达到了本年最大流量 6940m³/s。8 月上、下旬又有两次暴雨，降雨量比上两次小。9 月 30 日淮河干支流水位开始回落。据统计这场洪水全流域洪涝成灾面积为 6232 万亩，受灾人口 372 万人，死亡 453 人，洪水冲毁水利工程 22103 处，损失粮食 22.4 亿斤。

（三）1957 年洪水

1957 年夏，从 7 月 6—7 日，沂、沭、泗河地区连续发生了 7 次暴雨。由于暴雨覆盖范围广，雨量大，持续时间长，造成沂、沭、泗水系出现了新中国成立以来最大的一次洪水。在 18 天的暴雨洪水期间，沂、沭水系出现了六七次洪峰。

1957 年 7 月，沂沭泗水系出现了新中国成立以来最大洪水。沂河临沂站洪峰流量达

15400m³/s，其3天、7天、15天、30天洪量分别为13.2亿 m³、26.5亿 m³、44.6亿 m³
和52.8亿 m³，均为中华人民共和国成立后最大，其中30天洪量52.8亿 m³，仅次于
1912年。沭河大官庄洪峰流量4910m³/s，其中3天、7天、15天、30天洪量分别为6.3
亿 m³、12.3亿 m³、18.5亿 m³ 和20.9亿 m³，除3天洪量小于以后的1974年外，其他
均为历年最大，其中30天洪量20.9亿 m³，为1918年以来首位。泗河书院站最大洪峰流
量达4020m³/s，远远大于新中国成立后各年最大洪峰。南四湖汇集东、西湖同时来水，
最大入湖流量约为10000m³/s，独山、南阳、微山站均出现中华人民共和国成立后最高水
位，分别为36.46m（比1875年历史最高水位仅低0.77m）、36.48m 和36.28m（比1935
年历史最高水位低0.98m）。根据水文计算，南四湖15天、30天还原后洪量分别为106
亿 m³ 和114亿 m³，超过多年均值的3倍。由于洪水来不及下泄，南四湖周围出现严重
洪涝。骆马湖在没有闸坝控制、又经黄墩湖蓄洪的情况下，出现最高水位23.15m，其中
15天、30天洪量分别达191亿 m³ 和214亿 m³，都居新中国成立后首位。

1957年以前，沂沭泗水系尚未修建控制性水库工程，河道防洪、排涝能力很低，故
1957年洪水造成了山丘区大量梯田、地堰、小型塘坝和房屋被冲毁。沂河干流虽经分沂
入沭及江风口两处自由分洪，但下游郯城段仍有两处决口。南四湖支流泗河、洸府河等决
口、分洪10余处；湖西平原河堤及南四湖湖堤大部漫溢。据统计，1957年洪水成灾面积
2004万亩，死亡1070人，为该水系新中国成立后灾情最重的一年。

（四）1975年洪水

1975年8月上旬，受3号台风影响，河南省西南部山区的驻马店、南阳、许昌等地
发生了我国大陆上罕见的特大暴雨，造成了淮河上游洪汝河、沙颍河的特大洪水。

洪汝河上中游是本次暴雨的中心区，汝河板桥水库以上平均降雨达1028.5mm，最大
入库洪峰流量13000m³/s，在所有溢洪设施全部开启的情况下，坝前最高水位达
117.94m，超过防浪墙顶0.3m，库水漫坝而过，水库垮坝失事。经推算，最大出库流量
达78800m³/s，溃坝洪水入河道后，以平均约6m/s的速度冲向下游，6h内向下游倾泻洪
水达7亿 m³，造成下游河道堤防冲决，在遂平水库以上平均雨量达1074.4mm，大大超
过设计标准，因而造成洪水漫坝，水库失事。经推算，最大垮坝流量达30000m³/s，由溃
坝起至水库泄空的5.5个小时内，向下游倾泻洪水1.67亿 m³，造成下游田岗水库随之
漫决。

沙颍河的暴雨中心在澧河及沙河上游，澧河支流干江河官寨站最大洪峰流量达
12100m³/s，为历年实测最大流量的2.8倍。沙颍河下游堤防普遍漫决，泥河洼滞洪区堤
防全面漫决，澧河至周口沙左堤也溃决。周口站洪峰流量3450m³/s，为历年最大。

"75·8"暴雨中心地区洪水是非常稀遇的。位于暴雨中心的汝河板桥河段集水面积
768km²，而洪峰流量13000m³/s，达到同等流域面积世界最大值。据文献记载，1593年
在洪汝河、沙颍河曾发生过特大洪水，自1593年以后的近400年间，历史上还没有发现
与"75·8"相类似的特大洪水。

"75·8"暴雨洪水造成板桥、石漫滩两座大型水库，竹沟、田岗等中型水库以及多个
小型水库相继垮坝失事，老王坡、泥河洼等滞洪区先后漫决，河道堤防到处漫溢决口，沙
颍河和洪汝河洪水互相窜流，中下游平原最大积水面积达12000km²，造成极为严重的洪

涝灾害，特别是两座大型水库失事，给下游造成了毁灭性的灾害。

（五）1982 年洪水

1982 年夏季 7 月中旬，受 9 号和 11 号台风影响，淮河上游的淮南山区和洪汝河上中游、沙颍河上中游，长时间的连续降雨，使淮河中游各站出现第一次洪峰。7 月 25 日，王家坝水位 29.50m，相应流量 7640m³/s，仅次于 1954 年和 1968 年。7 月 27 日正阳关水位达 25.71m，8 月 14 日，沙颍河、漯河站水位达 62.34m，相应流量为 3600m³/s，仅次于 1975 年洪峰。8 月 25 日，淮河上、中游再次出现洪峰，正阳关最高水位为 26.44m。8 月 29 日，蚌埠站洪峰水位 21.28m，相应洪峰流量为 7050m³/s。全流域成灾面积 4812 万亩，损失粮食 12.69 亿 kg，受灾人口 1740 万人。河南省受灾最重。

四、作为设计洪水参考的典型洪水年

民国期间，淮河发生大洪水的年份有 1916 年、1921 年、1927 年、1931 年、1935 年、1936 年；新中国成立以来，大洪水的年份有 1950 年、1954 年、1956 年、1957 年、1963 年、1965 年、1975 年、1991 年、2003 年、2005 年、2007 年等。具有典型性且经常用来作为设计洪水参考的年份主要有 1931 年、1954 年、1991 年、2003 年和 2007 年。

（一）1931 年洪涝

1931 年汛期来临较早，皖北地区自 5 月下旬就连降大雨，6 月、7 月连续普降暴雨。6 月中旬后期至下旬，皖北大雨持续不断。其中上游地区平均雨量达 200mm 以上，河南息县 6 月 18 日降雨量达 228.6mm。6 月末至 7 月初，降雨虽较前略小，但仍不断。7 月上旬至中旬初，降水再次暴增，集中在淮南山区和淮河下游地带，累计雨量在 400mm 以上，江苏泰县 3 天降雨量达 398.2mm。因前期雨量大，这次洪水量级更大。7 月中下旬，淮南等地又出现大暴雨，淮北、淮南一周内雨量分别是 50～100mm、100～300mm，泰县 23 日雨量为 207.5mm。8—9 月，淮河水系雨量逐渐减少。暴雨导致淮河干流出现长历时高水位。正阳关最高水位达 24.76m；蚌埠最高水位达 20.41m，流量达 8730m³/s；五河最高水位达 19.10m；浮山最高水位达 18.44m，流量达 16100m³/s；中渡最高水位达 14.35m，最大流量达 16200m³/s，最大 30 天洪量达 500 亿 m³。洪水到当年 11 月才退尽。蚌埠、正阳关洪水历时超过 4 个月[10]。暴雨导致淮河流域大面积洪涝，淹没面积 3.2 万 km²。淮河干流上自信阳下到五河普遍漫溢决口，淮河中游滨淮各地尽成泽国，寿县北门城墙上可伸手洗衣，蚌埠市区马路水流成渠，灾民以舟代步（图 4-2）。

表 4-5　　　　　　　　　　**1931 年淮河流域四省灾情表**

灾区 灾情	河南	安徽	江苏	山东	全流域
受灾农田/亩	11720575	21058197	32317481	12644965	77741218
受灾人口/人	7498757	4794885	6538116	1192750	20024508
受灾损失/元	188795012	149813986	201835586	23786746	564231330

淮河下游里运河为淮河洪水入江通道。里运河高水期的 7 月上旬，恰逢大潮，江水顶托，飓风过境，里运河洪水居高不下，浪高数尺。里运河东西堤漫决 80 处，其中东堤 54

处，受淹面积2万km²。淮河特大水灾，历史罕见，7—9月，《大公报》《中央日报》等多家报刊，对淮河水灾作了大量的新闻报道。报道中淮河上游信阳，山洪暴发，高原平陆尽成泽国，巨厦没顶，居民老幼，睡梦中皆随衣物牲畜卷入波涛，水过处尸骸枕藉，房舍无存。淮河中游沿淮各县，数百里尽成泽国，霍邱"朝夕之间，已死人数，有姓名可稽者八千人以上"。阜阳"全境一片汪洋，淹溺灾民五万户，死者两千口"。怀远"房舍为墟，禾稼荡没，淹死人口无数"。淮河下游兴化县平均水深两米以上，"城镇尽皆陆沉，屋舍楼台悉咸水宫""浮尸满街漂流，运河中浮尸盈河"。沂沭河下游苏北地区，淮沂并涨，微山湖沿边田地村落淹没，中运河溃决，各县水灾，徐州城内水深尺许，房倒居民死伤。该年特大水灾，给淮河流域造成了极其严重的灾难。据万有文库丛书《中国水利问题》第五篇导淮和《国民政府救济水灾委员会工赈报告》两文献记载资料，说明水灾造成的经济损失和人员伤亡为淮河水灾史中少见。经对照两文献灾害损失数据基本一致，据《中国水利问题》统计资料全流域受灾农田7774万亩（旧亩），占当时流域耕地面的40%，受灾人口总计2002万人，占流域人口的30%。另据《中国历史大洪水》记述，1931年淮河流域因大水灾害导致22万人死亡[4]。

（二）1954年洪涝

1954年江淮地区雨季提前，汛期较正常年份来得早。5月中下旬，淮河流域便出现了一次大范围大到暴雨的天气过程。降水集中在淮河干流及淮南山区，中心地区雨量在300~350mm，造成淮河水位普遍上涨。6月降雨相对较少，暴雨中心位于史河、淠河上游。进入7月，淮河流域连续普降暴雨。当月共有5次暴雨过程。雨区主要分布在淮河正阳关以上流域，淮南山区以及洪汝河中下游雨量最大。全流域有4处暴雨中心：①淠河上游吴店至前畈一带，中心雨量吴店达1265.3mm；②沙颍河支流汾泉河临泉一带，中心雨量达1074.9mm；③淮北宿县为中心的高值区，中心雨量达963mm；④沿淮干流王家坝至正阳关一带，王家坝雨量达923.8mm。全流域7月面平均雨量为513mm。流域内降雨量1000mm的雨区面积为1600km²；800mm雨区为16400km²；700mm雨区为42940km²；600mm雨区为79560km²。

大范围暴雨导致淮河大面积长历时的洪涝灾害。该年特大洪水，主要来自淮河上游和淮南支流。7月，淮河上游干支流出现多次洪峰，洪水上涨迅猛，到中下旬出现最高洪峰水位，高水位退水缓慢，洪峰过程延续到9月。为降低洪水位，沿淮行蓄洪区相继启用，其中濛洼、城东湖、城西湖、瓦埠湖蓄洪量达89亿m³。由于洪水过大，城东湖蓄水位平堤顶，湖闸失控，正南淮堤决口，寿西湖开口进洪，淮北大堤禹山坝、毛滩也相继决口（最大进洪流量8050m³/s）。7月24日王家坝最大流量为9610m³/s，鲁台子最大流量为12700m³/s，正阳关最高水位达26.55m，淮河干流洪水位均超过历史最大值。淮河上游堤防普遍漫决，洪水漫溢，平地行船。淮滨县几尽淹没，沈丘县80%以上的土地水深1~2m，河南省有83县2市受灾，成灾农田1539万亩，33970处农田水利工程被冲坏，倒房30万间。支流堤防普遍漫决。安徽成灾面积2620万亩，淮河下游江苏成灾面积1543万亩，全流域成灾面积6123万亩。安徽死亡1098人，江苏死亡823人。1954年特大洪水灾情，引起党中央、政务院极大关注，中央有关部门指导组织淮河人民抗洪抢险。政务院、中央军委、财政部、中央防总积极调度抗洪救灾物资，及时调拨了通信、防洪救灾各种物资。经过抗洪抢险，保住了涡东干堤、洪泽湖大堤、里运河堤防。保全了蚌埠、淮南两市以及津浦铁路的安全。治淮防洪水利工程，在防洪、减灾中起了重要作用。根据党中央、政务院重要指示，治淮委员会在总结治淮、防洪工作经验教训的基础上，进行了流域规划编制工作和加强工程管理的工作[4]。

（三）1991 年洪涝

1991 年雨季来得早，暴雨过程多，间隔时间短；暴雨强度大，笼罩范围广；淮河以南、里下河雨量特别大。流域 3 月上旬便出现一次暴雨过程。5 月中旬至 7 月中旬共出现 5 次暴雨过程，其中 6 月中旬和 7 月上旬的两次暴雨造成淮河干流 2 次大洪水过程。7 月下旬至 9 月初，淮河流域又出现三次暴雨过程。经分析，1991 年淮河水系最大 30 天（6 月 12 日至 7 月 11 日）面平均降雨量为 389mm，漯河横排头以上最大 3 天、15 天、30 天雨量及里下河地区最大 7 天、15 天、30 天雨量均为新中国成立以来最大。

与暴雨历时相对应，淮河干流 1991 年先后出现 4 次洪水过程。5 月下旬至 6 月初的暴雨，造成淮河第 1 次洪水过程，淮河王家坝以下部分河段出现超警戒水位的洪水过程。6 月中旬连续 5 天的暴雨，造成淮河第 2 次洪水。淮河干流全线超过警戒水位，淮滨至正阳关河段超过保证水位，润河集以上出现本年最大洪水。淮河息县、王家坝（总）、润河集站洪峰流量分别为 5070m³/s、7610m³/s 和 6760m³/s。6 月下旬至 7 月中旬的暴雨造成淮河第 3 次洪水。王家坝（总）、润河集站水位再次超过保证水位，洪峰流量分别为 5910m³/s 和 6350m³/s。润河集以下出现本年最大洪水，正阳关出现本年最高水位 26.52m（超保证水位 0.02m），相应鲁台子洪峰流量为 7480m³/s。蚌埠（吴家渡）站出现本年最高水位 26.98m，相应洪峰流量为 7840m³/s。与此同时，里下河地区诸河出现超历史记录的本年最高水位。8 月上中旬淮河上中游的暴雨，造成淮河第 4 次洪水过程。淮河上中游来水经洪泽湖调蓄后，蒋坝站 7 月 15 日出现新中国成立以来仅次于 1954 年的最高水位 14.08m。

1991 年入江水道中渡站 7 月 16 日最大流量为 8450m³/s，金湖站 7 月 17 日出现年最高水位 11.69m。在三河闸泄流和区间来水的影响下，高邮湖高邮站 6 月底水位开始猛涨，7 月 11 日出现最高水位 9.22m，仅低于 40 年来最高水位（1954 年）0.16m。6 月下旬至 7 月中旬里下河地区的连续暴雨，造成里下河地区严重洪涝。7 月 11—15 日，串场河盐城站、西塘河建湖站、南官河兴化站和射阳河阜宁站先后均出现新中国成立以来最高水位，水位分别达 2.66m、2.78m、3.35m 和 2.22m。

1991 年 6 月中旬沂沭河上游地区发生的暴雨形成沭河本年最大洪水。7 月下旬的暴雨造成沂河、泗河分别出现自 1974 年、1957 年以来最大洪水。6 月中旬及 7 月中下旬，沂河出现三次洪水过程。沂河临沂站 7 月 24 日和塘上站 7 月 25 日出现 1974 年以来最大流量分别为 7590m³/s 和 5460m³/s。25 日分沂入沭彭家道口闸开闸分洪，最大分洪流量为 1980m³/s。沭河本年 6 月中旬和 7 月中下旬各出现一次洪水。6 月 11 日大官庄（总）最大流量达 2740m³/s（其中人民胜利堰 209m³/s）。老沭河新安站 6 月中旬出现 3 次小洪水，7 月 25 日大官庄（总）最大流量为 1520m³/s。受分沂入沭来水影响，新安站 26 日洪峰流量为 1030m³/s。

1991 年 7 月中下旬泗河出现一次大洪水过程。7 月 25 日书院站出现仅次于 1957 年的洪水，最高水位为 68.58m，相应洪峰流量为 1710m³/s。南四湖洪水主要来自泗河及湖东诸河，湖西诸河来水不大。7 月下旬二级坝闸开始泄流，最大下泄流量为 1400m³/s。30日上级湖南阳站出现年最高水位 34.55m。下级湖微山站在二级坝闸开始泄流之前水位一直稳定在 32.25m 左右，8 月 11 日出现年最高水位 32.52m。

1991 年骆马湖出现多次洪水过程，其中以 7 月中旬至 8 月上旬洪水为最大。7 月 17日和 27 日出现的日平均入湖洪峰流量分别为 2610m³/s 和 3930m³/s。骆马湖主要出口嶂山闸 7 月 27 日的最大下泄流量为 3250m³/s。7 月 1 日骆马湖杨河滩（现名为洋河滩）站出现汛期最高水位为 23.28m。骆马湖泄洪、老沭河等来水，造成新沂河沭阳站 7 月中旬至 8 月上旬出现二次洪水过程。7 月 17 日沭阳站出现年最高水位 10.06m（超过警戒水位1.06m），相应洪峰流量 3730m³/s。

1991 年的暴雨洪水出现早、范围广、时间长，又恰逢夏种季节，因而造成全流域严重的洪涝灾害，其中安徽、江苏的灾情最为严重。据统计，全流域受灾面积为 8275 万亩，成灾面积达 6024 万亩，占 1991 年全流域实有耕地面积的 33%，粮食损减约 224 亿 kg，受灾人口 5423 万人、死亡 500 多人[11]。

（四）2003 年洪涝

2003 年淮河发生了新中国成立以来仅次于 1954 年的第二位流域性大洪水。该年淮河流域全年平均降雨量达 1282mm，比常年偏多 40%，为新中国成立以来第一位。汛期降雨主要集中在大别山区、淮河北岸诸支流的中下游至新沂河一带，雨量一般超过1000mm，局地超过 1300mm，最大点雨量分别为泉河胡集站 1413mm、中运河刘老涧闸1338mm 和史河马宗岭站 1313mm。与常年汛期相比，除桐柏山区和里下河南部局地雨量偏小外，其他地区都偏多，其中淮河正阳关至洪泽湖区间偏多 65%，沙颍河中下游、涡河大部、潩河中下游、洪泽湖诸支流以及中运河、新沂河部分地区雨量偏多 80% 或以上，沙颍河中游以及洪泽湖诸支流下游超过常年 1 倍。10 月全流域降雨比常年同期偏多近 90%。

2003 年自 6 月中旬至 10 月中旬，淮河流域共出现了 10 次降雨过程。特别是 6 月 20日至 7 月 21 日，淮河水系共出现了 5 次大的降雨过程。在此期间，淮河水系除伏牛山区和淮北各支流上游外，最大 30 天降雨量都超过 400mm。其中大别山区、史灌河、洪汝河、沙颍河和涡河中下游、洪泽湖诸支流下游、里下河大部及中运河、新沂河地区降雨超过 600mm，大别山区、颍河中游局部和中运河地区降雨超过 800mm。暴雨中心中运河刘老涧闸和潩河上游前畈站降雨量分别为 940mm 和 937mm。经分析，2003 年淮河水系最大 30 天（6 月 22 日至 7 月 21 日）平均降雨量为 475mm，比 1991 年最大 30 天平均降雨量 389mm 偏多 20%；比 1954 年最大 30 天降雨量 516mm 偏少近 10%。

与江水历时相对应，2003 年淮河流域分别于 6 月下旬至 7 月底、8 月中旬至 9 月中下旬和 10 月出现了 3 场洪水。6 月下旬至 7 月底，淮河水系连续出现 5 次暴雨过程，致使淮河干流接连出现 3 次洪峰。6 月底至 7 月上旬，淮河干流发生第 1 场洪水过程。淮河干流息县以下主要控制站水位超过警戒水位 0.13～3.12m；王家坝至鲁台子河段水位超过保证水位 0.05～0.42m；正阳关至蚌埠（吴家渡）河段水位超过 1991 年最高水位 0.03～0.56m。其中正阳关水位平历史最高水位，鲁台子至淮南河段水位超过历史最高水位

0.29～0.34m。王家坝最高水位 29.42m、淮南最高水位 24.37m、蚌埠（吴家渡）最高水位 22.05m。淮河干流王家坝以下河段最大流量全线超过 1991 年最大流量，淮北支流潍河出现历史最大洪水。

7月中旬，淮河干流发生第 2 场洪水过程。淮河干流淮滨以下主要控制站水位超过警戒水位 0.69～3.50m，润河集至鲁台子河段水位超过保证水位 0.30～0.70m，润河集至淮南河段及洪泽湖（蒋坝）水位超过 1991 年最高水位 0.18～0.49m。其中润河集至淮南河段水位超过历史最高水位 0.05～0.49m，润河集最高水位 27.80m，正阳关最高水位 26.80m，均为历史最高。洪泽湖（蒋坝）出现 2003 年最高水位 14.38m。淮河干流润河集至鲁台子河段最大流量均超过 1991 年最大流量。入江水道的金湖、高邮湖高邮和里下河地区建湖、阜宁、盐城等站水位也超过或平历史最高。

7月下旬，淮河干流发生第 3 场次洪水过程。淮河干流息县至鲁台子河段主要控制站水位超过警戒水位 0.76～2.48m，但均低于保证水位。息县站出现 2003 年最高水位 41.66m，王家坝至鲁台子河段最高水位明显低于第一、第二次洪水。由于怀洪新河分洪，淮河干流淮南以下河段没有出现明显的洪峰。

在6月下旬至7月底，沂河、沭河和南四湖地区出现 1～2 次中小洪水过程，其中沂河临沂站出现 2003 年最大流量 2220m³/s。受分淮入沂、骆马湖泄流和老沭河来水的共同影响，新沂河水阳站出现仅次于 1974 年的历史第二位洪水，最高水位 10.71m，超过警戒水位 1.71m。

8月8日至9月3日淮河流域再次连续出现 3 次暴雨过程，致使淮河水系出现 2003 年第 2 场洪水。淮河干流各主要控制站最高水位均在警戒水位以下，但淮北支流沙颍河、新汴河出现本年最大洪水，老潍河出现超历史洪水。与此同时，沂河、沭河和南四湖地区均出现 1 次中小洪水过程，其中沭河大官庄（总）站出现 2003 年最大流量 865m³/s，南四湖上级湖南阳水位站出现 2003 年最高水位 35.28m。

9月30日至10月12日淮河流域出现两次汛后暴雨，造成淮河流域发生一次秋季洪水。淮河干流及一些支流出现一次明显涨水过程，淮河干流王家坝站的洪峰水位超过警戒水位 0.91m。与此同时，沂河、沭河和南四湖亦出现明显涨水过程，南四湖下级湖微山水位站和骆马湖洋河滩水位站分别出现 2003 年最高水位 33.36m 和 23.58m。

根据实测水文数据分析，2003 年淮河干流控制站最大 30 天洪量重现期：王家坝站超过 10 年，正阳关站约 15 年，蚌埠站约 20 年，洪泽湖（中渡站）约 25 年；最大 60 天洪量重现期正阳关站约 10 年，洪泽湖（中渡站）接近 15 年；最大 120 天洪量重现期正阳关站约 15 年，洪泽湖（中渡站）约 25 年。沂沭泗水系南四湖的洪水重现期不到 10 年，骆马湖和邳苍地区均约为 5 年，沂沭河不到 5 年。

淮河流域 2013 年暴雨洪水场次多、历时长、强度大分布范围广，主要降雨区域位于沿淮淮北地区。淮河干流和淮南史灌河、淠河、淮北洪汝河、沙颍河、涡河及洪泽湖周边地区等大小支流均发生较大洪水，淮河干支流洪水并发，造成流域性洪水。由于暴雨波及沂沭泗水系，南四湖、新沂河也出现较大洪水，以致发生继 1991 年以来第二次淮沂洪水遭遇。同时洪水水位高、量级大，持续时间长。2003 年 6 月下旬至 7 月底的连续暴雨，致使淮河干流出现新中国成立以来仅次于 1954 年的大洪水。淮河干流全线超过警戒水位，王家坝以下河段最大流量全线超过1991年。王家坝至鲁台子水位均超过保证水位，润河集至淮南出现历史最高水位，蚌埠、洪泽湖最高水位均为新中国成立以来第二位。入江水道金湖、高邮湖高邮和里下河地区建湖等站出现历史最高水位，沂沭泗水系新沂河沭阳站出现历史第二位的洪水。洪水持续时间从6月中旬至10月中旬，淮河干流王家坝至洪泽湖（蒋坝）站水位超过警戒水位的天数为29～130天，王家坝至鲁台子超保证水位3～7天。里下河地区诸河超警戒水位1个月左右。淮北平原区洪水场次多于淮南山区。其中灈河、老灈河出现新中国成立以来最大洪水，汾泉河、涡河分别出现历史第二、第三位的大洪水。

在抵御2003年淮河洪水过程中，共启用了濛洼、城东湖2处蓄洪区和邱家湖、唐垛湖、上六坊堤、下六坊堤、洛河洼、石姚段、荆山湖7处行洪区。其中濛洼蓄洪区先后运用2次。

2003年淮河流域的暴雨，不仅造成淮河干流的洪水，而且还造成沿淮地区严重的内涝，即"关门淹"。内涝区域主要分布在淮河干流附近的行洪区、蓄洪区及湖洼地区，包括濛洼、唐垛湖、焦岗湖、城东湖、瓦埠湖、高塘湖、荆山湖等，另外，淮河的各大支流也出现了内涝，以涡河、颍河、西淝河、池河等最为严重。安徽东南部的内涝主要集中在滁河和巢湖以南的部分区域。从行政区域来看，河南东部、安徽大部、江苏西部都出现了洪涝，其中安徽省怀远、五河、寿县、颍上等县市的洪涝面积较大。从洪涝水体的淹没时间长短来看，支流的内涝时间比较短，多在10天以内，而各行洪区、蓄洪区的洪涝水体淹没时间很长，对农业生产等影响较为严重。基于当时的卫星遥感影像的评估，淮河水系淹没天数在10天以内的洪涝水体累计面积达285万亩，主要为各大支流的内涝水体；淹没天数在10～20天及20～30天的洪涝水体累计面积分别为63万亩和49.5万亩，主要分布在淮河各支流的泛滥区以及行洪区、蓄洪区；淹没天数一般在30天以上的洪涝水体累计面积达330万亩，主要分布在各行洪区、蓄洪区，其中荆山湖行洪区洪涝水体的淹没天数在5个月以上，对当地的经济影响较大。据防汛部门统计，这场洪水给沿淮造成洪涝受灾面积5770万亩，受灾人口3730万人，因灾死亡29人，倒塌房屋77万间[12]。

（五）2007年洪涝

2007年汛期，受强盛的西南暖湿气流与南下冷空气共同影响，淮河流域频发大范围的强暴雨过程，淮河出现了自1954年以来的又一次流域性大洪水，洪水量级与2003年洪水相当。该年全流域平均降水量为1014mm，比常年偏多13%。其中，淮河水系降水量1059mm，沂沭泗河水系降水量906mm，分别比常年偏多13%和14%。汛期（6—9月），淮河水系、沂沭泗河水系降水量分别为748mm和726mm，分别比常年偏多32%和29%。汛期，流域大部分地区雨量在600mm以上，淮河上游沿淮及以南及桐柏山区、洪汝河和沙颍河上游局部、淮北各支流中下游到沿淮地区、里下河中西部地区、沂沭河中下游、骆马湖到新沂河地区雨量大于800mm；淮河上游桐柏山区局部、蚌埠至洪泽湖沿淮及北部各支流中下游地区、沂沭河中游局部雨量超过1000mm。汛期最大雨量点分别为徐洪河凌庄站1307mm、洪泽湖湖西淮河潘村站1233mm、汾泉河长官站1224mm和怀洪新河方店子站1205mm。与历年同期相比，全流域降水量比常年偏多31%。除大别山区南部、涡河上游局部地区降水量较常年偏少外，其他地区均比常年偏多，其中淮南到洪泽湖及沂沭河下游地区偏多50%以上。

2007年淮河流域暴雨具有过程多、间隔时间短,降雨历时长、笼罩范围广,强暴雨频发,降雨总量大,且降雨的时空分布有利于形成流域性洪水。汛期流域共出现10次主要暴雨过程。其中6月下旬至7月下旬的5次暴雨,造成本年淮河干流的大洪水过程。6月26日至7月25日,淮河水系最大30天面平均降水量为446mm。淮河水系绝大部分地区降水量在300mm以上,淮南山区、洪汝河、淮河中游沿淮、洪泽湖及北部支流中下游地区超过500mm。淮河沿淮上、中游多处出现600mm以上的暴雨中心,汾泉河迎仙站1026mm,小潢河涩港店站933.1mm,浍河湖沟集站766.4mm。与新中国成立以来流域性大洪水年份相比,2007年淮河水系最大30天面平均雨量(446mm)比1991年(389mm)偏多14.7%,但比1954年(516mm)、2003年(475mm)分别偏少13.6%和6.5%。

淮河水系汛期强降雨过程,形成了一场复式洪水过程。淮河干流全线超警戒水位,超警幅度为0.53~3.52m,超警戒水位历时为2~29天;王家坝至润河集河段超保证水位,超保幅度为0.29~0.82m,超保历时45~77h,其中,润河集至汪集河段水位创历史新高。主要支流洪汝河、沙颍河、竹竿河、潢河、白露河、史灌河、池河及里下河地区均出现超警戒水位洪水。其中,洪汝河班台站、竹毕河竹竿铺站、潢河潢川站和白露河北庙集站最高水位分别超过超保证水位0.17m、0.14m、0.88m和0.42m,洪泽湖北部支流濉河泗洪站流量超过历史最大值,老濉河泗洪站水位创历史新高,濉河泗洪站、老濉河泗洪站和徐洪河金锁镇站最高水位分别超过警戒水位1.25m、1.09m和0.74m,淮北诸河的洪水明显大于淮南诸河。里下河地区南官河兴化站、西塘河建湖站、串场河盐城站和射阳河阜宁站最高水位分别超过警戒水位1.13m、1.11m、0.80m和0.99m,水位均列历史第三位。

2007年汛期,沂沭泗河水系洪水不大。除新沂河出现超警戒水位的较大洪水过程外,其他诸河虽然洪水次数较多,但多为中小洪水。新沂河沭阳站共出现5次洪水过程,其中最大1次过程出现在6月29日至7月14日。7月7日16时30分出现2007年最大洪峰流量3900m³/s,相应洪峰水位10.05m(超过警戒水位1.05m)。汛期超警戒水位时间15天。

根据淮河干流主要控制站水文观测数据分析,2007年各站最大30天、60天洪量的重现期为8~22年。其中最大30天洪量重现期:王家坝超过15年,润河集、正阳关、蚌埠均约为15年,洪泽湖(中渡)超过20年;最大60天洪量重现期:润河集、正阳关、蚌埠均约为10年,洪泽湖(中渡)约为15年。王家坝、洪泽湖(中渡)的洪水重现期总体大于润河集、正阳关和蚌埠。沂沭泗河水系洪水不大。根据还原计算成果推算,沂沭河临沂及大官庄、南四湖、邳苍地区及骆马湖以上洪峰流量及各时段洪量重现期为2~3年。

与2003年类似,2007年暴雨导致淮河干流两侧和洪泽湖周边出现大面积洪涝,据防汛部门统计,该年洪水给沿淮造成洪涝受灾面积达3747.6万亩,受灾人口达2474万人,因灾死亡4人,倒塌房屋11.53万间[13]。

第三节　淮河流域洪涝灾害频发的原因分析

淮河流域远自尧、舜、禹时代，近至现代，在长达五千多年的时间内为何洪水不断，洪灾频发。其原因之一是淮河流域所处的地理环境包括地理位置、气候带和紧邻黄河；其原因之二是人类对自然资源的不合理索取和人为的破坏。

一、淮河流域所处的地理环境极易触发洪涝灾害

淮河流域地处北亚热带湿润季风气候向南温带半湿润季风气候过渡的地带，冷暖气团活动频繁，相遇概率高，易产生暴雨。由于受东南季风的影响，降雨量不仅年内变化大，而且年际变化亦很大，经常出现连续多雨年和连续少雨年等。该区多年降雨量为878mm，夏季（6—9月）降雨量占全年的60％～70％。一般丰水年降雨量可达枯水年的2倍以上，汛期降雨量年际变化可达3倍以上。形成暴雨的主要天气系统有涡切变、台风和低空急流等，其中以涡切变居多，其次是台风。在300mm以上量级的大暴雨中，此两种天气系统占75％，而500mm以上的特大暴雨则绝大部分是由台风造成的。1975年8月8日在洪汝河上游发生的"75·8"特大洪水灾害，就是受台风影响造成的。

淮河干流及其支流史河、淠河上游的桐柏山区、大别山区，洪汝河、沙颖河上游的伏牛山区等地区均是经常发生暴雨的区域。

二、簸箕状地形和平坦的地表使洪水易积难排，中等洪水亦能酿成大洪灾

淮河中游发育在淮北平原之上。淮北平原南依淮阳山脉，西濒桐柏山脉和伏牛山脉，北靠黄河南岸大堤，东面为低洼的里下河洼地，是一个由西北向东南微微倾斜的簸箕状平原。淮河上游从淮源至洪河口，落差仅174m，比降为5‰；中游从洪河口至洪泽湖，落差为16m，比降为3‰；洪泽湖以下至三江营入长江口为下游，落差为6m，比降为0.4‰。

淮北平原的地势是由西北向东南微微倾斜。后因于黄河下游河段经常漫溢决口和不断地筑堤拦水，致使河床增高而形成地上河。决口的泥沙沿黄河南岸堆积，逐渐使淮北平原由西北向东南倾斜，改变成几乎是由北向南倾斜。三面高，东面开口的簸箕状的地势和由北向南倾斜的平坦地表，使洪水极易从三面汇集至淮河干流中游一带。因此，淮河干流中游经常在每年7月下旬和8月上旬出现洪水的最高峰。三河中渡站1931年最大洪峰流量达16200m³/s，30天洪水总量达513亿m³；1954年，正阳关最大洪峰流量达12700m³/s，30天洪水总量达327亿m³；1968年王家坝站最大洪峰流量达16200m³/s。若如此巨量洪水不能及时排出，势必酿成大洪灾和涝灾。

每次洪水的形成都是淮河上游大面积的降水迅速汇集到王家坝河段，而中游河段比降小，加上洪泽湖回水的阻挡，无法及时地将洪水下泄，而造成上中游大面积被淹，即所谓的"关门淹"。而从王家坝下泄的洪水，又造成中、下游平缓河道无法及时排泄上游来水，洪峰经过时间长，洪水淹没的面积也随上游来水加大而增加。

三、紧邻善淤、善决、善徙的黄河

淮河北面紧邻黄河下游河段，该河段西自桃花峪，东到黄河入海口，河道全长703km。黄河中游经过黄土高原，将大量泥沙携入河中，堆积在河床中，日积月累，河床被不断淤高且高出平地而成为"悬河"。一旦遭遇洪水就会造成泛滥、决口和改道，因此，黄河就以善淤、善决、善徙而著称。在有史载的三四千年中，此段黄河决口、漫溢多达1593次，其中较大的改道就有26次。洪灾波及的范围，西以孟津桃花峪为顶点，向东直到渤海边和黄海边，北至天津，南到淮河以及长江口的广大地区。俗话说，"黄河百害唯富一套"，具体地说是富在银川平原，害在淮北平原。黄河每次决口、泛滥都给淮河流域民众带来深重的灾难。有关黄河决口、侵淮所造成的洪灾，上文已叙述了，本文不再赘述。

四、地处"群雄逐鹿"的战略要地

淮河流域地处我国最大的两条河流长江和黄河之间，东濒大海，是中原地区一部分。这里气候温和，雨量适中，土地肥沃，经济繁荣，人口众多，历来是兵家必争之地，民谚曰"得中原者得天下"，就因如此，淮河流域几千年来战乱不休，什么诸侯争霸、民众起义、"五胡乱华"，你方唱罢我登场，弄得淮河两岸是森林遭伐，水土流失加剧，河流泛滥，水系紊乱，洪涝灾害频发，广大民众不是生灵涂炭，就是苟延残喘。最令人不齿的是"以水代兵"，往往一役可造成大量田地、家园被淹，成千上万人被溺毙。

"以水代兵"是用水作为战争工具来杀伤对方，或用水（自然水体或人工塘堰）来防御或滞缓敌方的进攻。东汉建安二十四年（219年）八月，汉水泛滥，平地数丈。时曹魏军队在樊城北面扎营，遭水淹，蜀将关羽趁水攻击，获胜。此役乃是《三国演义》中的"关羽水淹七军"，是以水为工具攻击敌方。再一种是用水作为防守工具。三国时，孙吴赤乌十三年（250年），"遣军十万作堂邑（今六合县）涂塘，以淹北道"。这是用以断绝北方的交通来防止魏军的进攻，属于"乃筑垒遏水以自固"之类的防守方法。用水作为防守工具阻敌兵进攻的著名战例有二：一是南宋建炎二年（1128年）"杜充决黄河，自泗入淮，以阻金兵"；二是民国27年（1938年），日本侵略军进迫开封，为阻止日军西进，6月2日先扒开牟赵大堤，9月又扒开郑州花园口大堤，黄河主流直趋东南入淮，在豫东、皖北、苏北泛滥9年之久。可悲可叹的是，这两次决堤阻敌之举，均未达到预期目的。前者，金兵攻陷北宋都城汴京（今开封），"掳二圣北归"，北宋灭亡；后者，日军仍继续南进，占领了大半个中国。但却给黄淮平原上的广大民众带来了深重的灾难（表4-6和表4-7）。

筑堰壅水灌城，这是以水代兵常用的一种方式。此方式又可分为在城池上游筑堰壅水，决堰灌城，如秦将白起灌楚国鄢郢；还有在城池下游壅水，利用抬高水位的回水，侵灌城池。最著名的实例，就是在梁武帝天监十五年（516年）浮山堰崩塌。梁天监十三年（514年），梁武帝发动民工和军工20万人，拦淮筑堰（浮山堰），壅淮水以灌寿阳（今寿县）。十五年四月，堰成；九月，"淮水暴涨，堰坏，奔流于海，杀数万人，其声如雷，闻者三百里"。

表 4 – 6　　　　　　　　　　1938 年黄泛区人口、经济损失表

区域	人 口 变 动				各业财产损失		农业减收	
	逃离		死亡					
	人数	占原有人口比例/‰	人数	占原有人口比例/‰	价值/(×10³ 元)	占原有人口/‰	价值/(×10³ 元)	占九年净产值/‰
	(1)	(2)	(3)	(4)	(5)	(6)	(7)	(8)	(9)
河南泛区	1172639	173	325589	48	249466	185	224527	197
安徽泛区	2536315	280	407514	45	326096	188	181046	168
江苏泛区	202400	57	160200	45	41460	42	69167	74
总计	3911354	201	893303	46	617022	152	474740	151

注　1. 本表 (2)、(4) 两栏数据引自行政院善后救济总署周报第 41 期；(6)、(8) 两栏数据引自钟万等编《黄泛区的损害与善后救济》一书。

　　2. 本表摘自淮委会唐元海主编《淮河水利简史》。

表 4 – 7　　　　　　　1938 年河南、安徽、江苏三省耕地被淹面积统计表

省名	县与区域名称	原耕地面积/亩	淹地面积/亩	淹地占耕地面积/%
		(1)	(2)	(3)
河南省	陈留县	756449	169000	22
	开封	1936008	5000	不及 1
	中牟	807202	412000	51
	郑县	463436	49000	11
	广武	895892	10000	1
	洧川	407978	21000	5
	尉氏	907039	427000	47
	通许	928563	397000	43
	杞县	1838371	116000	6
	睢县	1793249	27000	2
	柘城	672768	16000	2
	鹿邑	1674547	901000	54
	沈丘	1028506	371000	36
	项城	1115136	56000	5
	淮阳	1320192	345000	26
	太康	2328563	1554000	67
	扶沟	1308462	1240000	95
	西华	1355166	838000	62
	商水	783360	38000	5
	鄢陵	897344	345000	39

省名	县与区域名称	原耕地面积/亩	淹地面积/亩	淹地占耕地面积/%
		(1)	(2)	(3)
安徽省	淮河干流 霍邱、寿县、凤台	5727457	2206880	39
	颍河流域 太和、阜阳、临泉、颍上	6447763	4812800	75
	涡河流域 亳县、涡阳、蒙城	2303774	451584	20
	其他八县（市）	7517690	3347752	45
江苏省	高邮	1976648	300000	15
	宝应	1631775	680000	42
	淮安	2602033	400000	15
	淮阴	1336320	155000	12
	泗阳	2280960	132000	6
	涟水	2583084	110000	4
总计 44 县		57625735	19933016	35

注 本表摘自 1990 年唐元海主编的《淮河水利简史》。

第四节　洪泽湖对淮河中游洪水的顶托作用

洪泽湖位于淮河中游与下游的结合部，承接着淮河、池河、漴潼河、新汴河、濉河、老濉河、安河的来水，总集水面积为 15.8 万 km^2，出湖水系主要有入江水道、入海水道、苏北灌溉总渠、淮沭新河。湖底高程大多在 10.5m 左右，最低湖底高程在 10m 以下，湖堤高程为 19.00m。其死水位为 11.0m，相应水面面积为 1120km^2，相应库容为 8.60 亿 m^3；正常蓄水位为 12.5m，相应水面面积为 1597.0km^2，相应库容为 30.4 亿 m^3；设计洪水位 16.00m，相应水面面积为 2392.90km^2，相应库容为 111.20 亿 m^3；校核洪水位为 17.00m，相应水面面积为 2413.90km^2，相应库容为 135.14 亿 m^3。其历史最高水位出现在 1954 年 8 月 16 日，最高水位为 15.23m。洪泽湖是在唐宋之前淮河下游原已存在的一些小型湖荡基础上，经黄河长期南徙夺淮以及筑堤蓄水形成的水库型湖泊。

洪泽湖的形成，是与黄河南徙夺淮，淮河尾闾不畅以及高家堰大堤的不断加筑紧密交织在一起的。洪泽湖大堤历经明、清两代修建后，湖水位高出大堤以东里下河地面 4.00～6.00m，洪水时期高出 6.00～8.00m，使洪泽湖成为一个名副其实的悬湖。万顷湖水全赖大堤作为屏障，形成"堰堤有建瓴之势，城郡有釜底之形"。

淮委有关专家认为洪泽湖对于淮河中游河道排洪虽然起到了顶托作用，减缓了洪水的下泄速度。但因为淮河西部、南部山丘区河流源短流急、抢占河槽快，中游地区地势低平、天然水动力条件不足、洪涝水宣泄慢等因素才是淮河中游易发洪涝灾害的主要原因，而洪泽湖的顶托作用是有限的。例如，1991 年淮河流域性大洪水期间，5 月下旬至 6 月上

旬的第一场洪水及 6 月中旬的第二场洪水，导致了淮河中游大面积洪涝，王家坝站于 6 月
15 日 5 时超过了保证水位（当时保证水位为 28.30～28.66m），濛洼蓄洪区在 6 月 15 日 7
时 12 分就开闸进洪，蚌埠以上的行洪区在 6 月 18 日之前悉数启用，包括南润段、邱家
湖、董峰湖、姜家湖、唐垛湖、洛河洼、石姚段、上六坊堤、下六坊堤等，而洪泽湖水位
直到 6 月 28 日才有涨水反应，至 7 月 15 日涨至当年最高水位 14.08m。而 6 月下旬至 7
月中旬的第三场洪水，不仅蚌埠以上行洪区全部启用，最大的蓄洪区城西湖被迫于 7 月
11 日 14 时启用，城东湖也于 7 月 11 日 11 时启用，濛洼蓄洪区早在 7 月 7 日 7 时第二次
启用，而洪泽湖在上一次洪峰水位出现后一直处于缓慢下降的状态，并没有进一步壅高水
位。2003 年的情况也类似，濛洼蓄洪区分别于 7 月 3 日 1 时、7 月 11 日 2 时 30 分两次启
用，城东湖蓄洪区于 7 月 11 日 14 时 30 分启用，邱家湖、姜唐湖、上六坊堤、下六坊堤、
洛河洼、荆山湖等行洪区于 7 月 4 日 12 时至 7 月 11 日 19 时 45 分相继启用，而与此场洪
水对应的洪泽湖水位过程，没有出现涨水过程，而是一个缓慢下降的过程（其 7 月 14 日
8 时出现的当年最高水位 14.38m，是人为控泄上一场次洪水过程的结果）。从此，1991
年、2003 年的洪水过程可以看出，因为淮河干流河槽比降小，特别是蚌埠以下地区，洪
泽湖底高程高出蚌埠附近吴家渡水文站河底高程 4m 以上，形成了严重的负比降，洪水在
河槽中演进缓慢（图 4-1）。同时，淮河河槽泄流能力小，滩地行洪糙率大，能量损失更
大，断面平均流速更慢，洪泽湖的泄流能力基本上能够控制入湖、出湖流量的平衡，保证
淮河来水能够及时宣泄。在当前的工程条件下，王家坝至正阳关段河长 155km，洪峰传
播时间 72h；正阳关至蚌埠段河长 132km，洪峰传播时间 60h；蚌埠至入洪泽湖口段河长
203km，如北侧支流来水为主，则最大汇流时间长达 10 天，南侧支流来水为主，则最大
汇流时间约为 5 天[14]。因此，当上游洪水距离洪泽湖很远的时候，已经抢占了淮河的主
河槽，顶住了两侧的涝水，稍大一些量级的洪水。例如 1991 年洪水，根据王家坝水文站
30 天洪量统计，相当于 9 年一遇；根据正阳关 30 天洪量计算，相当于 12 年一遇；根据
蚌埠吴家渡站 60 天洪量计算，相当于 12 年一遇[15]，就会造成全线水位超警，如果不及
时利用上游水库拦蓄，中游河道分洪，行蓄洪区蓄洪滞洪，部分河段洪峰水位就会超过保
证水位。当洪峰传播到洪泽湖的时候，中游的行蓄洪区早就启用，两侧的重要平原洼地的
洪涝灾害也已经形成。

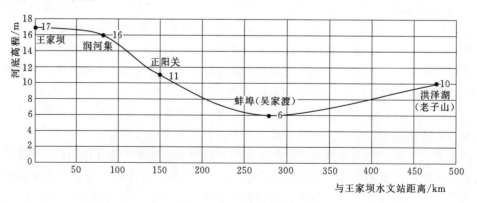

图 4-1　淮河干流河底纵剖面概化图

因此，把淮河洪涝问题全归结为洪泽湖的顶托作用是有失偏颇的，把解决问题的焦点集中到洪泽湖的废立上，更是缘木求鱼。钱敏等做过恢复淮河独流入海极端情况的研究，完全不考虑洪泽湖的存在，在盱眙附近经二河闸接上现有的入海水道至入海口，全部开挖成深水河槽。研究证明："同一流量下吴家渡水位较实测汛期水位明显降低较多，降幅集中在 $2\sim3m$，效果较为明显；以涡河口水位与附近地面高程相比较判断，关门淹历时较实测显著减少，对于 1954 年、1991 年、2003 年洪水，关门淹历时分别由实际的 75 天、73 天、80 天缩减到 48 天、32 天、33 天；涡河口水位降低 2m 后，正阳关水位仅降低 0.12m，回水影响到此基本消除；涡河蒙城闸水位仅降低 0.17m，回水影响到此基本消除"[16]。这样极端的情况下，虽然大幅度减少了蚌埠附近关门淹的历时，但残存的关门淹历时足以保持强大的破坏力，洪涝灾害仍然不能根除。同时，这个方案对于正阳关以上地区、涡河蒙城闸以上地区更是完全没有效果。而这样的工程代价是巨大的，永久占地17.35 万亩，临时占地 39.6 万亩，搬迁人口约 7.1 万人，拆迁房屋约 264 万 m^2，工程投资约 680.6 亿元。这样的代价与其效益差异巨大。同时，这个方案完全破坏了现有淮河中下游水利工程体系，将逼迫调整现有水资源调配、航运、水环境保护等工程群，其代价是不可估量的。因此，目前这个极端的方案不具有可行性。

基于对洪泽湖与淮河中游洪涝灾害关系的认识，作者认为解决淮河中游洪涝问题，不能老是围绕着洪泽湖做文章，要抓住淮河中游地势低平、人口密集这个主要影响因素。因地势低平而导致水动力弱，因人口密集要与水争地发展经济，这就要转变原来削减动力被动防守的治水策略，而利用增加动力、主动出击的方法。这就要求首先要做好淮河、颍河、涡河、茨淮新河、怀洪新河、新汴河、史灌河等主要排洪、排涝河道堤防的加高加固工作，大幅度提高这些堤防的防洪标准，提高沿淮行蓄洪区的启用标准，尽可能地把天然水动力保持在骨干排洪河槽内，从而加快洪水宣泄速度。其次，要加强淮河中游广大平原洼地地区微地貌整治，做好田间沟、田头沟、排涝沟的整治，使得涝水能够及时汇集到淮河、颍河、涡河、茨淮新河、怀洪新河、新汴河、史灌河等主要排洪、排涝河道堤防背水侧。同时，结合引江济淮中的江水北送工程以及淮水北调工程中的泵站，优化排涝泵站布局，根据各区块集水面积和涝水规模设计泵站的排涝能力，把泵站都建成排灌结合的双功能泵站，大幅提升排涝能力，在洪水期间提升骨干排洪河道的水位，为洪水宣泄增加新的动力。最后，加大洪泽湖出口泄洪能力建设，扩大入海水道、淮沭新河的泄洪能力，整治入江水道使其具备设计的泄洪能力，从而保证洪泽湖在其上游来水加快的情况下，其安全性得到保障。这样，既加快了排涝速度，使得低洼地区人民能够安居乐业，又增加了洪水的宣泄速度，缩短了洪水历时，降低了堤防安全风险。同时，排、灌结合的泵站，可大幅度提高区域灌溉能力，从而提高了工程的效益。

参 考 文 献

［1］ 司马迁. 史记：夏本纪　第二. 长沙：岳麓书社，1983.

［2］ 司马迁. 史记：殷本纪　第三. 长沙：岳麓书社，1983.

［3］ 司马迁. 史记：河渠书　第七. 长沙：岳麓书社，1983.

［4］ 水利部淮河水利委员会，淮河志编纂委员会. 淮河综述志. 北京：科学出版社，2000.

［5］ 魏书　卷四四：食货志. 北京：中华书局，1974.

［6］ 《中国水利史典》编委会. 中国水利史典：淮河卷. 北京：中国水利水电出版社，2015.

［7］ 水利部治淮委员会，淮河水利简史编写组. 淮河水利简史. 北京：水利电力出版社，1990.

［8］ 水利电力部黄河水利委员会. 人民黄河. 北京：水利电力出版社，1959.

［9］ 陈业新. 1931 年淮河流域水灾及其影响研究：以淮北地区为对象. 安徽史学，2007（2）：117 - 127.

［10］ 水利部淮河水利委员会，淮河志编纂委员会. 淮河志：第一卷　淮河大事记. 北京：科学出版社，1997.

［11］ 水利部淮河水利委员会. 1991 年淮河暴雨洪水. 北京：中国水利水电出版社，2010.

［12］ 水利部水文局，水利部淮河水利委员会. 2003 年淮河暴雨洪水. 北京：中国水利水电出版社，2005.

［13］ 水利部水文局，水利部淮河水利委员会. 2007 年淮河暴雨洪水. 北京：中国水利水电出版社，2010.

［14］ 水利部淮河水利委员会. 淮河流域淮河水系使用水文预报方案. 郑州：黄河出版社，2002：1 - 271.

［15］ 水利部淮河水利委员会. 1991 年淮河暴雨洪水. 北京：中国水利水电出版社，2010：90.

［16］ 钱敏. 淮河中游洪涝问题与对策. 北京：中国水利水电出版社，2017：257 - 268.

第五章

新中国治淮成就

第一节　治淮与导淮并举，开启了治淮事业的新纪元

淮河流域地处中国南北方气候、高低纬度和海陆相多重过渡区域，复杂多变的气候，特殊的地理环境和下垫面条件、加之黄河夺淮和人类活动的不利影响，导致了流域内洪、涝、旱、污、风暴潮等自然灾害频繁发生，流域治理难度极大。历代政府与治水先贤为治淮进行了艰辛地探索，大禹涂山治水，商汤命名"淮水"筑垒防洪，明朝潘季驯束水攻沙、黄淮共治，近代张謇的《淮沂泗沭治标商榷书》，民国政府的《导淮工程计划》等，都在中国治淮历程中留下了不可磨灭的痕迹。但是，淮河水问题的复杂性和社会经济发展对水安全要求的多变性，注定了治淮将是一项与社会经济同步发展的长期事业，是一项人与自然既相辅相成又相互斗争的历史进程。

"治淮"的历史进程是从被动"导淮"开始的，"导淮自禹始，禹导淮自桐柏，东会于泗、沂，东入于海"。这是因为淮河流域在漫长的农业时代，洪涝是人类社会的主要威胁，治淮的主要矛盾是防洪安全与河道宣泄洪水能力不足。自1194年黄河大规模侵淮以后，淤积了淮河尾闾，在黄河故道南侧形成了洪泽湖，北侧形成了南四湖、骆马湖，更加重了这一矛盾。特别是明、清以来，国家的政治中心在北方，而国家的粮食供给主要依赖江南地区，统治者不再把淮河洪涝问题放在首位，而是把治淮的主要任务放在保障大运河的漕运功能上。从明朝永乐元年（1403年）陈瑄主持重筑高家堰（即现在的洪泽湖大堤）开始，到明朝万历六年（1578年）潘季驯重筑洪泽湖大堤，直到清乾隆四十六年（1781年）洪泽湖大堤完工。因为当时没有配套的上游堤防工程和下游泄洪工程，洪泽湖的形成增加了其上游的泄洪、排涝的困难，同时也积聚了下游的洪水风险。"明朝万历十九年（1591年）夏、秋淫雨，河、淮泛涨，山、清、宿、桃、安、沭、海、赣平地水丈余，漂溺无数""秋，淮溢，灌泗州盱眙城，侵及祖陵。"直到1855年黄河改道北徙后，京杭大运河山东段逐渐淤废，加上海运的逐渐兴起，大运河的漕运功能废弃，统治者为了社会稳定，才把治淮问题提上议事日程。基于当时淮河尾闾淤废、洪水横流的严峻现实，所提的治淮方案都是以洪泽湖以下疏导为主。清同治五年（1866年），淮安绅士丁显，首先提出恢复淮河故道的倡议，提出堵三河口，辟清口，浚淮渠，开云梯关尾闾四项工程，以恢复淮河直接入海故道。清光绪九年（1883年），两江总督左宗棠提议设立复淮局，提出从灌河、潮河至响水口的入海线路。光绪三十年（1904年），张謇在《请速治淮疏》中提出，"淮有畅流入海之路，湖有淤出之田，国有增赋，民有增产，大患尽去，大利顿兴，因祸得

福"。光绪三十二年（1906年），张謇又在其《复淮浚河标本兼治议》中建议成立"导淮局"，先对淮河流域进行测量，复规划淮河故道。江苏当局同意了张謇要求，在江苏清江浦（今淮安市区）成立了"筹议导淮局"，张謇担任参议。清宣统元年（1909年），江苏省咨议局成立，下设了江淮水利公司，宣统三年（1911年）又在江苏清江浦设立江淮水利测量局，开始对淮河、沂沭泗诸流、运河、湖泊的河道进行实地测量。1913年（北洋政府时期），张謇发表了《治淮规划之概要》，提出淮水三分入江、七分入海；1919年，张謇又提出七分入江，三分入海。入海路线由张福河循旧黄河入海。1921年，孙中山在《建国方略》中提出了通江通海的导淮路线，在入海路线上主张通过黄河故道，循盐河而下，开挖新河入灌河，汇入深海。但因时局的动荡和当局的腐败无能，这些方案都没有得到实施。

1929年国民政府导淮委员会成立，并于第二年发布了《导淮工程计划》，提出了江海分疏、沂沭分治的原则，规划淮河洪水向长江和东海分别宣泄。其中，大部分洪水由洪泽湖三河闸下泄至邵伯入运河，再入长江，泄量以 $6000 \sim 9000 \mathrm{m}^3/\mathrm{s}$ 设计（据长江水位的不同而变化）。入海路线选择黄河故道。当时估算，计划实现后，将使5000万亩耕地免受洪水威胁，其中2000万亩可以得到淮河的灌溉。1932年开始实施该规划。但因经费不足和当局腐败，原定入海河道 $1500\mathrm{m}^3/\mathrm{s}$ 的标准，实际减到 $485\mathrm{m}^3/\mathrm{s}$（当洪泽湖水位为 15m 时）。而关键的三河闸工程到1937年年底尚未完工，而此时日本侵略军已经逼近洪泽湖。至此，这项利国利民的工程没有完成。

中华人民共和国的建立，开启了治淮事业的新纪元，从此进入了人民治淮时代。1950年，中央人民政府政务院做出了《关于治理淮河的决定》，1951年毛泽东主席发出了"一定要把淮河修好"的伟大号召，掀起了第一次治淮高潮。人民治淮时代，不再是孤立地、被动地考虑对淮河进行疏导，而是根据各时期新中国全面建设的需要，根据各时期经济社会发展对防洪保安、城乡供水、灌溉、发电、航运、水产养殖、水上旅游娱乐等多方面的需要，根据人民对美好水生态、水环境的需要，科学地制定各时期综合的治淮规划，依此对流域进行综合治理。近70年来，国务院先后召开了12次治淮工作会议，对淮河治理做出了一系列重大决策部署，投入了大量的人力、物力、财力，开始了大规模的水利工程建设。在上游建设了一系列具有防洪、发电、灌溉、旅游等多种功能的水库；在中游对河道堤防进行加高加厚，开辟了一系列行蓄洪区；在下游对洪泽湖大堤等重要堤防进行标准化建设，整治了入江水道，开辟了入海水道。同时建成了以淠史杭为代表的大型灌溉和供水工程，以南水北调东线工程为代表的跨地区、跨流域水资源配置工程，一举改变了"大雨大灾、小雨小灾、无雨旱灾"的悲惨局面，淮河面貌为之焕然一新。经过近70年的系统治理，目前淮河流域已经初步形成了一个比较完善的防洪、除涝、灌溉、供水等工程体系，同时还建成了现代化的国家防汛抗旱指挥系统。这些工程与非工程措施的综合作用，大幅度地提高了流域防洪、除涝、抗旱、减灾和供水保障能力，为富庶淮河、生态淮河、美丽淮河建设发挥了基础性的支撑作用。

第二节　新中国治淮历程与成就

新中国成立后，党和政府高度重视淮河治理，一直把治淮放在安邦定国的高度，优先安排人力、物力、财力，对淮河进行系统性的治理。从 1950 年中央人民政府政务院做出《关于治理淮河的决定》开始，治淮已经走过了近 70 年的光辉历程，取得了辉煌的成就，为共和国的发展、壮大、富强做出了巨大贡献。新中国治淮历程可以分成 1950 年 11 月至 1958 年 7 月、1958 年 8 月至 1977 年 5 月、1977 年 6 月至 1991 年 9 月、1991 年 10 月至 2009 年 12 月、2010 年 1 月至今 5 个阶段，下面分别叙述各阶段情况。

一、1950 年 11 月至 1958 年 7 月的治淮工作

这是由国家组织力量的治淮阶段，也是治淮骨干工程的建设阶段。1950 年夏，淮河发生了严重水灾，党和国家领导人对淮河治理作出重要批示。同年 8 月政务院召开第一次治淮工作会议，10 月 14 日颁布了《关于治理淮河的决定》，确定了"蓄泄兼筹"的治淮方针，这是新中国治淮的发端。为了强力推进治淮工作，1950 年 11 月 6 日，华东军政委员会成立了治淮委员会，时任华东军政委员会副主席兼财经委员会主任的曾山兼任治淮委员会主任。1951 年 5 月，毛泽东主席发出"一定要把淮河修好"的伟大号召，由此掀起了新中国第一次大规模治淮高潮。党和国家领导人深切关心、关怀治淮工作，多次到工地或模型基地视察和指导。这一阶段建成了佛子岭、梅山、响洪甸、磨子潭、南湾、薄山、板桥、石漫滩等上游山区水库。淮河干流水系的宿鸭湖、昭平台，以及沂沭泗水系的安峰山、陡山、日照、小塔山、许家崖、沙沟、田庄、小仕阳、唐村、岩马、尼山、白龟山、石梁河、会宝岭等水库开工兴建。建成了濛洼、城西湖、城东湖、泥河洼、老王坡、蚊停湖等蓄洪区，整治和修建了淮河中游河道堤防，批准兴建三河闸、苏北灌溉总渠等下游入江入海工程、沂沭泗地区导沭整沂工程、导沂整沭工程、宿迁控制工程等，蚌埠闸、临淮岗洪水控制工程、蒙城闸等大型水闸开工建设。淠史杭灌区、梅山水库灌区、宿鸭湖水库灌区、苏北多个大型灌区、三义寨引黄灌溉工程、陈垓引黄灌溉工程等相继开工。这些工程为淮河流域"兴水利、除水害"骨干工程的建设奠定了基础。1958 年 7 月 8 日，治淮委员会撤销。

二、1958 年 8 月至 1977 年 5 月的治淮工作

这是治淮委员会撤销后，以流域四省为主的治淮阶段。这一阶段因国家经济困难，又逢"三年困难时期"，致使治淮工作陷入低潮。但党和政府仍然高度重视治淮工作，1969 年、1970 年国务院先后两次召开治淮会议，继续推进治淮工作。1969 年 10 月国务院成立治淮规划小组，1971 年设立治淮规划小组办公室，加强对治淮工作的统一领导。这一阶段在完成了上一阶段开工工程建设的基础上。流域各省还根据各自的经济能力和亟待解决的水利问题，在淮河干流水系建成了石山口、泼河、五岳、鲇鱼山、花山等大型水库，在沂沭泗水系建成了西苇、跋山、青峰岭、马河、岸堤等大型水库，建成了江都水利枢纽，开挖了新沂河等大型人工河道，开工建设沂沭泗河洪水东调南下等一批战略性骨干工程。建成了石山口、柳园口、龙窝引河、照平台、泼河等灌区工程。这些工程都是现在淮河防洪减灾、兴利除害的骨干工程。

三、1977 年 6 月至 1991 年 9 月的治淮工作

这是治淮委员会复设后，国家组织流域各省团结治水阶段。1981 年国务院召开了治淮会议，提出了淮河治理纲要和十年规划设想，要求流域必须统一治理，包括统一规划、统一计划、统一管理、统一政策。国务院在给该次会议纪要的批示中指出："淮河流域水系复杂，上下游关系密切，历来矛盾很多，各有关地区要本着小局服从大局、大局照顾小局、以大局为重的原则互谅互让，互相支持，团结治水，共同把治淮事业搞得更好。"这一阶段治淮主要任务发生了转变，由工程建设为主转为以工程管理为主，更注重已建工程的配套完善、运行维护、除险加固、联合调度，同时工作重心也从防洪减灾为主转向了防洪、灌溉、城乡供水、水资源开发利用并举。1985 年，国务院又在合肥召开了治淮会议，审议了治淮委员会提出的《淮河流域规划第一步规划报告》《治淮规划建议》。这一阶段，制定了《淮河洪水调度意见》，明确了流域机构与各省的防汛职责；制定了行蓄洪区管理政策；编制了南水北调东线工程规划方案；开展了水资源保护和水污染防治工作，建成了水质监测中心；开展了水土保持工作，开始了小流域治理试点；开展了遥感卫星影像在水利上的应用工作；开展了《淮河志》编纂工作；建成了淮河流域微波通信网；实施了淮河干流上中游河道整治及堤防加固、黑茨河治理、新沂河治理等工程；建成了淠史杭灌区配套工程；对佛子岭、南湾、许家崖等一大批水库进行了除险加固。这些工作为当时流域经济社会发展，发挥了水利基础支撑作用。

四、1991 年 10 月至 2009 年 12 月的治淮工作

这是实施治淮 19 项骨干工程阶段。1991 年，淮河流域发生了严重的洪涝灾害，经济损失重大。9 月中旬，针对淮河、太湖发生严重洪涝灾害所暴露出的问题，国务院在北京召开了治理淮河、太湖会议。11 月 19 日，国务院作出了《关于进一步治理淮河和太湖的决定》，提出了"要坚持'蓄泄兼筹'的治淮方针，近期以泄为主，实施以防洪、除涝为主要内容的治淮 19 项骨干工程"，掀起了新中国成立以来第二次治淮建设高潮。1992 年、1994 年、1997 年，国务院先后 3 次召开治淮会议，要求加快治淮步伐。2003 年，淮河大水后，国务院于 10 月召开常务会议和治淮工作会议，要求把治淮作为全国水利建设重点，加大投入，加快步伐，2007 年年底基本建成治淮 19 项骨干工程。这一重大决策，再一次极大地推动了淮河治理进程。19 项骨干工程如下。

（1）淮河干流上中游河道整治及堤防加固工程。该工程涉及河南、安徽、江苏三省，治理范围为淮凤集至洪泽湖进口之间的淮河干流及沿淮地区。工程实施后，河南沿淮圩区 51.5 万亩耕地的防洪安全基本达到 10 年一遇，排涝标准达到 3 年一遇，生产、生活条件得到改善；王家坝至正阳关淮河干流形成一条宽 1.5～2.0km 的行洪通道，使中小洪水能安全下泄，河道泄洪能力恢复到 1956 年水平；安徽境内沿淮低标准行蓄洪区 64 万亩耕地行蓄洪机遇减少，人民群众生命财产得到保障，生产、生活条件得到改善；正阳关以下淮北大堤以及工矿城市等确保堤防达到防御 1954 年洪水标准，其保护区内 1000 万亩耕地以及京沪、阜淮两条铁路的防洪安全得到保证。

（2）行蓄洪区安全建设工程。该工程涉及河南、安徽、江苏三省。工程完成后，可显

著减轻干流河道两岸重要堤防的防洪压力，保障了沿河两岸城市和工矿企业的安全，减少了行蓄洪区启用的经济损失，改善了区内群众的生产生活条件，解决了行蓄洪区140余万人安全避洪和撤退转移问题，为行蓄洪区人民尽快脱贫致富创造了有利条件。

（3）怀洪新河续建工程。该工程可分泄淮河中游洪水，确保涡河口以下淮北大堤的防洪安全；扩大濉潼河水系的排水出路，为各支流的进一步治理创造条件；改善现有灌区蓄水、引水条件，扩大水田面积，提高灌溉保证率，并为水产养殖、环境保护、发展航运创造条件，从而大大地促进该地区国民经济的发展和社会安定。

（4）入江水道巩固工程。该工程按行洪 $12000 m^3/s$、高邮湖水位 9.50m 标准进行加固。工程完成后，行洪能力可达到 $12000 m^3/s$，对保障淮河下游地区 2.85 万 km^2 的工农业生产和 2000 多万人民的生命财产安全起到十分重要的作用。

（5）分淮入沂续建工程。该工程可达到安全行洪 $3000 m^3/s$ 的防洪效益，并实现淮河发生大洪水时相机向新沂河分泄洪水的目的，从而提高洪泽湖抵御较大洪水的能力。

（6）洪泽湖大堤加固工程。洪泽湖大堤按设计水位 16.0m、校核水位 17.0m 进行加固。工程实施完成后，提高了洪泽湖的防洪标准，保证了下游平原地区工农业生产和人民生命财产安全。

（7）防洪水库工程。该工程包括板桥水库复建工程、石漫滩水库复建工程、燕山水库工程、白莲崖水库工程 4 个单项工程。板桥水库工程是一座以防洪为主，具有灌溉，发电、水产、城市供水及旅游等综合效益的大型水利工程。复建后的石漫滩水库是具有工业供水、防洪除涝、灌溉等效益的综合利用工程。燕山水库可使澧河的防洪标准由 5 年一遇提高到 20 年一遇，与沙河流域防洪工程体系的其他工程联合运用，可将沙河干流的防洪标准从 10 年一遇提高到 50 年一遇。白莲崖水库可使佛子岭、磨子潭两水库的防洪标准由不足 1000 年一遇提高到 5000 年一遇；与佛子岭水库、磨子潭水库联合调度，可将下游淠河的防洪标准由 20 年一遇提高到 50 年一遇，并为淮河干流滞洪、错峰等。

（8）沂沭泗河洪水东调南下工程。该工程位于江苏、山东省境内，是统筹解决沂沭泗河水系中下游河道洪水出路、提高防洪标准的战略性骨干工程，分为东调南下一期工程和续建工程。总体部署是：扩大沂、沭河洪水东调入海和南四湖洪水南下的出路，使沂沭洪水尽量就近由新沭河东调入海，腾出骆马湖、新沂河部分蓄洪、排洪能力，接纳南四湖南下洪水。东调工程包括沂沭河堤防加固工程、分沂入沭工程、大官庄人民胜利堰节制闸工程、石梁河水库扩大泄量工程、新沭河工程、邳苍分洪道工程等；南下工程包括韩庄运河扩大、中运河扩大、中运河航道及防洪、中运河临时水资源控制设施、新沂河加固工程和南四湖治理工程等。东调南下续建工程包括刘家道口枢纽、南四湖湖东堤、韩中骆堤防、新沂河整治、新沭河治理、分沂入沭扩大、南四湖湖内、沂沭邳治理及南四湖湖西大堤加固等 9 个单项工程。东调南下一期工程实施后，沂沭泗河中下游重要防洪保护区的防洪标准由 10 年一遇提高到 20 年一遇；东调南下续建工程实施后，沂沭泗河中下游重要防洪保护区的防洪标准由 20 年一遇提高到 50 年一遇，更好地发挥东调南下工程整体效益。

（9）大型水库除险加固工程。1986 年及 1992 年淮河流域及山东半岛共有 20 座水库列入全国第一批、第二批重点病险库，其中淮河流域有河南省的宿鸭湖、鲇鱼山、孤石滩，山东省的陡山、许家崖、田庄、岸堤、尼山、岩马、跋山、会宝岭，江苏省的石梁河、小塔山等 13 座。山东半岛有牟山、峡山、门楼、太河、白浪河、王屋、冶源等 7 座。

（10）淮河入海水道近期工程。该工程是淮河流域治理的战略性骨干工程，西起洪泽湖东侧二河闸，沿苏北灌溉总渠北侧与总渠呈二河三堤。东至扁担港注入黄海，全长 163.5km。工程建成后，当淮河发生洪水时，与淮河入江水道、分淮入沂、苏北灌溉总渠等工程联合调度，分泄淮河洪水，使洪泽湖的设计防洪标准提高到 100 年一遇；同时改善渠北地区的排涝条件和水环境，使渠北地区的排涝标准提高到 5 年一遇。

（11）临淮岗洪水控制工程。该工程位于淮河干流中游，主体工程处于王家坝与正阳关之间，跨安徽省霍邱、颍上、阜南三县。工程主要任务是当淮河上中游发生 50 年一遇以上洪水时，配合现有水库、河道堤防和行蓄洪区，调蓄洪峰，控制洪水，使淮河中游防洪标准提高到 100 年一遇。

（12）汾泉河初步治理工程。汾泉河是跨豫皖两省的主要边界排水河道，发源于河南省郾城县，流经两省九县二市，干流全长 243km。初步治理工程堤防按 20 年一遇防洪标准设计，泉河干流河道按 3 年一遇除涝流量的 90% 进行疏浚。

（13）包浍河初步治理工程。包浍河是淮北豫、皖两省主要排水河道之一，流经商丘、虞城、夏邑、永城、濉溪、涡阳、宿州境内，于安徽固镇九湾汇入怀洪新河。初步治理工程干流按 20 年一遇防洪标准筑堤，3 年一遇的 82% 除涝标准挖河。

（14）涡河近期治理工程。涡河是淮河中游左岸一条支流，淮北平原区主要河道，呈西北东南走向。发源于河南省尉氏县，东南流经开封、通许、扶沟、太康、鹿邑和安徽省亳州、涡阳、蒙城，于蚌埠市怀远县城附近注入淮河，河道全长 380km。近期治理防洪标准采用 20 年一遇，按 5 年一遇除涝标准进行疏浚。

（15）奎濉河近期治理工程。奎濉河流域位于淮北平原的东部地区，为江苏、安徽两省骨干排水河道，跨两省五县（市），分为奎濉河与老濉河两个水系。干流按利用老汪湖滞洪后除涝标准为 3 年一遇，防洪标准按 20 年一遇治理；支流除涝标准为 5 年一遇，防洪标准按 20 年一遇。

（16）洪汝河近期治理工程。洪汝河为淮河北岸主要支流之一，是跨河南、安徽两省的主要骨干排水河道。洪汝河近期治理工程包括小洪河杨庄滞洪工程和洪汝河下游河道近期治理工程。近期治理防洪标准为 10 年一遇，河道设计除涝标准为 3 年一遇。

（17）沙颍河近期治理工程。沙颍河是淮河的最大支流，发源于河南省伏牛山区，跨河南、安徽两省，于安徽省颍上县沫河口汇入淮河，河道全长 620km。近期治理工程按 20 年一遇防洪标准进行治理。

（18）湖洼及支流治理工程。淮河流域的湖洼及支流大致可划分为 9 个区域：沿淮低洼易涝区、淮北支流、淮南支流、里下河地区、南四湖周边地区、沿运易涝地区、邳苍郯新地区、沂沭河下游地区和山东半岛。重要支流河道治理段的防洪标准按 10～20 年一遇治理，排涝标准按 3～5 年一遇；沿淮洼地治理区的排涝标准按 5 年一遇治理。

（19）其他。其他工程主要包括边界水利、水土流失治理、直管病险闸坝除险加固、能力建设等工程，位于河南、安徽、江苏、山东省境内。

治淮 19 项骨干工程建设任务于 2010 年全面完成，2016 年 12 月全部通过竣工验收。累计完成投资 461.33 亿元。淮河干流上游河道防洪能力由治理前不足 5 年一遇，提高到约 10 年一遇标准；中游在充分运用行蓄洪区和临淮岗洪水控制工程的情况下，可使淮北大堤主要防洪保护区和淮南、蚌埠市的防洪标准由治理前不足 50 年一遇提高到 100 年一遇；下游洪泽湖大堤及其防洪保护区的防洪标准由治理前不足 50 年一遇提高到 100 年一遇；沂沭泗河中下游重要防洪保护区的防洪标准由治理前的 10 年一遇提高到 50 年一遇；淮北重要跨省支流的防洪标准除洪汝河由治理前的 5 年一遇提高至 10 年一遇外，沙颍河、汾泉河、涡河、包浍河、奎濉河等防洪标准均从治理前的约 10 年一遇提高到 20 年一遇，除涝标准也有所提高，基本达到 3 年一遇。基于此 19 项骨干工程，淮河流域基本建成了由河道堤防、行蓄洪区、水库、分洪河道、防汛调度指挥系统等组成的防洪除涝减灾体系。在行蓄洪区充分运用的情况下，可防御新中国成立以来发生的流域性最大洪水，能够基本满足重要城市和保护区的防洪安全要求。

这一阶段除了实施治淮 19 项骨干工程外，还开工建设了南水北调东线、中线工程，开展了淮河干流行蓄洪区和滩区居民地迁建、农村饮水安全、大中型病险水库除险加固、大型泵站改造等一大批民生水利工程。

五、2010 年 1 月至今的治淮工作

这是实施进一步治淮 38 项工程和调整治水方针的阶段。2009 年 12 月 30 日，在治淮 19 项骨干工程全面建成之际，国务院召开了常务会议，决定进一步治理淮河。2010 年 6 月 4 日，国务院召开治淮工作会议，部署了进一步治理淮河工作。2011 年中央 1 号文件，要求进一步治理淮河。针对淮河流域防洪排涝减灾体系仍不完善，行蓄洪区人口众多和建设滞后、平原洼地排涝能力偏低、下游河道泄洪能力不足、水资源短缺和水污染并存、水利管理薄弱等问题日益突出。为继续巩固治淮建设成果，构建更为完善的流域防洪排涝减灾体系，2011 年 3 月，国务院办公厅转发了国家发展改革委、水利部《关于切实做好进一步治理淮河工作的指导意见》。2013 年 6 月，国家发展改革委、水利部印发了《进一步治理淮河实施方案》，要求用 5～10 年时间基本完成进一步治理淮河 7 大类 38 项主要工程建设，使得淮河上游拦蓄洪水能力有较大提高；中游行蓄洪区启用标准提高到 10～50 年一遇；下游洪泽湖防洪标准达到 300 年一遇，防御 100 年一遇洪水时水位有效降低；重要支流防洪标准达到 20 年一遇；重点平原洼地排涝标准基本达到 5 年一遇，部分区域达到 10 年一遇；流域综合管理明显加强，水利工程良性运行机制基本形成，小型水利工程管理明显改善；水资源节约与保护得到加强，饮水安全得到全面保障。进一步治淮 7 大类 38 项工程如下。

(一) 淮河行蓄洪区调整和建设
(1) 淮河干流蚌埠—浮山段行洪区调整和建设。
(2) 淮河干流正阳关—峡山口段行洪区的调整和建设。
(3) 淮河干流浮山以下段行洪区的调整和建设。
(4) 淮河干流王家坝—临淮岗段行洪区的调整及河道整治。
(5) 淮河干流峡山口—涡河口段行洪区的调整和建设。
(6) 河南省蓄滞洪区建设。
(7) 江苏省黄墩湖滞洪区的调整与建设。

（8）安徽省行蓄洪区建设。

（9）江苏省洪泽湖周边滞洪区建设。

（10）山东省南四湖湖东滞洪区建设。

（二）重点平原洼地治理

（11）世行贷款重点平原洼地的治理。

（12）河南省重点平原洼地的近期治理。

（13）安徽省重点平原洼地的近期治理。

（14）江苏省重点平原洼地的近期治理。

（15）山东省重点平原洼地的近期治理。

（16）大型灌区续建配套和节水改造。

（17）大型灌排泵站的更新改造。

（18）田间灌排工程。

（三）堤防达标建设和河道管理

（19）入江水道整治。

（20）洪泽湖大堤除险加固。

（21）分淮入沂整治。

（22）淮河入海水道二期。

（23）河南省淮河干流一般堤防加固。

（24）安徽省淮河干流一般堤防加固。

（25）沂、沭、泗河上游堤防加固。

（26）河南省重要支流治理。

（27）安徽省重要支流治理。

（28）江苏省重要支流治理。

（29）山东省重要支流治理。

（四）城乡饮水安全

（30）农村饮水安全。

（31）城市饮用水源地保护和供水水源地建设。

（32）水质监测和水污染突发事件应急处置能力建设。

（五）上游防洪水库

（33）出山店水库。

（34）前坪水库。

（六）淮河行蓄洪区和淮河干流滩区居民地迁建

（35）河南省淮河行蓄洪区和淮河干流滩区居民地迁建。

（36）安徽省淮河行蓄洪区和淮河干流滩区居民地迁建。

（37）江苏省淮河行蓄洪区和淮河干流滩区居民地迁建。

（七）其他

（38）流域管理能力建设。

当前阶段，进一步治淮 38 项工程已开工建设 27 项。除大型灌区续建配套和节水改造等 6 项按全国有关规划安排实施外，其他 32 项工程细化为 45 个单项。截至 2016 年年底，洪泽湖大堤除险加固等 4 个单项已竣工验收；淮河干流蚌埠段等 22 个单项在建；入海水道二期工程等 6 个单项可行性研究审查意见已报国家发展改革委；沂河、沭河上游堤防加固等 4 项可研报告已经水利部审查；安徽蓄滞洪区建设等 6 项可研报告尚未上报。流域管理能力建设 1 项按年度实施。

新中国治淮以来，取得了辉煌的成就。据 2016 年统计数据，流域已建成 6367 座水库，其中大型水库 41 座；堤防长度约 73000km，其中 I 级堤防 2262km，保护着超过 1 亿人口和 800 万 hm² 耕地；水闸 37874 座，其中大型水闸 151 座；规模以上机电井超过 130 万眼；泵站 61540 座，其中大型泵站 48 座；水电站 337 座，其中大型水电站 2 座；水利工程年供水总量超过 503 亿 m³；城乡集中式供水覆盖约 1.5 亿人。同时还建成了现代化的国家防汛抗旱指挥系统。这些工程与非工程措施综合作用，大幅度地提高了流域防洪除涝抗旱减灾和供水保障能力。

（一）水库

截至 2003 年 3 月，淮河全流域已建成水库 5674 座，总库容 272 亿 m³，其中大型水库 36 座，控制面积 3.45 万 km²，占山丘区面积的 1/3；总库容 187 亿 m³，兴利库容 74 亿 m³，防洪库容 55.6 亿 m³（表 5-1）。中型水库 166 座，库容 47.8 亿 m³。

表 5-1 　　　　　　　　　　　淮河流域大型水库主要特征表

编号	水库名称	所在地	所在河流	集水面积/km²	库容/亿 m³		设计水位/m	汛限水位/m	历史最高洪水位/m
					总库容	兴利库容			
1	白沙	河南省禹州市	颍河	985	2.95	1.15	233.80	223.00	230.91
2	昭平台	河南省鲁山县	沙河	1430	7.13	3.94	177.60	167.00	177.30
3	白龟山	河南省平顶山市	沙河	2740	7.31	3.21	105.65	101.00	106.21
4	孤石滩	河南省叶县	澧河	285	1.85	0.70	157.07	151.50	158.72
5	薄山	河南省确山县	臻头河	580	6.20	2.80	121.30	110.00	122.75
6	宿鸭湖	河南省汝南县	汝河	4498	16.56	2.66	57.75	52.50	57.66
7	南湾	河南省信阳市	浉河	1100	16.30	6.30	108.50	102.60	105.42
8	石山口	河南省罗山县	潢河	306	3.72	1.69	80.60	78.50	80.75
9	五岳	河南省光山县	青龙河	102	1.20	0.73	89.88	88.50	89.90
10	泼河	河南省光山县	泼陂河	222	2.35	1.50	83.45	81.00	82.10
11	鲇鱼山	河南省商城县	灌河	924	9.16	5.12	111.40	106.00	107.96
12	板桥	河南省泌阳县	汝河	768	6.75	2.56	117.50	110.00	117.94
13	石漫滩	河南省舞钢市	滚河	230	1.20	0.68	110.65	107.00	110.11
14	佛子岭	安徽省霍山县	淠河	1840	4.96	3.84	126.00	112.56	—
15	磨子潭	安徽省霍山县	淠河	570	3.37	1.90	196.50	177.00	—
16	响洪甸	安徽省金寨县	淠河	1400	26.32	14.13	139.10	—	—
17	梅山	安徽省金寨县	史河	1970	23.37	12.45	139.17	125.27	135.75
18	小塔山	江苏省赣榆县	青口河	386	2.82	1.36	35.00	32.80	34.00

编号	水库名称	所在地	所在河流	集水面积/km²	库容/亿 m³		设计水位/m	汛限水位/m	历史最高洪水位/m
					总库容	兴利库容			
19	石梁河	江苏省东海县	新沭河	5573	5.31	2.34	27.65	23.50	26.82
20	安峰山	江苏省东海县	厚镇河	175.6	1.20	0.50	18.41	15.00	18.22
21	日照	山东省日照市	付疃河	584	2.72	1.91	43.80	41.50	—
22	田庄	山东省沂源县	沂河	424	1.31	0.70	311.35	308.00	306.91
23	跋山	山东省沂水县	沂河	1782	5.09	2.27	179.27	175.00	178.34
24	岸堤	山东省蒙阴县	东汶河	1690	7.49	4.72	177.67	172.00	—
25	唐村	山东省平邑县	浚河	263	1.50	0.59	188.35	184.60	188.56
26	许家崖	山东省费县	温凉河	580	2.93	1.74	148.39	145.00	—
27	青峰岭	山东省莒县	沭河	770	4.10	2.70	162.90	160.00	160.95
28	小仕阳	山东省莒县	袁公河	281	1.25	0.72	155.80	152.50	—
29	陡山	山东省莒南县	浔河	431	2.88	1.69	128.28	124.50	128.16
30	会宝岭	山东省苍山县	西泇河	420	1.97	1.03	76.68	74.00	76.90
31	沙沟	山东省沂水县	沭河	163	1.02	0.32	237.32	231.50	234.57
32	尼山	山东省曲阜市	小沂河	264.1	1.14	0.19	127.08	120.20	—
33	西苇	山东省邹城市	大沙河	113.6	1.07	0.49	108.53	106.06	—
34	岩马	山东省滕州市	城河	357	2.20	1.14	129.75	125.00	129.06
35	马河	山东省滕州市	北沙河	240	1.38	0.70	112.64	108.00	—
36	花山	湖北省广水市	㵐河	129	1.73	1.07	240.50	237.00	236.77

（二）堤防

全流域现有堤防 50000 多 km，主要堤防长 11000km。其中淮北大堤、洪泽湖大堤、里运河大堤、南四湖湖西大堤、新沂河大堤等一级堤防 1725km，保护区内人口 4800 万人、耕地 6000 万亩（表 5-2）。淮河干流一般堤防、沙颍河堤防、茨淮新河右堤、怀洪新河堤防、新沭河堤防、韩庄运河堤防、中运河堤防等二级堤防 3000 多 km（表 5-3）。

表 5-2　　　　　　　　　　　　　淮河流域一级堤防统计表

名称		起 讫 地 点	长度/km	防护区人口/万人	保护耕地面积/万亩	备注
淮北大堤			633.6	1000	1081	
涡西堤圈		茨河铺至西阳集	400.2	—	569.7	包括淝左堤 56km
涡东堤圈		青羊沟至下草湾	233.4		511.3	
洪泽湖大堤		江苏淮阴县码头镇至盱眙县张大庄	67.25	2000	3000	
里运河左堤（东）		江苏淮安市清浦区闸至江都市	157.05	1316	1500	
南四湖湖西大堤		山东济宁市石佛至江苏铜山县张谷山	131	200	400	
新沂河大堤	左岸：江苏新沂市嶂山闸至灌云县燕尾港		146	195	300	
	右岸：江苏新沂市嶂山闸至灌南县堆沟		144	375	502	

续表

名称	起 讫 地 点	长度/km	防护区人口/万人	保护耕地面积/万亩	备注
灌溉总渠右堤	江苏洪泽县高良涧闸至射阳县入海口	161.02	1361	1657	
骆马湖二线堤	江苏宿豫区良便河船闸至宿迁节制闸	34.6	400	660	
分淮入沂右堤	江苏淮阴区二河闸下至沭阳县	98.08	552	636	
新沭河太平庄闸下右堤	江苏东海县太平庄闸至海口	14	60	—	区内有连云港市
淮南城市及工矿圈堤	安徽淮南市黑龙潭至上窑	41.1	87	484	
蚌埠市圈堤	安徽蚌埠市老虎山至曹山	12.6	71	36.9	

表 5-3 　　　　　　　　　　　　淮河流域二级堤防统计表

名称	起 讫 地 点	长度/km	防护区人口/万人	保护耕地面积/万亩	备注
淮河干流一般堤防		608	241.1	220	
来龙圩堤	淮凤—邓店	44.6	10	12	
上油岗圩堤	上由岗—乔台	9.8	0.8	1.5	
芦集圩堤	龙王庙—李庄	25.6	6.6	8	
城郊圩堤	周岗头—桂花	14.4	4	4.8	
城关圩堤	封闭	4.5	2.7	2	
王岗圩堤	郑郢—范岗	32.7	5	5	
谷堆圩堤	紫薇寺岗—寇庄	47.1	5.3	7.2	
石碑堰圩堤	岗头—往流	2	0.5	0.7	
陈族湾圩堤	郭圩—郭圩	18.4	1.3	1.5	
大港口圩堤	杨郢—杨郢	11	0.5	0.6	
临王段	临水集—王截流	26.8	15	9.6	
正南淮堤	五里铺—左家岗	32.6	36.9	20.8	
黄苏段	黄町窑—苏家岗	12	3.5	2.4	
天河封闭堤	马头城—韩郢	14	12	10.5	
高邮湖堤	铜龙湖—秦拦河	34	21.5	12.7	
庙垂段	庙台集—垂岗集	5.1	0.8	0.6	
塔荆段	塔山—荆山脚下	4.2	0.7	0.5	
洪洼堤圈	分上、下两堤圈	116.8	12	8.6	
颍左堤圈	堤圈	152.4	102	113	颍河右堤除外
入江水道左堤	江苏洪泽县蒋坝至宝应县运西南闸	105	242	244	
分淮入沂左堤	江苏淮阴县高堞码头至沭阳县入新沂河口	75.32	75	110	区内有铁路和高速公路等重要交通设施
南四湖湖东堤	山东微山县石佛至泗河、二级坝至新薛河	34	—	—	区内有大型矿区和微山县城

名称	起讫地点		长度/km	防护区人口/万人	保护耕地面积/万亩	备注
韩庄运河、中运河堤防	左岸：山东微山县韩庄至江苏新沂市二湾		101	297	321	区内有津浦铁路等重要交通设施
	右岸：山东微山县韩庄至江苏宿豫县皂河船闸		104			
骆马湖堤防	一线堤：江苏宿豫县皂河老船闸至小王庄		18.4	200	400	
	东堤：江苏新沂市北坝涵洞至新戴河口		28			
	北堤：江苏新沂市苗圩至分洪口		6.0			
	西堤：江苏新沂市分洪口至二湾		9.3			
沂河堤防（祊河口以下）	左岸：山东临沂市九曲至江苏新沂市新戴河口		118.0	121	180	区内有铁路和高速公路
	右岸：山东临沂市祊河口至江苏新沂市苗圩		118.0	77	115	
沭河堤防（汤河口以下）	左岸：山东临沭县宣文岭至江苏新沂市许口		134.0	64	95	区内有铁路和高速公路
	右岸：山东临沭县西宣文至江苏新沂市口头		138.0	121	180	
分沂入沭右堤	山东临沭县彭道口至大官庄		22.0	102	153	
新沭河堤防（石梁河水库以下）	左岸：江苏赣榆县石梁河水库坝下至海口		44.7	126	136	
	右岸：江苏东海县石梁河水库坝下至龙宝港闸		48.59			
沙颍河堤防	左岸：河南叶县谢庄至安徽阜阳市茨河铺		313	1101	1505	
	右岸：河南叶县毛庄至安徽颍上县王岗埠		460	1252	334	
茨淮新河右堤	安徽阜阳茨河铺至怀远县老茨河闸		133	263	334	
怀洪新河堤	左岸：安徽怀远县何巷至江苏泗洪县溧河洼		141	243	480	
	右岸：安徽怀远县何巷至江苏泗洪县溧河洼		154	76	110	

（三）水闸

全流域共有各类水闸5427座，其中大、中型水闸600多座。淮河流域大型水闸的基本情况见表5-4。按水闸的主要功能分为节制闸、排水闸、分洪闸、挡潮闸和进水闸等。全流域从数量上以节制闸最多，其主要作用是拦蓄河水，调节地面沟河径流和补充地下水，发展灌溉、供水和航运事业。分洪闸对全流域的防洪调度，保障流域的防洪安全有极其重要的作用，如淮河水系的王家坝闸、城西湖进洪闸、城东湖进洪闸和马湾拦河闸，沂沭泗水系的彭道口闸、江风口闸和新沭河泄洪闸等。

表5-4 　　　　　　　　　　　　淮河流域大型水闸基本情况表

编号	名称	工程地点	所在河流	主要功能	闸孔（座）数	闸孔尺寸 宽×高 /m	设计最大过闸流量 /（m³/s）	备注
1	曹台孜退水闸	安徽省阜南县	淮河	泄洪	28	5×10.8	2800	
2	城西湖闸	安徽省霍邱县	淮河	蓄洪	36	10×5.5	6313	
3	临淮港闸 浅孔 深孔	安徽省霍邱县	淮河	防洪	49 12	9.96×4 8.6×8.75	17827 3280	上下扉门
4	姜唐湖进洪闸	安徽省霍邱县	淮河	分洪	14	12.0×7.92	2400	
5	蚌埠老闸 蚌埠新闸	安徽省蚌埠市	淮河	灌溉、航运、发电	28 12	10×7.5 10×9.7	8650 3410	分洪道流量 1060m³/s
6	龙山闸	河南省光山县	潢河	防洪、灌溉、供水	9	10.0×13.0	5000	
7	河坞闸	河南省新蔡县	汝河	灌溉、发电	8	10×11.2	2300	
8	双轮河闸	河南省光山县	白露河	灌溉	6	8×7.1	2050	
9	黄桥闸	河南省西华县	颍河	灌溉	16	6.0×10.25	2200	
10	阜阳闸	安徽省阜阳市	颍河	灌溉、排涝、航运	12	12×10	3500	
11	颍上闸	安徽省颍上县	颍河	灌溉、排涝	24	5×12.2	4200	
12	马湾拦河闸	河南省舞阳县	沙河	防洪、灌溉、发电	7	10×8.0	3000	
13	大陈闸	河南省襄城县	北汝河	灌溉、供水	12	10×10.55	3700	
14	茨河铺分洪闸	安徽省阜阳市	茨淮新河	分洪	17	10×6	2500	
15	插花节制闸	安徽省阜阳市	茨淮新河	泄洪、灌溉、排涝	17	10×10.6	3300	
16	阚町节制闸	安徽省利辛县	茨淮新河	灌溉、排涝	15	10×7.8	2700	
17	上桥节制闸	安徽省怀远县	茨淮新河	灌溉、分洪、排涝	21	8×10	2900	
18	涡阳闸	安徽省涡阳县	涡河	灌溉、航运	22	4×8.2	3000	
19	蒙城节制闸	安徽省蒙城县	涡河	分洪、灌溉	20	5.2×6	2500	
20	女山湖节制闸	安徽省明光市	池河女山湖	工、农业用水	18	7×3.8	3680	
21	何巷闸	安徽省怀远县	怀洪新河	分洪、航运	14	8×5.65	2000	
22	新湖洼闸	安徽省固镇县	怀洪新河	分洪	11	10×5.85	2000	
23	西坝口闸	安徽省五河县	怀洪新河	分洪、蓄水	16	10×5.80	2550	
24	新开沱河闸	安徽省五河县	怀洪新河	分洪、蓄水	10	10×5.20	2160	
25	三河闸	江苏省洪泽县	入江水道	泄洪、蓄水、发电	63	10×6.2	13000	
26	金湾闸	江苏省江都市	入江水道	防洪、蓄水、引水	22	6×10	3500	
27	万福闸	江苏省扬州市	入江水道	排涝、引水	65	6×10.0	8820	
28	太平闸	江苏省扬州市	入江水道	防洪	24	6×8.9	2470	
29	二河闸	江苏省洪泽县	二河	防洪、灌溉	35	10.0×8.0	9000	
30	二河新泄洪闸	江苏省淮安市	二河	防洪	10	10×12	2270	
31	嶂山闸	江苏省宿豫县	新沂河	防洪	36	10×7.5	10000	
32	新沂河海口控制 南深泓闸	江苏省灌云县	新沂河	挡潮、防洪	12	10.0×3.5	2940	

编号	名称	工程地点	所在河流	主要功能	闸孔（座）数	闸孔尺寸宽×高/m	设计最大过闸流量/(m³/s)	备注
33	淮阴闸	江苏省淮阴县	淮沭河	防洪、灌溉	30	10×8.5	4000	
34	沭阳闸	江苏省沭阳县	淮沭河	防洪、灌溉	25	10×7.5 10×8.3	4000	
35	海口闸	江苏省滨海县	入海水道	泄洪、挡潮	5（南）11（北）	10×9.7	2270	
36	人民胜利堰闸	山东省临沭县	沭河	节制闸	8	10×9.5	2500	
37	塔山闸	江苏省新沂市	沭河	防洪、灌溉	23	8.0×6.0	3000	
38	王庄闸	江苏省新沂市	沭河	灌溉、防洪	45	8.05×5.5	2538	
39	彭道口闸	山东省郯城县	分沂入沭	分洪	19	10×9.3	4000	
40	新沭河泄洪闸	山东省临沭县	新沭河	泄洪	18	12×12.5	6000	
41	临洪闸	江苏省连云港市	蔷薇河	挡潮、排涝、灌溉	26	5.0×6.2	2320	
42	黄阴集闸	山东省泗水县	泗河	防洪、灌溉	16	10×5.1	2059	
43	红旗闸	山东省曲阜市	泗河	灌溉	65	4.0×2.7	2360	
44	泗水大闸	山东省泗水县	泗河	灌溉	26	6×3	3436	
45	龙湾店闸	山东省兖州市	泗河	回灌	38	6×2	3190	
46	红旗一闸	山东省微山县	南四湖	防洪、蓄水	39	6×6.7	4500	
47	红旗二闸	山东省微山县	南四湖	防洪、蓄水	55	5×6.55	3300	
48	红旗四闸	山东省微山县	南四湖	防洪、蓄水	134	6×6.7	4490	
49	徐寨节制闸	山东省单县	东鱼河	灌溉、调节、防洪	26	4.0×5.96	2170	
50	韩庄闸	山东省微山县	韩庄运河	蓄水、泄洪	17 14	12×7.2 12×9.0	2050	
51	万年闸	山东省枣庄县	韩庄运河	节制	—	—	—	由航运部门管理
52	黄墩湖滞洪闸	江苏省宿豫县	韩庄运河	进洪	12	10×7.5	2000	
53	泗阳闸	江苏省泗洪县	中运河	防洪	17	4.0×6.0	2000	
54	江风口闸	山东省郯城县	邳苍分洪道	分洪	7	12×6.5	2000	
55	善后新闸	江苏省灌云县	古泊善后河	排涝、挡潮	10	10×6.0	2100	
56	射阳河闸	江苏省射阳县	射阳河	挡潮、排涝、通航	35	10.0×5.50 航10.0×10	6340	
57	新洋港闸	江苏省射阳县	新洋港	挡潮、排涝、通航	17	10.0×5.5 航10.0×6.3	3077	

第六章

洪泽湖的形态度量指标及所在行政区的沿革

第一节　洪泽湖区的地理位置及所在行政区的沿革

一、位置

洪泽湖为淮河流域最大的淡水湖泊（水库），同时也是我国五大淡水湖之一，位于江苏省的西北部，淮河中游的末端，地理位置大致在北纬 33°06′～33°40′、东经 118°10′～118°55′之间。它南望低山丘陵，北枕黄河故道（淮河下游故道），东临京杭大运河（里运河），西接冈波状平原。西纳淮河，南注长江，是淮河河床的组成部分。在我国综合自然区划上，属暖温带黄淮海平原区与北亚热带长江中下游平原区的过渡地带。

二、所在行政区的沿革

早在洪泽湖尚未形成的西周之前，今湖区一带属淮夷地区。春秋时期，徐国在此建都，北邻齐鲁，南连吴越。春秋后期，徐为吴所灭。吴开邗沟，今湖区东部成为南北水运的要道。

秦汉时期，今湖区属临淮郡（治徐县，今沦于湖底）管辖，人口密度较大，《汉书·地理志》载，临淮郡辖 29 县，268283 户，人口逾百万。东汉时，湖区西部和南部属下邳国，东部和北部属广陵郡（扬州市）。时陈登任广陵太守，大兴农田水利，今湖区开发渐盛，建高家堰以捍淮水侵淹。三国时期，魏于湖区大兴屯田，设屯田万户府，促进了该地区的经济发展。东晋南北朝时，湖区初属高平郡，后为泗州所辖。

隋代，淮河以南属江都郡，以北属下邳郡。隋开通济渠（汴河）达淮，运河口即在今盱眙县城对岸的古泗州城下，经淮河与下游的邗沟相通，这里成了航运的枢纽，航运事业昌盛。隋、唐、宋时期，包括今洪泽湖区在内的江淮地区，历经悉心开发，经济已高度发展，财富经由湖区源源不断地运往政治中心长安、洛阳和开封。南宋时，与金划淮河为界，盱眙、泗州均成了两国使节往来的门户；时值黄河南泛，由泗达淮，湖区积水渐阔，往日水利工程多废。

元、明、清三代，政治中心转移北京，而财富仍仰仗东南，因而漕运为国家命脉所系，洪泽湖区下游的淮安是京杭大运河漕运之咽喉要道。《读史方舆纪要》载元人董搏霄云："淮安，东南噤喉，江浙要冲，其地一失，两淮皆未易保，今岁漕数百万，咸取道于淮安，哽咽或生，则京师有立槁之虑，故特设重臣，置军屯，以经略之。"京杭运河之重要性，由此略知一斑。所以，湖区的治理与资源的开发均是与"济运"紧密相连。而随着"蓄清刷黄济运"政策的实施，洪泽湖东部大堤也就不断增筑扩建，湖面相应扩大。但由于黄河泛淤问题始终得不到根本解决，而洪泽湖的水资源非但得不到合理开发，反而常酿成洪涝灾害。

民国初年，湖区西及南部归安徽省泗县和盱眙县辖，湖区东及北部属江苏省淮安、淮阴、泗阳等县所辖。

1956年，洪泽县建制，管辖洪泽湖的整个湖面及其周围的部分陆地。嗣后，复经陆续调整，现湖面归属江苏省宿迁市的泗阳县和泗洪县及淮安市的淮阴区、洪泽县和盱眙县管辖。

第二节　洪泽湖（水库）湖盆的地势

洪泽湖（水库）的形态，似一只昂首展翅的天鹅，尽情翱翔。

前已述及，黄河长期南泛侵淮及夺淮是洪泽湖（水库）形成的根本原因。洪泽湖在成湖前，系一浅碟形洼地，地势平衍而小型湖荡众多。古淮河在出盱眙后于浅碟形洼地上南北流过，平均地面高程约5m，其后因黄河长期南泛和大量的泥沙淤积，现洪泽湖湖底真高一般为10.0～11.0m，最低洼部分在7.5m上下；北部湖盆略高，一般为10.0～11.0m；南部略低，一般为7.5～9.0m；西部一般在11.0m以上，东部一般为9.0～10.0m；湖盆呈西北高而东南低之形势，与整个黄淮平原的地势倾斜相一致。这种湖盆形态之地区性差异，主要与入洪泽湖河流的分布有关。又据中国科学院南京地理与湖泊研究所1973年的实地调查所得，洪泽湖各湖区之平均湖底高程为10.3～10.8m，与上述引用数据基本类同。

洪泽湖的湖底，现比其上游蚌埠吴家渡淮河段河底高出约2.0m，形成倒（负）比降；更比其下游里下河地区高出4m以上，其"悬湖"之势益显。

第三节　湖泊形态度量之意义

湖泊形态是湖泊在内、外营力相互作用下所形成的直接结果，是湖泊物理学的基本属性之一，其各项指标参数值的大小反映了湖泊及其流域地质、地貌、水文、生物等各种内、外营力相互作用的强度，并随着湖泊演变过程，水位的涨落而具有动态之变化。

湖泊形态度量作为表征湖泊自然特性的一项重要内容，目前国内外均无统一标准可以引用，国内较为常用的参数有面积、水深、容积、湖长、湖宽、湖岸线长度、岸线发展系数、岛屿率等。至于湖泊面积，在国内常用者可分为四级，即特大型，面积大于1000km²；大型，面积1000～500km²；中型，面积500～100km²；小型，面积100～10km²。

强烈的人类活动对于湖泊形态的深刻影响是不可忽视的。

研究湖泊的形态特征及其动态变化，不仅是表征湖泊发展演变过程、水情变化和水动力特性不可缺少的基础资料，具有重要的理论意义，而且对于湖泊中各种资源的开发利用和保护等方面也具有重要的现实意义。

同一湖泊，其形态度量各项参数值，不是恒定不变的静态概念，而是随着其演变过程和发展阶段的不同而具有动态之变化，不同时期湖泊形态度量参数值之差异，直接反映了其在内、外营力相互作用下发展演变过程。

以洪泽湖（水库）为例，在南宋之前的今盱眙以下的古淮河下游河段，为一浅碟形的纳潮洼地，古淮河在这一浅碟形洼地上南北流过，两岸河迹洼地湖众多，见诸于史籍者，左岸有影塔湖（永泰湖）、安湖、小安湖等，右岸较为著名者有破釜涧（塘）、阜陵湖（富陵湖、麻湖）、泥墩湖、万家湖等。南宋建炎二年（1128 年），由于人为原因决开黄河大堤，导致黄河侵淮与夺淮长达 700 余年之久的重大事件，使淮河下游破釜涧等诸湖荡水位抬高，合众为一，破釜涧（塘）（洪泽湖）逐步扩大，形成雏形。

再以我国第一大淡水湖——洞庭湖为例，在四五世纪时期，"湖水广圆五百余里"，后因江湖关系变化和荆江渐趋南侵，湖面逐渐扩展，到了唐、宋时期已有"八百里洞庭"之说，降及明、清时期，江湖关系巨变，清道光年间（1821—1850 年）是洞庭湖自先秦以来扩展至鼎盛时期，《洞庭湖志》载其范围是"东北属巴陵，西北跨华容、石首、安乡，西连武陵、龙阳、沅江，南带益阳而环带湘阴，凡四府一州，界分九邑，横亘八九百里，日月若没于其中"。洪水时，洞庭湖的水域面积逾 6000km^2，为名副其实的中国第一大淡水湖。之后，由于荆江的松滋、太平、藕池、调弦四口分流格局的形成，在随着大量江水入湖的同时，江水携带的大量泥沙倾积于湖内，湖泊又转入萎缩的演变过程，湖泊的面积和容积等形态度量指标也随之而发生相应的变化。

第四节 洪泽湖的形态度量指标

洪泽湖的形态度量指标，自清代末期以来各家所用数据差异颇大，就面积而论从 1000 余 km^2 到 3000 余 km^2 者均有；直到 20 世纪 70 年代末期，仍有学者称，"洪泽湖现在的面积为 3780km^2，是我国第三大淡水湖"。"洪泽湖由于面积大，对调节淮河洪水、蓄水灌溉起着重大作用"（武汉水利电力学院、水利电力科学研究院，1979 年）。本书所列形态度量指标，主要依据《洪泽湖——水资源和水生生物资源》专著中所列及野外补充调查所得，现列举如下。

一、1953 年三河闸控制工程建成前的湖泊形态度量指标

三河是洪泽湖（淮河）入长江的主要通道。1953 年三河闸控制工程的建成，标志着洪泽湖（水库）正式形成。三河闸控制工程建成前的湖泊形态度量指标，主要是在导淮局领导之下所做之工作。

自清末（光绪十七年，即 1891 年），历史学家王锡元在其撰修的《盱眙县志稿》中云："洪泽湖长 130 里，宽 120 里。"之后，实业家张謇在《江淮水利施工计划书》云："民国五年（1916 年）淮水盛涨时，洪泽湖水面高 14.24m，面积约八千方里（折合 2000km^2）。"导淮委员会工务处于民国 19 年（1930 年）依实测 1/10000 地形图量算，并将量算结果绘制成洪泽湖水位—面积、水位—容积关系曲线，现依曲线所查列于表 6-1。

表 6-1   1930 年洪泽湖水位—面积、水位—容积关系

水位/m	面积/km²	容积/亿 m³	水位/m	面积/km²	容积/亿 m³
10.5	730	2.3	12.5	1790	29.3
11.0	1165	7.0	13.0	1950	38.8
11.5	1385	13.3	13.5	2058	48.9
12.0	1613	20.8	14.0	2170	59.4

注   据导淮委员会工务处;基面为废黄河零点。

水利学家萧开瀛依江淮水利局所测 1/10000 地形图量算出不同水位高程下的洪泽湖面积与容积见表 6-2(见《说洪泽湖》载于《水利月刊》第 1 卷 1 期,1931 年)。

表 6-2   洪泽湖水位—面积、水位—容积关系

水位/m	面积/km²	容积/亿 m³	备 注
9.5	1		
10.0	125		
10.5	739	2.16	
11.0	1170	6.94	
11.5	1389	13.33	①10m 以下容量不计,因系湖底洼处水能入而不能出也。
12.0	1617	20.85	②龟山以上双沟以上虽属河身,形同湖泊,
12.5	2110	29.40	兹自 12.5m 起,一并加入计算
13.0	2280	40.40	
13.5	2390	52.10	
14.0	2500	64.30	
14.5	2580	77.00	

注   萧开瀛 1931 年量算。

许心武先生于 1929 年先依江淮水利局所测 1/100000 地形图量算,继之又依前运河工程局所实测 1/10000 地形图量算,并绘制成在不同水位下的洪泽湖水位—面积及水位—容积关系曲线。四年后许心武发表《洪泽湖之水理》一文(载于《水利月刊》5 卷 2 期,1933 年)。现将许心武 1929 年量算之洪泽湖水位—面积及水位—容积列于表 6-3。

从表 6-2 与表 6-3 的相互比较中可以看出,当水位在 12.50m 以下时,洪泽湖的各项形态度量指标基本类同,但当水位在 12.50m 以上时,其面积和容积则相差甚远。究其原因,是由于对洪泽湖范围界限的理解差异所致。许心武把量算洪泽湖的范围仅限于老子山以下的湖面,而萧开瀛则把老子山以上至双沟间的淮河河道也归并于洪泽湖的范围一起量算。笔者认为萧开瀛所量算的结果,不能反映彼时洪泽湖真实的形态度量特征,这是因为老子山至双沟间的淮河虽然河面宽阔,但从地貌和沉积物特性、生物种群组成及水文特征方面来看,都属于河道的性质,若把它理解为湖泊的范畴并予以量算,显然是欠妥的。

综上所述,笔者认为在 20 世纪 30 年代前后,当水位在 12.50m 时,洪泽湖的水域面积在 1780~1790km²,相应容积在 29 亿 m³ 左右的数据是可信的。

表 6 - 3　　　　　　　　　　　　洪泽湖水位—面积、水位—容积关系

依 1/10000 地形图量算			依 1/100000 地形图量算		
水位 /m	面积 /km²	容积 /亿 m³	水位 /m	面积 /km²	容积 /亿 m³
10.5	740		10.5	800	
11.0	1170		11.0	1050	
11.5	1380	13.2	11.5	1230	13.8
12.0	1620	20.2	12.0	1360	20.0
12.5	1780	28.8	12.5	1580	27.6
13.0	1950	38.9	13.0	1840	36.0
13.5	2050	49.0	13.5	2010	46.0
14.0	2170		14.0	2120	57.0

注　许心武 1929 年量算。

二、20 世纪 50—80 年代的湖泊形态度量指标

1953 年三河闸控制工程建成，标志着洪泽湖成为真正意义上的水库，并发挥着蓄洪、灌溉、航运、水产、发电等综合的效益。1960 年，对该湖进行了地貌、水文、水化学、水生物等多学科的综合调查。鞠继武先生依据此次调查资料于 1962 年发表了《洪泽湖的水域形态及其形成和演化》一文。文中指出：近期历史上，洪泽湖出现了三次最高洪水位（蒋坝站），其相应的面积和容积如表 6 - 4 所示；当洪泽湖成为综合利用的水库之后，其在不同水位条件下的相应面积和容积如表 6 - 5 所示。翌年，鞠继武又编写有《洪泽湖》丛书。该丛书称："洪泽湖高水时的面积是 3180km²，容积是愈 100 亿 m³，着满水时水面比著名的太湖还要大。"

表 6 - 4　　　　　　1921—1954 年洪泽湖三次最高洪水位及其相应面积和容积

日　　期	水位/m	相应面积/km²	相应容积/亿 m³
1921 年 9 月 7 日	15.93	3650	135.0
1931 年 8 月 8 日	16.25	3880	147.5
1954 年 8 月 16 日	15.22	3380	111.5

注　据鞠继武《洪泽湖的水域形态及其形成和演化》，废黄河基面。

表 6 - 5　　　　　　　　　　洪泽湖不同水位条件下的相应面积和容积

水位/m	相应面积/km²	相应容积/亿 m³
常年水位（12.5）	2275	37.5
常年控制水位（13.5）	2680	64.8
最高蓄水位（14.5）	3080	90.0
最高防洪水位（16.0）	3775	138.7

注　据鞠继武《洪泽湖的水域形态及其形成和演化》，废黄河基面。

三、近期的形态度量指标

前已述及，由武汉水利电力学院、中国水利水电科学研究院、《中国水利史稿》编写组联合撰写的《中国水利史稿》（上册）于1979年问世。该书中称："洪泽湖现在面积三千七百八十平方公里，是我国第三大淡水湖。"这是我们迄今为止自三河闸建成后，于正式出版的著作中关于洪泽湖面积所使用的最大数据。显然，这与目前洪泽湖的实际情况相差甚远，不足取信。

笔者等于1989年对洪泽进行了野外实地调查，在调查过程中发现由于围湖种植、养殖及泥沙淤积等原因，洪泽湖的面积有明显缩小的趋势，其中尤以"安河洼"之形态变化最大，因此，对现阶段洪泽湖之形态度量特征作一重新量算，以供工程管理及水量调度等部门的具体应用是十分必要的。但是，苦于洪泽湖当时尚无完整的最新湖盆地形图或等深线图，无疑对该湖形态度量指标的量算带来实际困难。为了尽可能真实反映近期洪泽湖形态度量指标特征，笔者等在收集现有图件的基础上，加以综合分析，并根据1984年卫片和1989年实地调查资料进行修正，编绘成统一的1/50000湖盆地形图（等高距为0.5m），用Lasico（L-2150型）数字显示求积仪，在同一环境条件下，精确测定各等高线间所包围的面积，从而获得洪泽湖水位—面积、水位—容积等有关数据。在没有最新实测洪泽湖大比例尺湖盆地形图或等深线图之前，我们愿将这一量算成果奉献给读者（表6-6）。由表6-6可见，当水位为12.5m时，洪泽湖现阶段的水域面积为1597km²。由于该湖西部广大湖滩被建圩养殖、垦殖以及泥沙淤积等原因，使该湖面积已明显缩小。和大量围垦前相比，在12.5m高程的相同水位条件下，减少200km²左右，容积减少约0.8亿m³。

表6-6　　　　　　　　　近期洪泽湖形态度量指标　　　　　　　基面：废黄河零点

水位/m	面积/km²	容积/亿m³	最大水深/m	平均水深/m	长度/km	最大宽度/km	平均宽度/km	岸线周长/km
11.0（死水位）	1120	8.6	3.0	0.77	45	24.9	20	273
12.5（汛期控制水位）	1597	30.4	4.5	1.90	65	55	24.57	387
13.0（最高限制水位）	1613	38.5	5.0	2.40	65.5	55.5	24.6	391

参 考 文 献

[1] 朱松泉，窦鸿身，等.洪泽湖——水资源和水生生物资源.合肥：中国科学技术大学出版社，1993.
[2] 中国科学院南京地理与湖泊研究所湖泊室.江苏湖泊志.南京：江苏科学技术出版社，1982.
[3] 姜加虎，窦鸿身，苏守德，等.江淮中下游淡水湖群.武汉：长江出版社，2009.

第七章

洪泽湖（水库）的湖泊学

湖泊学的研究内容颇多，主要有水量平衡、热量平衡、化学平衡、生物平衡、沙量平衡、湖水运动及湖泊资源的开发利用与保护等。有关洪泽湖（水库）的湖泊学，现择其主要者阐述于下。

第一节　湖水的热动态

湖水的温度是表征湖水热动态的基本物理要素之一，许多湖泊的水文现象及水化学要素的分布都与湖水的温度密切相关。

一、水温的日变化与年变化

经实测，洪泽湖水温日最高值出现于下午的 2—4 时，最低值出现于上午的 8 时。

洪泽湖水温的垂直分布有正温、同温和逆温三种形式出现，如 1975 年 5 月 2 日为晴朗少云天气，是日 8 时出现最低水温，在湖面微风和太阳辐射的直接作用下，大约在 9 时 30 分以后湖水开始增温，且上层湖水比中下层增温更为迅速，从上午 10 时开始，湖泊水体呈正温状态，下午 5 时左右出现同温层。之后湖泊上层水体比中、下层冷却迅速，故出现上层水温低于中、下层的逆温分布现象。

在浅水湖泊中，水温的日变幅随水深的增加而减少。洪泽湖属淮河流域特大型浅水湖泊（水库），在该湖冬、春、秋三季的实测水温资料中约有 42.1% 的数据是随水深的增加而减小的。

表 7 - 1　　　　　　　　洪泽湖冬、春、秋三季水温的日变幅　　　　　　　单位：℃

水层	春季日变幅		秋季日变幅		冬季日变幅	
	最大值	最小值	最大值	最小值	最大值	最小值
上	2.2	0.2	2.4	0.4	1.1	0.3
中	2.0	0.4	1.4	0.3	1.1	0.2
下	2.1	0.2	1.6	0.3	1.3	0.2

注　引自《洪泽湖——水资源和水生生物资源》第 43 页。

洪泽湖上层水温的最大日变幅为 1.1～2.4℃，最小日变幅为 0.2～0.4℃。水温的日变幅随季节的不同而变化；水温受气候因子的制约明显，当阴雨天气或大风日，水温日变幅小，晴朗无风时，水温日变幅稍大。

二、冰情

洪泽湖每年都有不同程度的结冰现象，岸冰厚一般为 0.3～0.5cm。只有当北方有强冷空气南下时，才出现湖面封冻。据新中国成立至 20 世纪 90 年代初期的观测资料统计，湖面封冻在 10 天以上的只有 1969 年和 1991 年两年。当气温持续下降至零度以下，表层水温达冻结温度时，在湖湾、沿岸浅水带或水生植物丛生的水域首先开始结冰，如气温持续下降，岸冰使向湖心扩展，导致全湖封冻。

洪泽湖全湖封冻一般发生在极寒冷年份的 1—2 月，封冻期约 10 天，冰厚 2～10cm。1955 年、1969 年、1972 年和 1991 年都曾发生过全湖性的封冻。

洪泽湖属不稳定封冻湖，初冻日多见于每年的 12 月下旬，终冰日在 2 月底或 3 月初，冰冻期一般在 70 天左右。若遇寒潮年份，则发生灾害性的封冻现象。

冰情的出现，是洪泽湖区生产的不利因素。

第二节 湖 泊 水 位

一、湖泊水位的年内变化

1953 年三河闸控制性工程的建成，标志着洪泽湖发生了根本性的变化，水量的蓄泄不再听命于天，而是听命于人，湖泊水位的年内变化与湖泊呈自然流态时大不相同，不再受湖泊水量平衡诸要素及湖面气象条件所制约，而是根据湖区生产的实际需要而定，利用闸门的启闭进行调节，使湖泊水位控制在一定的范围内。目前，洪泽湖在汛期的防洪控制水位为 12.50m。

洪泽湖水位在年内的变化规律大致是：每年 6 月之后，淮河流域进入雨季，淮河等诸入湖河流来水量增加，湖泊水位明显上升，7—9 月为该湖在年内出现高水位时期，10 月至次年 4 月，流域内来水量减少，但此时因闭闸蓄水以备大量农业灌溉水源之所需，所以，湖泊仍保持着较高的水位运作，大致在 13.0m 左右。每年的 5—6 月虽为梅雨季节，但通常降水量不大，而滨湖及湖区下游里下河地区灌溉用水又相对集中，致使湖泊水量入不敷出，湖泊水位出现全年的低值区，在水位过程线上出现明显的低谷。7 月之后，湖水位复又开始回升，进入来年之水位变化过程（图 7-1）。

二、湖泊多年平均水位与治淮

据近代湖泊水位之研究，洪泽湖多年平均水位在三河建闸后比建闸前抬高 1.77m，而多年平均最高和最低湖水位也都有增高的现象，分别增高 1.36m 及 1.61m（表 7-2）。又据《江苏湖泊志》研究，洪泽湖在 1953 年三河控制闸建成前的多年平均水位为 10.60m，建闸后则升高为 12.25m，前后对比，抬高了 1.65m（表 7-3）。虽然上述两者的研究结果并非完全相同，但三河建闸后洪泽湖多年平均水位之升高则是事实。洪泽湖多年平均水位之升高，意味着在洪泽湖以上的淮河上、中游段的纵比降相应减小，水动力缩减，泄流不畅，是淮河

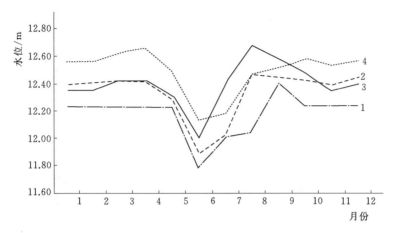

图 7-1　洪泽湖建闸后多年月平均水位过程线（引自《洪泽湖——水资源和水生生物资源》）
1—蒋坝；2—高良涧；3—老子山；4—尚咀

在中游段形成"关门淹"的重要原因之一；同时又使淮河在下游段纵比降相应缩小，泄水阻力加大，洪水威胁加重，使淮河（洪泽湖）在下游段的防洪压力提升。

表 7-2　　　　　　　　　　1914—1988 年洪泽湖（蒋坝站）特征水位

阶段	多年平均水位/m	历年最高水位				历年最低水位					水位绝对变幅/m
		平均值/m	最大值/m	最大值出现年份	最小值/m	最小值出现年份	平均值/m	最大值/m	最大值出现年份	最小值/m	最小值出现年份	
建闸前	10.60	12.04	16.25	1931	10.98	1951	9.59	10.27	1921	8.87	1951	7.38
建闸后	12.37	13.40	15.23	1954	12.52	1955	11.20	12.00	1980	9.68	1966	5.55
建闸后增高水位	1.77	1.36	−1.02		1.54		1.61	1.72		0.81		

注　水位为黄河故道基面，摘引自《洪泽湖——水资源和水生生物资源》第 36 页。

　　上述原因若与洪泽湖湖盆之严重淤积因素相叠加，其危害性则更为严重。

　　洪泽湖是淮河水系的重要组成部分。治淮必须治本，而治本则必须治理洪泽湖"高高在上"的现象，只有这样，才能使洪泽湖与淮河的利益相协调，达到（淮）河（洪泽）湖双赢之目的。

表 7-3　　　　　　　　　　洪泽湖特征水位及其水位变幅（蒋坝水位站）

年限		多年平均水位/m	最高水位/m	最高水位出现日期	最低水位/m	最低水位出现日期	最大年变幅/m	最大年变幅出现年份	最小年变幅/m	最小年变幅出现年份	绝对变幅/m
建闸前	1914—1937 年 1950—1953 年	10.60	16.25	1931 年 8 月	8.87	1951 年 2 月	6.67	1931	1.40	1918	7.38
建闸后	1954—1971 年	12.25	15.23	1954 年 8 月	9.68	1966 年 11 月	4.14	1954	1.24	1960	5.55

注　水位为黄河故道基面；摘引自《江苏湖泊志》第 109 页。

第三节　湖水的动力学

一、湖流

湖流是湖水沿一定方向的运动。引起湖水流动的动力有重力、风力和地球转动的偏向力等。

洪泽湖为人工控制的水库，在淮河水流的入湖河口区，水流扩散，此时如适值湖东岸的三河闸、高良涧闸等运行时，则巨大的泄流能波及湖体的纵深，引起全湖性的水流运动。（参看图 7-2～图 7-4 三种模拟湖流场）。

在开敞水域，湖流受风力效应影响显著，呈风生流的形式。

在入湖河口地带和启闸时的闸前区，湖流则表现为吞吐流的形式。图 7-2～图 7-4 是淮河入流、三河闸等出流及不同风场作用下的模拟湖流场。

湖流的平面分布，一般表现为湖心流速较大，沿岸流速较小。1960 年 6 月曾实测到淮河入湖的河口区为 0.19m/s 的流速，1973 年 8 月又在同一地区实测到流速为 0.28m/s，而在沿岸地带的流速一般仅

图 7-2　淮河入流 10000m³/s，三河闸出流 10000m³/s 的洪泽湖 2h 模拟流场

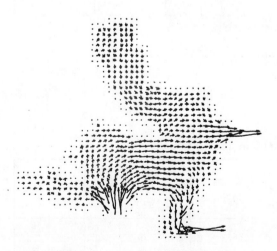

图 7-3　淮河入流 10000m³/s，三河闸出流 7000m³/s 高浪涧出流 3000m³/s 的洪泽湖 12h 模拟流场

图 7-4　淮河入流 10000m³/s，三河闸出流 10000m³/s，以及 10m/s SE 风场作用下的洪泽湖 6h 模拟流场

为 0.03~0.08m/s，这表明入湖河口地带的湖流随淮河入湖水量的多寡而变化，如淮河入湖水量多，水面比降也大，则湖流的流速也就较大。

在广阔的湖面，湖流的流速基本上是从湖岸向湖心逐渐增大。

二、风浪

对风的观测资料分析结果表明，冬季（11月至次年1月）洪泽湖区以偏北风为主，春季（3—5月）以偏东风最多，而整个观测期间以偏东风出现频率最高。临淮测点，平均风速为 2.78m/s，最大风速为 10.0m/s。

在风力的作用下，洪泽湖的风浪通常以干涉波的形式出现，重叠交替，呈不规则波形。在定常的持续风力作用下或风停止后，也能观测到较为典型的二维波。洪泽湖平均水深在 2m 左右，因此波能多损耗于湖底摩擦及水层间的内摩擦，故限制了风浪的发展，当波高超过 0.2m 时，湖水混浊度增加，这标志着湖水的质量、动量及能量的垂直湍流混合加剧，从而影响湖中泥沙颗粒的运动，水中污染物的扩散和净化过程，以及水温的平面和垂直分布等。

1973 年 10 月 27 日，在洪泽湖的洪金洞的渠首测得较大的风浪过程。是时湖泊水位为 12.90m，离河岸 15.4m 处持续 10min 的西北风，平均风速大于 15m/s，最大风速 19m/s（在 14h 之前的平均风速 17.2m/s），吹程 32.6km，最大波高 0.55m，平均周期 26.6s，平均波长 10.5m，波速 43.2m/s。1973 年 12 月 21 日，在三河闸的一次风浪过程比是年 10 月 27 日洪金洞的风浪情景更为壮观。由洪金洞渠首湖面所观测到七八级大风形成的风浪物理机制表明，当风速减（增）后 1h，波浪可基本达定常状态，风息后 1h，余波迅速衰减，湖面恢复平静。

历史上，洪泽湖曾发生过强风巨浪的险情。据访问，湖东岸大堤还未进行防浪和加固措施之前，在周桥附近，风浪曾强烈冲击洪泽湖的堤岸，将铺设重约 300kg 的直立式护堤条石卷起，抛出相当距离。风浪具有相当大的能量，可反复作用于受体，足以毁坏水工建筑，危及航运安全，影响水生植物生长等。

三、定振波

定振波，又称静波、波漾、内波或假潮，是波长与湖泊长度属于同一数量级的长驻波运动，是湖泊水体中经常出现的一种动力现象。研究定振波对准确确定湖泊水位及设计湖泊水工防浪建筑有现实意义。

由洪泽湖蒋坝站的自记记录数据表明，洪泽湖水体中有明显的定振波存在，振幅大，周期稳定。当水位为 12.30m 时，实测定振波周期约 280.6min。洪泽湖常见的定振波平均振幅约 30mm，最大振幅 103mm。

洪泽湖的主振波为二节点定振波。主振波的周期可用梅良公式计算：

$$T = \frac{2L}{n \cdot \sqrt{gh}}$$

式中：T 为定振波周期，min；n 为驻波节点数；g 为重力加速度；h 为湖区平均水深。

从洪泽湖的定振波数据可知，该湖表面定振波周期随水深的增加而减小（表 7-4）。

洪泽湖定振波振幅的衰减系数与日本琵琶湖（南部）及云南滇池的数值较为接近，约为
$3.3×10^{-5}/s$。为便于比较，现列出我国云南及世界大湖的定振波周期表（表7-5）。

表7-4 　　　　　　　　　　　　　　洪泽湖定振波周期表

水位/m	平均水深/m	定振波周期/min		
		计算值	实测值	误差/%
12.00	0.87	350.00		
12.30	1.30	280.03	280.60	0.10
12.50	1.50	260.70	264.00	1.20
12.90	1.73	242.70	245.70	1.20
13.00	1.78	239.30		

注　引自《洪泽湖——水资源和水生生物资源》第40页。

表7-5 　　　　　　　　　我国云南湖泊和世界大湖的定振波周期表

湖　　名	定振波周期/min	平均水深/m
抚仙湖	40.0	87.0
滇　池	240.0	4.0
洱　海	167.5	7.8
日内瓦湖	73.5	154.4
伊利湖	858.0	21.0
休伦湖	2700.0	
琵琶湖（南部）	240.0	4.2
贝加尔湖	278.0	
巴拉顿湖	576.0	7.2

注　引自《洪泽湖——水资源和水生生物资源》第40页。

四、洪泽湖的其他水动力现象

由于风、气压、局部阵雨及地壳内部力的变化等，均可引起湖面短时间的波动，使湖
水由一岸向另一岸迁移，形成一岸堆积，另一岸流失，结果产生湖面落差，引起湖泊水位
振荡，其中增减水或风涌水是最为突出者，在20世纪八九十年代的调查中，据渔民反应，
在持续七八级偏南风的作用下，洪泽湖北岸的高度咀一带曾出现 $0.8\sim1.0m$ 的增水高度，
但与此同时，在洪泽湖的南岸理应出现相应的减水高度。遗憾的是因访问资料缺乏，无从
证实。不如太湖1949年1月25日夜的一次增减水现象明显生动壮观。

第四节　泥　沙　与　淤　积

时下，洪泽湖的泥沙来自淮河、濉河、汴河、七里湖、女山湖等，经在湖内沉积后由
三河闸、二河闸、高良涧闸等排出。淮河是洪泽湖泥沙的主要来源，三河闸是洪泽湖泥沙
的主要排出口。

现洪泽湖中的泥沙主要来自两个方面：一方面为地表径流对流域地表层的侵蚀，地表层物质随水流携带入湖；另一方面为湖泊内部的湖岸坍塌物质入湖，于湖中进行再分配。淮河是入洪泽湖的主要河流，它每年入洪泽湖的泥沙量占入湖河道泥沙总量的 75%～90%，说明淮河流域表层随径流入湖的泥沙是洪泽湖泥沙的主要来源。

新中国成立以来，随着淮河的全面治理，入洪泽湖的泥沙正在逐年减少，这是显而易见的（表 7-6）。但是，从另一方面看，每年确实有数百万吨甚至千余万吨的泥沙进入洪泽湖的湖盆。可是，目前的泥沙淤积的区域和黄河南泛时大不相同，主要是沉积在洪泽湖的深槽和淮河的入湖河口段，所谓"淤河不淤滩"就是因为洪泽湖自三河闸建成而成为名副其实的水库以后，蓄水位被抬高，淮河的入流受到湖水位的顶托，输入的泥沙大多在淮河的入湖河口段先行沉积，逐渐形成心滩（图 7-5）。1963—1973 年的 11 年，淮河的河口段，泥沙淤积是十分显著的。估算其心滩最大淤积厚度可达 5～6m，最小淤积厚度也有 3m 左右，平均每年增淤约 0.5m。但心滩的扩展和增淤并非每年相同，它主要取决于汛期洪水的来量及含沙量之多寡。

表 7-6　　　　　　洪泽湖 20 世纪 60 年代与 80 年代泥沙量的变化　　　　　　单位：万 t

1960—1965 年					1980—1985 年				
入湖		出湖		留湖	入湖		出湖		留湖
站名	泥沙量	站名	泥沙量	泥沙量	站名	泥沙量	站名	泥沙量	泥沙量
吴家渡	8712	高良涧	1494.0		吴家渡	5791	高良涧	315.2	
明光	547.6	三河闸	4916.6		明光	298.5	三河闸	2923.8	
峰山	250.5				峰山	24.7	二河闸	644.2	
金锁镇	286.7				金锁镇	33.6			
泗洪（老）	239.0				泗洪（老）	3.0			
泗洪					泗洪	67.2			
合计	10035.8		6410.6	3625.2	合计	6218.0		3883.2	2334.8

注　引自《洪泽湖——水资源和水生生物资源》第 46 页。

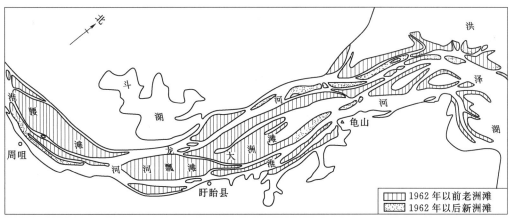

图 7-5　淮河入洪泽湖河口段洲滩分布

（依《江苏湖泊志》转绘）

淮河河口段心滩之垂直淤积速率远大于今鄱阳湖和太湖之垂直淤积速率。

参 考 文 献

[1] 朱松泉，窦鸿身，等. 洪泽湖——水资源和水生生物资源. 合肥：中国科学技术大学出版社，1993.
[2] 中国科学院南京地理与湖泊研究所湖泊室. 江苏湖泊志. 南京：江苏科学技术出版社，1982.
[3] 陈远生，何西吾，赵承普，等. 淮河流域洪涝灾害与对策. 北京：中国科学技术出版社，1995.

第八章

洪泽湖区的气候与入、出湖河道

第一节 气 候

一、洪泽湖区气候

洪泽湖属淮河流域,是淮河干流水系不可或缺的重要组成部分,占淮河干流水系集水面积的80%以上。

淮河地处中国气候的南北过渡地带,淮河以南为亚热带湿润季风气候区,以北为暖湿带半湿润季风气候区,地处淮河中游的蚌埠市和下游的淮安市均建有气候等自然地理标识(图8-1)。

淮河流域在气候上的总特点是冬春干旱少雨,夏秋闷热多雨,冷暖和旱涝转变迅速剧烈,流域多年平均气温一般为 14.5~16℃,多年平均年降水量约920mm。

洪泽湖地处淮河中游的末端,淮河穿湖而过,因此,洪泽湖地区的气候具有中国南北气候带过渡的性质,虽其水域辽阔,但还不足以对湖区气候变化规律产生明显影响。

洪泽湖区的气候,具有冬寒、夏热、春温、秋暖,四季分明和年降水量多集中于每年汛期6—9月的特点。气候的变化受季风环流的影响显著。

冬季为来自高纬度大陆内部的气团所控制,寒冷干燥,多偏北风,降水稀少;夏季为来自低纬度的太平洋偏南风气流所控制,炎热、湿润、降水高度集中,且多暴雨,是湖区降水的主要形式;春季和秋季是由冬入夏及由夏转冬的过

图8-1 蚌埠市内所矗立的"中国南北分界标志"

181

渡季节，气温、降水及湿度等随之而发生相应的变化。春季，湖区以来自太平洋的洋面季风为主，多东南风，空气暖湿，降水量增加。因冷、暖气团活动频繁，天气多变，乍暖乍寒，但平均风力则为全年最大。秋季，冷气团迅速代替暖气团，太平洋高压势力减弱，蒙古高压势力向南逼近，当大气层结处于稳定状态时，便出现秋高气爽的天气，少云多晴朗天气。10 月以后，蒙古冷高压继续南扩，近地面层以极地大陆气团为主，高空的西风环流已南移至西藏高原以南，湖区凉秋骤寒，进入隆冬季节。

但应当指出，洪泽湖区在春末或秋初有强梅雨或强台风雨出现。若梅雨锋带在该区滞留时间较久而降水强度又大，则会形成洪涝水患。秋季本是湖区出现秋高气爽的天气，然而在秋初湖区又会有强台风雨的出现，强度大，历时短，范围小，2018 年 8 月第 18 号台风雨"温比亚"就是造成湖区严重洪涝灾害的原因。所以，强梅雨、强台风雨均是湖区灾害性的天气。

二、降水、蒸发

（一）降水

据 1959—1989 年洪泽县气象站观测资料统计分析，洪泽湖区多年平均年降水量为 925.5mm，尚属丰富。其中，冬半年因受冬季风控制，降水量少；夏半年因东南季风从海洋面上带来丰富的水汽，降水量增加，有梅雨、气旋雨、雷暴雨、台风雨等产生，汛期（6—9 月）的降水量为 605.9mm，占年降水量的 65.5%。降水量的年内分配以 7 月为最多，8 月次之，1 月最少。

洪泽湖区的降水因年际间变化大，最大年降水量为 1240.9mm，出现于 1965 年；最小年降水量为 532.9mm，出现于 1978 年；湖区最长的连续降水日为 11 天，发生于 1970 年的 9 月；全年连续无降水日，最长为 66 天，出现于 1973 年 11 月 9 日至 1974 年 1 月 13 日。

（二）蒸发

取洪泽湖周围的洪泽、泗洪、金湖和盱眙四站蒸发资料的平均值代表洪泽湖区的蒸发量，经统计分析，洪泽湖区的蒸发量多年平均值为 1592.2mm。蒸发量在年内的分配是：冬季因气温低，降水少，土壤水分含量亦少，成为全年的低值区，大致为 60.9mm/月；春季，太阳辐射量逐渐增加，气温相应增高，蒸发量激增，约为 160.6mm/月，为冬季蒸发量的 2 倍以上；夏季，气温又较春季为高，达到蒸发量的年内最大值，约为 196.9mm/月；秋季，气温虽高于春季，但因空气中湿度较大，因而蒸发量小于春季，约为 117.6mm/月，占年蒸发量的 7.38%。

三、湖区主要灾害性天气

（一）旱涝

中华人民共和国成立后随着治淮水利工程地不断进展，虽取得了一定成就，但湖区旱涝交替出现仍较频繁。

（二）暴雨

洪泽湖区暴雨出现于每年的 3—9 月，平均暴雨日为 3~4 天，其中春季占 73%，秋季占 21％，暴雨日最多发生在 1965 年，共出现过 9 次。

（三）寒潮

洪泽湖区平均每年出现寒潮 1.4 次，以 11 月和 2 月的概率最高。一年中，寒潮出现最早者为 11 月初（1959 年），最迟者为 4 月初（1964 年）。

（四）冰雹

洪泽湖区偶有冰雹天气，如 1973 年 9 月，使湖区遭受较大经济损失。

第二节　入、出湖河道

洪泽湖位于淮河中游的末端，黄河故河道以南，西承淮河，东通黄海，南注长江，北连淮沭新河，为一受人工控制的特大平原型浅水水库，历经漫长的形成过程。汇入洪泽湖的较大河流均分布于湖的西部，如淮河、新汴河、怀洪新河、濉河、徐洪河等；出湖河（渠）均分布于湖的东部，如入（长）江水道、苏北灌溉总渠、入（黄）海水道（一、二期工程）和淮沭新河等。

一、入湖河道

（一）淮河

淮河是入洪泽湖的最大河流和洪泽湖的水量主要补给源，占洪泽湖总水量的 70％以上。

在洪泽湖水库未形成前，淮河是独流入注黄海的，《尚书·禹贡》已讲得很清楚，并被许多学者所引用。明清时期，由于洪泽湖的逐步扩大形成雏形，淮河遂发生相应的演变，既是洪泽湖的主要入湖河流，又是洪泽湖唯一的出湖河流。

现淮河总长约 1000km，总落差约 200m，平均纵比降约 0.2‰；源于鄂、豫交界的桐柏山，从河源到豫、皖两省交界的洪河口为上游河段，河长 360km，地面落差 178m，纵比降为 5‰，集水面积 3.06 万 km²，河流两岸山丘起伏，地势陡峭，由洪河口至洪泽湖东南侧之中渡为淮河中游河段，河长 490km，地面落差 16m，纵比降约为 0.3‰，中渡以上集水面积 15.82 万 km²，中游的北岸多是平原坡水地，南岸则多为丘陵地，其中从洪河口到正阳关之间，沿淮两岸为高岗地，中间为一连串的湖泊洼地，左岸有蒙河洼地、丘家湖、唐垛湖、焦岗湖等，右岸有城西湖、城东湖、姜家湖、孟家湖和瓦埠湖等。这些湖泊洼地历来都是淮河干流的行蓄洪区。中渡以下至三江营入（长）江口为淮河的下游河段，长 150 余 km，地面落差 6m，纵比降为 0.4‰，三江营以上淮河干流总计集水面积 16.51 万 km²，1931 年最大入湖流量达 26500m³/s。

（二）新汴河

新汴河位于淮河中游的左侧，为人工排洪河道，建于 1966—1971 年，始于安徽省宿州市西北的戚岭子，曲折东南行，途经宿县、灵璧、泗县至江苏省泗洪县溧河注入洪泽湖，因河流平行于隋炀帝所开通济渠（唐、宋时称汴河），故名新汴河，全长 127km，流域面积 6562km²。设计标准为 5 年一遇除涝，20 年一遇排洪。

（三）怀洪新河

怀洪新河以起于安徽省怀远县，止于江苏省洪泽湖溧河洼，故名。它是位于淮河干流中游段左岸的大型人工排洪河道，主要功能是分泄淮河干流和涡河的洪水，减轻涡河以下淮河干流的防洪压力，提高下游漴潼河水系的防洪除涝标准，并兼有灌溉之利。河道全长121.55km，集水面积1.2万km²，设计分洪流量为2000m³/s。怀洪新河上段是利用符怀新河、下段是利用漴潼河兴建，横截了北淝河、澥河、浍河、沱河、唐河、石梁河等，使诸河不再直接入注淮河，以免大水时淮河倒灌，造成五河县一带洼地失收，并成为洪泽湖西部的一条重要水源。

（四）濉河

濉河，古名濉河、濉水，位于黄河故道之南，是淮河干流中游段左侧之重要支流，其上游段经历了多次黄河南泛及治理，已面目全非，现濉河主要是指在张树闸以下的河道，全长151.7km，流域面积3598km²。

濉河又有老濉河与新濉河之分。老濉河自河南省黄河故道南堤源出后，经安徽省的淮北、宿州市东南流，至江苏省的泗洪县继续东南流，于安河洼入注洪泽湖；另一支称新濉河，在泗洪县城西直接向东南入注洪泽湖的溧河洼。

濉河流域多年平均年降水量876.1mm，汛期降水量占全年的70%左右；多年平均年径流量5.3亿m³，但年径流量的年变率大，最大值为15.2亿m³（1996年），年最小值仅有1.0亿m³（1978年）。

（五）徐洪河

徐洪河起自洪泽湖西北侧之顾勒河口，向北至徐州市房亭河之刘集，全长187km，是防洪除涝、灌溉、航运等综合利用的人工河道，也是洪泽湖的水源之一，全长187km，排水面积1950km²。

二、出湖河（渠）道

在历经多年的治水活动后，淮河的形态已完全异化，尤其是在中、下游河段异化最为突显，在中游段的末端形成洪泽湖（淮河），下游是以入（长）江为主，入（黄）海为辅的江海分疏，总计有5条。刘超先生曾形象地以洪泽湖（淮河）为掌心，将这5条入（长）江注（黄）海的出水河道喻之为"五指"形状（图8-2），这五条入江注海的河道如下。

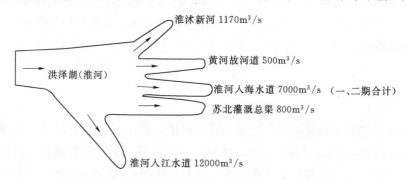

图8-2 淮河下游洪泽湖五指形入海、入江河道概化图

（依刘超《关于实施"淮河入海大通道工程"的建议》文中的图1改绘）

（一）洪泽湖（淮河）的入（长）江水道

该水道由蒋坝镇南之三河下泄，经洪泽湖东南侧之中渡进注入（长）江水道，最终注入长江，是洪泽湖（淮河）下游之主要泄水排洪河道。

淮河本是独流入注黄海而非入注（长）江的河流。淮河入注（长）江是由于黄河南泛、长期侵淮与夺淮，造成清口以下淮河道淤塞，淮河无出路而被迫改道入注（长）江的。

继清康熙十六年（1677年）靳辅任河道总督后，于今洪泽湖东南隅蒋坝镇之南相继建起仁、义、礼、智、信五座减水坝，因下游京杭运河处建有归海五座减水坝，于是遂将蒋坝镇南所建之仁、义、礼、智、信五座减水坝俗称之为"上五坝"，以示有别于下游所建之"归海五坝"。清嘉庆十八年（1813年）总河黎世序于仁、义、礼三坝处开引河，仁河在北，义河在中，礼河在南，分别名之为头河、二河和三河，总名之为三河，是为三河得名之始。自清咸丰五年（1855年）黄河于河南省兰考县铜瓦厢改道北徙夺大清河入注渤海后，洪泽湖因来水量减少而水位下降，遂将头河、二河堵闭，仅保留三河作为洪泽湖（淮河）入注长江的重要排水泄洪通道，从此，淮河发生了质的变化，由直接入海改为大部入注（长）江，但通道两岸不仅汊流多，且曲折多弯，泄流不畅，汛期常溃堤东侵，危害严重。1969—1973年遂新建洪泽湖（淮河）入（长）江水道，使洪泽湖（淮河）洪水直接经高邮湖、邵伯湖于三江营入注长江，不再迂回曲折行洪，危害宝应湖、泗湾湖和白马湖等地区。洪泽湖（淮河）入江水道设计最大泄洪量为12000m³/s，是洪泽湖（淮河）下游的最大泄洪河道。据实测，洪泽湖（淮河）入（长）江水道汛期最大流量为10700m³/s，占汛期洪泽湖最大入湖流量19800m³/s的54%。又据20世纪90年代的统计资料，洪泽湖（淮河）之多年平均入江水量为164.8亿m³，其中6—9月的汛期入江水量为119.3亿m³，约占多年平均过境水量的70%，洪泽湖（淮河）的多年平均入海水量为55.3亿m³，其中通过苏北灌溉总渠之入海水量为27.0亿m³，通过黄河故河道（原淮河独流入黄海之尾闾）入海水量为21.3亿m³，通过淮沭新河之入海水量为7.0亿m³，分别占洪泽湖（淮河）多年平均入海水量的48.8%、38.5%和12.7%。

至于现今洪泽湖大堤以东之出湖水道，情况十分复杂。新中国成立后，历经多次整治，现归纳如下。

（二）淮沭新河

由二河口经二河闸北流，过淮阴闸后进淮沭河，又经新沂河于灌河口入注黄海，最大泄量为1170m³/s。

（三）黄河故河道（原淮河入海故道）

黄河故河道即原淮河独流入黄海之尾闾河道，由杨庄闸东流，最终注入黄海。

杨庄闸位于淮安市西郊，始建于1936年，是洪泽湖（淮河）洪水入黄河故道的口门和我国较早建成的水闸之一，设计流量为500m³/s。由于抗日战争期间的破坏及设备陈旧老化等原因，拟进行保护性加固。

（四）洪泽湖（淮河）入海水道

为改善洪泽湖（淮河）下游之洪水环境，1998年开始兴建洪泽湖（淮河）入海水道工程（一期）。该水道位于苏北灌溉总渠之北侧，二水大致作平行状东流。入海水道西起洪泽湖二河闸，东至滨海县扁担港入注黄海，全长 163.5km，宽 750m，河深 4.5m，设计泄洪流量 2270m³/s。该工程于 2003 年基本完工（一期）。同年 6—7 月大水，洪泽湖（淮河）入海水道最大泄洪量 1870m³/s，连续 33 天泄洪总量达 43.8 亿 m³，相当于洪泽湖常年水位（12.5m）下容积的 1.68 倍，对确保洪泽湖行洪安全和减轻淮河上、中游地区的防洪安全压力作出了重要贡献，现洪泽湖（淮河）下游入海水道一、二期工程业已全面完成，合计设计流量达 7000m³/s。

（五）苏北灌溉总渠

苏北灌溉总渠西起洪泽湖高良涧镇，渠水东流经洪泽、淮安、阜宁、滨海等县（市），由扁担港入注黄海，全长 168km，渠宽 170～260m，是洪泽湖（淮河）下游重要的排水、灌溉、航运等综合利用的河道，1952 年始建，1967 年改建，设计流量为 800m³/s，可分泄洪泽湖（淮河）洪水经由该渠直接入注黄海。

参 考 文 献

［1］ 朱松泉，窦鸿身，等. 洪泽湖——水资源和水生生物资源. 合肥：中国科学技术大学出版社，1993.
［2］ 刘超. 关于实施"淮河入海大通道工程"的建议∥中国水利学会. 中国水利学会 2015 年学术会议论文集（上册），2015.

第九章

洪泽湖水库与淮河流域洪涝灾害的关系

第一节　洪泽湖水库漫长的形成过程

一、洪泽湖不是天然湖泊，而是人工湖泊——水库

洪泽湖被誉为我国第四大淡水湖。其实，洪泽湖不是天然湖泊，而是人工湖泊——水库。洪泽湖从无到有、从小到大，经历了漫长的历史演变过程。

在1982年出版的《江苏湖泊志》中，笔者等就指出，洪泽湖不是天然湖泊，而是"淮河流域最大的拦洪蓄水的平原湖泊型水库"；在1993年出版的《洪泽湖——水资源和水生生物资源》中，笔者等又再次强调指出，洪泽湖不是天然湖泊，而是淮河流域的特大型水库，湖面辽阔，资源丰富，类型多样，开发利用历史悠久。

张卫东先生在2009年出版的《洪泽湖水库的修建——17世纪及其以前的洪泽湖水利》中写到，洪泽湖不仅是淮河中游末端的一座湖泊型特大水库，且其建成时间是在明万历七年（1579年）。因为这一年，洪泽湖作为水库的基本特征，已具备了，如挡水建筑、泄水建筑、取水建筑和库区等四大基本要素。对此，笔者等未敢苟同。笔者等认为，洪泽湖水库的建成，应当是在毛泽东主席发出"一定要把淮河修好"的伟大号召之后的1953年。因为这一年，洪泽湖水库的关键性控制工程——三河闸正式建成，从而标志着洪泽湖开始成为真正意义上的、集拦洪蓄水、调洪调蓄、城乡供水及农业灌溉、航运、增殖水产、发电等效益于一体的特大型水库。

纵观世界上的所有水库，其建成都毫无例外的具备了作为水库而存在的上述四大基本要素。所以，张卫东先生关于洪泽湖水库建成年代的见解，是有一定道理的。但是，也是值得商榷的。

黄河长期南泛侵淮及夺淮是洪泽湖水库形成的根本原因。若依张卫东先生的见解，洪泽湖水库是建成于明代万历七年，那么在万历七年之后，洪泽湖水库对黄、淮洪水的调节等水情应当有所改善，洪泽湖周围及其下游地区的洪涝灾害应当有所减轻，但实际情况并非如此。从明万历七年（1579年）始至清咸丰五年（1855年），黄河改道北徙入渤海为止长达近300年的时段内，黄河南泛侵淮及夺淮事件从未间断，洪泽湖的水情不仅从未得到任何改善，反而却在不断恶化，并越发严重。据郑肇经先生《中国水利史》研究，"八十年间，苏地大小淮灾，凡六十余次……淮河之为患，愈演愈烈"，大量的泥沙淤积使湖床日渐升高，对黄、淮的调蓄功能逐步下降，导致洪泽湖极端洪水位逐步上升，最高洪水位

由建库初期的 12 余 m 升至清代末期的 16 余 m，如 18 世纪 30 年代，洪泽湖年最高水位一般在 12m 以下，清乾隆四年（1739 年）洪泽湖年最高洪水位 13.47m，为有史以来所仅见。到 18 世纪 70 年代，洪泽湖年最高洪水位一般在 13.0m 上下已不足为奇，到清乾隆四十三年（1778 年）黄水入洪泽湖，导致洪泽湖水涨，里运河西堤尽溃，洪泽湖最高洪水位突破 14.24m。进入 19 世纪初期，洪泽湖水情持续恶化，最高洪水位达 14.0m 上下已是司空见惯。1812—1819 年已连续出现年最高洪水位逾 15.0m 纪录，1819 年更是出现洪泽湖有史以来年最高洪水位达 15.55m 的纪录。19 世纪 30 年代洪泽湖年最高洪水位开始突破 16.0m 的大关。清道光十一年（1831 年）淮河大水，洪泽湖堤防各坝尽溃，里运河入海各坝亦皆溃，洪泽湖年最高洪水位达 16.13m。继之，1832 年、1833 年、1839 年、1840 年、1841 年洪泽湖分别出现 16.32m、16.03m、16.10m、16.13m、16.35m 的记录。1851 年洪泽湖最高洪水位高达 16.90m，为有记载以来所仅见。次年，黄淮并涨，洪泽湖三河（礼字坝）决口百余丈，宝应湖水位骤涨五六尺，大水导致居民漂溺而亡者无算。降及 1855 年，黄河在河南兰考县铜瓦厢决口北徙，由大清河入渤海。至此，黄河夺淮达 700 余年之久，从此淮水亦不复故道，主要改由三河经宝应湖、高邮湖入注长江，演变为长江的支流，洪泽湖亦千疮百孔。上述事例表明，洪泽湖的调节库容系数越来越低。

再如，进入清代，黄河浊流倒灌入洪泽湖更趋频繁，一反清初洪泽湖湖面高于黄河水面 1.65～1.98m 的局面，至清代末期黄河河底却高于洪泽湖 2.6～3.3m（曾昭璇，1985）。位于今洪泽湖南部之古泗州城的淹没过程更是洪泽湖水情逐渐恶化的典型例证。与今盱眙县城隔淮河相对的泗州城，及至明代末期，洪泽湖水浸溢，泗州城已水淹（屋）门楣、屋檐，清初更淹至屋顶。清顺治六年（1649 年）泗州城淹水，深愈一丈，一望如海。到了清康熙十九年（1680 年）因黄淮大水，古泗州城全城覆没，寄治盱眙。至此，在汴淮交汇处繁荣近千年的享誉名城，没于洪泽湖中，成为空留后人凭吊的历史古城。

在洪泽湖水库的形成过程中，水情不断恶化的事例很多，即使是在万历七年之后的万历年间，就有 1581 年、1586 年、1590 年、1591 年、1593 年、1594 年、1595 年因黄淮泛滥不止就造成洪泽湖及其下游广大地区的水灾连年不断。

基于上述，笔者等认为，洪泽湖水库的形成时间宜作为特殊的事例来处理和看待。明万历七年只能是洪泽湖水库建设过程中漫长孕育期的一个阶段而已。否则，洪泽湖水库的兴建，则失去其意义。

二、漫长的形成过程

（一）地质与地貌条件是洪泽湖水库形成的基础

该区继中生代末期燕山运动之后，在新生代第三纪地质历史时期，便成为一断裂坳陷区，称之为洪泽坳陷。

洪泽坳陷在其东侧淮阴断裂带和西侧的郯城—庐江深大断裂带的控制下，经新生代第三纪漫长的赤热环境和红色蒸发性盐类沉积之后，第四纪仍然是继承性地下沉，复经复杂的地质构造运动，最后发育成浅碟形洼地，其四周均无高大山体的存在，碟缘地势起伏和缓，东、西部碟缘虽有高低差异或缺口，但东、西部碟缘之高差一般也仅有 30m 上下。

淮阳山脉向北延伸，并渐次降低，是为江淮丘陵，冈丘浑圆，冈坡平缓。江淮丘陵至盱眙附近分权为两股。其中一股往东北方向发展，大致延绵于高良涧至蒋坝镇一带，冈脊突兀，构成洪泽湖东部之碟缘，现已演变为高速公路的一段，高家（加）堰即位于这一冈脊上；老子山（海拔 42m）、龟山（海拔 30m）为洪泽湖东南部之制高点；另一股往西北方向发展，有明显的 4 道冈地，海拔一般在 20～60m，是为冈波状平原。

第一道冈地，起自今洪泽湖西南部之欧冈、翟冈，止于管镇之东，长约 45km，宽一般为 3～15km。

第二道冈地，起自归仁集，止于雪峰镇（半城镇）或陈圩，长 45km，宽一般为 1～5km。

第三道冈地，起自曹庙，止于龙集附近，长约 30km，宽一般为 1～7km。

第四道冈地，起自卢集镇北，止于裴圩镇附近，长约 10km，宽一般为 1～2km。

上述四道冈地形成之后，明清时期随着洪泽湖的逐渐形成雏形和湖面之不断扩大，演变为洪泽湖西部的碟缘和"四冈三洼"湖盆地形（溧河洼、安河洼和成子洼）。这种冈、洼相间的湖盆缓坡状地形组合，为湖区资源多层次开发和立体布局提供了有利的地形条件。新中国成立后，洪泽湖因滩涂开发和围垦，溧河洼、安河洼和成子洼三大湖湾的水域形态正在逐渐发生变化，范围日益缩小。目前，溧河洼和成子洼尚保持着其湖湾的形态，而安河洼的湖湾形态已基本消失。

浅碟形洼地之碟底，地势平衍而低洼，为冲积-淤积平原，相对高差一般为 2.0～5.0m。浅碟形洼地之地表形态，在总体上呈现南、西两面地势较高，东、北两面地势较低，尤其是东北面地势最低的斜簸箕式的地表形态。

宋代，古淮河在出盱眙后，依浅碟形洼地之自然倾斜由南而北流过，纵比降大约为 $1/6.0 \times 10^4$。古淮河为一沉溺性河道，河面宽阔达 10 余 km。早在唐代，大诗人白居易在"渡淮"诗中就有"淮水东南阔，无风渡亦难"之句。迄至清代，齐召南在《水道提纲》中称："淮水至盱眙西北，阔十余里，为洪泽湖之首"之句；宋代《泗虹志》的记载是："宋神宗六年（1083 年）洪泽村（镇、驿）传闻距（淮）河东岸二十里，西岸四十里，四面皆湖"。由此可知，古淮河之下游段河面宽阔之情景。若再从古淮河下游与今长江的近似比较中，就可一目了然地看出古淮河在其下游段是属于沉溺性河道的性质。

（1）据《泗虹志》等历史文献记载，古淮河下游段在流经洪泽村（镇、驿）附近的河面宽度约为 10km，而长江在大通水文站以下至江阴的下游段，江面宽度一般仅 2～3km，古淮河在流经洪泽村（镇、驿）时的河面宽度约为今长江在大通水文站以下至江阴段江面宽度的 3～5 倍以上。

（2）古淮河在宋代的流域面积约为 27.0 万 km²，而今长江的流域面积约为 180.0 万 km²，为古淮河流域面积的 6 倍以上。

（3）实测长江在大通水文站的多年平均年径流量为 9150 亿 m³，而淮河在 1964 年蚌埠（吴家渡）水文站的实测年径流量为 516.4 亿 m³，长江多年平均年径流量约为古淮河的 17 倍以上。

通过以上近似比较，可以明显地看出，长江无论是在流域面积和年径流量方面，均要较古淮河大许多倍，但江面的宽度反而却比古淮河要窄 3～5 倍，再结合历史时期有关散文、诗文对宋代古淮河下游河段航运、纳潮的记载，因此，推断古淮河在流经盱眙以下的

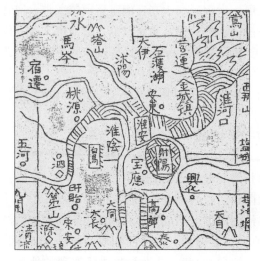

图9-1 明代古淮河下游入海示意图

（资料来源：摘引自曾昭璇、曾宪珊著《历史地貌学浅论》）

今洪泽湖浅碟形洼地时，是属于沉溺性河道是有道理的。此点若结合曾昭璇先生等关于古淮河下游地理图（图9-1）之研究，其沉溺性河道的性质看得更为清楚。

受来自黄海潮水有规律涨落之影响，海水可溯淮河而上，海浪可直拍盱眙的山脚下。"海潮高上，可循淮（河）逆潮直抵龟山。"古淮河在盱眙以下的下游河段成为典型的纳潮尾闾河段。正如《宋史·李孟传》所云：12世纪以前，淮河独流入海，其下游从现在的盱眙龟山起，过淮阴而东，在响水县的云梯关入注黄海，"龟山候潮，淮流顺归，畅出云梯，纲纪井然"。

当古淮河在出盱眙后流经洪泽浅碟形洼地时，两岸河迹洼地上湖荡众多，呈长串的葫芦状分布，地表呈现一派的水乡平原景观（图9-2）。其中，分布于沿淮左岸者主要有影塔湖（永泰湖）、安湖、小安湖等，分布于淮河右侧者主要有破釜涧（塘）、阜陵湖（富

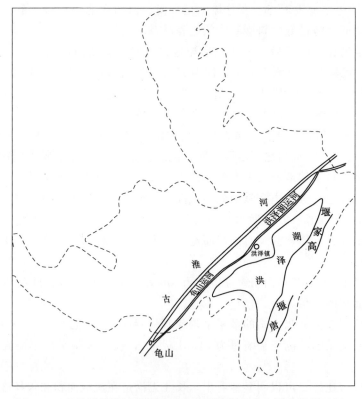

图9-2 宋代洪泽湖浅碟形洼地中之古淮河及其右侧之洪泽运河、
龟山运河示意图

陵湖、麻湖）、泥墩湖和万家湖等。沿淮河两岸为天然堤，地势较高，约高出两岸地面
2.0～5.0m。据研究，洪泽村（镇、驿）即位于古淮河之天然堤上。天然堤外侧，即为地
势相对低下河迹洼地湖或湿地之所在，滩地广袤，土层深厚，土质肥沃，开发利用历史悠
久，史载不辍。尤其是古淮河右侧之破釜涧（塘）、白水塘、阜陵湖一带之开发利用，历
史最为悠久和丰富。

（二）洪泽运河与龟山运河的开凿表明洪泽湖（水库）在宋代尚未形成

鉴于在盱眙以下之古淮河河面宽阔，水情险恶，风大浪高，为典型的纳潮尾闾河段，
常有航运事故发生，每岁损失船只就达 170 艘。因此，在宋代就有于淮河右侧开凿洪泽运
河及龟山运河之举。为避千里长淮航运之险，据《淮系年表》等史籍记载，（北）宋仁宗
嘉祐年间（1056—1064 年）便有淮南转运使马仲甫及彭思永凿洪泽运河六十里于淮河东
岸之举。这一举措虽对盱眙以下之古淮河的航运条件有所改善，但仍未达显著改善之目
的，故接着又于（北）宋神宗元丰六年（1083 年）开龟山运河之举。龟山运河下接洪泽
运河及洪泽村（镇、驿、闸），上至盱眙龟山，"长五十七里，阔一丈五，深一丈五尺"，
宋帝并命发运使蒋之奇督办。其中，（北）宋帝与蒋之奇的一段对话甚为生动：以现存最
早论述淮河水利专著的《淮南水利考》为例，"发运罗拯欲自洪泽而上，凿龟山里河（即
古淮河右侧）以达于淮，帝深然之。会发运使蒋之奇入对，（蒋）建言上有清汴，下有洪
泽，而风涛之险，止百里，淮迩岁溺公私之载不可胜计。凡诸转运，涉湖行江，已数千
里，而覆于此百里间，良为可惜。"因此，蒋建议"宜自龟山蛇浦，凿左肋为複河，取淮
为原，不置堰闸，可免风涛覆溺之患"。蒋之奇不仅阐述凿龟山运河的必要性，还提出龟
山运河的具体走向，即从龟山到洪泽村（镇、驿、闸）开凿一条运河，上引淮河水源，不
用洪泽闸节制，以改善航运条件。

蒋之奇是开凿龟山运河的主持者：由于龟山运河及洪泽运河的相继开凿和建成，使淮
安境内的漕运船只，完全避开古淮河而航行于人工运河上。（北）宋神宗赵顼要蒋之奇撰
文记录，刻石于龟山，遗憾的是因其后洪泽湖之湖面不断扩大和形成，今人已无法览其真
容了。

通过上述洪泽运河及龟山运河之兴建，可以确切地说，宋代洪泽湖水库尚未形成（图
9-1 及图 9-2）。

**（三）唐、宋时代的散文、诗句表明古淮河下游河段河面宽阔、水情险恶，为典型的
纳潮尾闾**

唐、宋时代，记述古淮河在盱眙以下的下游段河面宽阔，水情险恶，是典型的纳潮尾
闾的散文、诗句较多，现择其中较为著名者，摘选如下。

（1）李翱《来南录》散文摘要。

"……庚申下汴渠入淮，风帆及盱眙。风逆，天色黑，顺潮入新浦（即今淮安）……"

李翱：唐代宗大历七年至唐文宗元年（772—836 年），是中唐时期著名的散文家和哲
学家。

（2）苏轼《龟山》诗：

"我生飘荡去何求，再过龟山岁五周。

身行万里半天下，僧卧一庵初白头。

地隔中原劳北望，潮连沧海欲东游。

元嘉旧事无人记，故垒摧颓今在不？"

苏轼：北宋仁宗景祐四年至徽宗建中靖国元年（1037—1101年），是北宋时期著名的诗人、文学家，被后人誉为"唐宋八大家"之一。

（3）苏舜钦《淮中晚泊犊头》诗：

"春阴垂野草青青，时有幽花一树明。

晚泊孤舟古祠下，满川风雨看潮生。"

苏舜钦：北宋真宗大中祥符元年至北宋仁宗庆历八年（1008—1048年），北宋时期著名诗人。北宋仁宗庆历四年（1044年）秋冬之际为政敌所构诏，削职为民，被逐出京都。诗人由水路南行，于途中泊舟淮上的犊头镇，并作《淮中晚泊犊头》诗。

（4）杨万里诗。

《至洪泽》

"今宵合过山阳驿，泊船问来是洪泽。

都梁到此只一程，却费一宵兼两日。

政缘夜来到渎头，打头风起浪不休。

舟人相贺已入港，不怕淮河更风浪。

老夫摇手且低声，惊心犹恐淮神听。

急呼津吏催开闸，津吏叉手不敢答。

早潮已落水入淮，晚潮不来闸不开。

细问晚潮何时来，更待玉虫缀金钗。"

《过磨盘得风挂帆》

"两岸黄旗小队兵，新晴畈路马蹄轻。

全番长笛横腰鼓，一曲春风出塞声。

鹊躁鸦啼俱喜色，船轻风须更兼程。

却思两日淮河浪，心悸魂惊尚未平。"

杨万里：北宋钦宗靖康二年至南宋宁宗开禧二年（1127—1206年），南宋著名爱国诗人。

上述散文和诗文均无可争辩地说明古淮河尾闾是典型的纳潮河段，且在这一河段上航行，恶浪惊心及海潮有规律地涨落亦跃然纸上。尤其是南宋著名诗人杨万里的《至洪泽》诗及《过磨盘得风挂帆》诗，对古淮河尾闾是典型的纳潮尾闾河段，以及在这一河段上航行的恶浪惊心之状，诗文写得更为形象和生动，从而再次证实宋代洪泽湖尚未形成之事实。

（四）黄河南泛侵淮及夺淮是洪泽湖（水库）形成的根本原因

先秦时期，黄河在郑州以下以北流为主，鲜有南泛侵淮之记载。据《史记·封禅书》云：西汉文帝十七年（公元前163年），"（黄）河溢通泗"，西汉时泗河（水）是淮河下游的最大支流，黄河既通泗，必通淮。这是黄河在郑州以下南泛侵淮之最早历史记载。汉代之后迄至宋代长达一千多年的时段内，黄河虽有南泛侵淮的历史记载，但皆"决而复塞"，黄河基本上是向东北流入渤海的，是所谓的相对靖安时期，黄自黄，淮自淮，黄、淮各有其入海之道，即淮河水系的量变时期。所以，位于淮河下游的洪泽浦（破釜涧），阜（富）陵湖等小型湖荡，虽经千余年的时间，但基本上仍无大的拓展，处于相对稳定的状态。元代，于破釜涧（塘）旁东侧之白水塘立屯田万户府即是证据。

黄河大规模南泛，长期侵淮与夺淮始于南宋建炎二年（1128 年，或金天会六年）。据《宋史·本纪》云："是年冬，东京留守杜充决黄河，自泗入淮以阻金兵。"黄河新道东流入泗水南下，在桃园县（今宿迁市泗阳县）南清口（或称泗口）入淮，折而东流，过山阳（今淮安市）、安东县（今涟水县）于响水县云梯关入注黄海。这就是黄河在历史上的第四次南徙大改道，直到清代咸丰五年（1855 年）黄河再次改道北徙为止，从此揭开了黄河长达 700 余年侵淮与夺淮的历史。

黄河南徙入淮，不仅给淮河输送大量的洪水，同时也输入大量泥沙。一方面，由于黄淮二水合流为一，流量增加，促使淮河在汇流处以上河段水位抬高；另一方面，是因为"淮清而黄浊"，大量的泥沙淤积使河床日高，行洪不畅，这又进一步导致淮河来水受到顶托。所以，当南宋黄河南泛侵夺泗、淮之后，在黄河来水及来沙持续的双重作用下，遂使古淮河下游这段纳潮的浅碟形洼地之积水逐步扩大，阜（富）陵湖、泥墩湖、万家湖等诸小型河迹洼地湖和破釜涧（塘）等连成一片，汇聚成一个较大的湖泊，这就是洪泽湖早期的形成过程，即淮河和洪泽湖水系的量变时期。推断洪泽湖早期的雏形阶段，其形成年代当在公元 12 世纪中叶之后，其主要依据是：

其一：据笔者研究和大量的史籍记载，洪泽湖水库在宋代尚未形成。

其二：据曾昭璇等的研究，在宋代的上石地理图上，洪泽湖未曾绘出。

其三：史籍记载表明，元代洪泽湖地区尚有大规模屯田、白水塘、黄家疃皆为屯田之所，并立屯田万户府，说明洪泽湖水库在明代虽已初步形成雏形，但湖面仍未广袤。

入明以后，洪泽湖积水面积不断扩大。明永乐十三年（1415 年）河槽总督陈瑄在东汉陈登筑高家堰的基础上，又于武家墩南的大涧口、小涧口等一带的东部碟缘的低洼处，再筑高家（加）堰以捍淮水东侵，并使汉、唐两堰南北相连，从此标志着洪泽湖进入扩张时期。但初期仍不明显，元初所置屯田在明初尚得以存留，未曾废弃即是证据。这是因为：

（1）黄河下游段在今洪泽湖以北多呈向南漫流或多股分流入淮之势，大量泥沙得以在淮北平原先行沉积，而带入清口❶以下的泥沙尚不严重，而淮河之入海口由于淮河下游是沉溺性河道，口门宽且深，故清口以下之泥沙淤积未高。

（2）从 1128 年到 1493 年的 300 余年间，黄河虽是南泛侵夺泗、淮，然而另有北支分注渤海，但到明弘治七年（1494 年）由刘大夏主持治（黄）河时，为了确保通往京都的漕运通畅，以防含沙量甚高之（黄）河水北侵运道，遂将黄河下游之北支诸口堵闭。从此

---

❶ 黄河下游南泛侵淮与夺淮之前，清口又称泗口，是古淮河与其支流古泗河（水）的交汇之处；当黄河长期侵淮与夺淮后，因黄河由古泗河（水）达淮，淮清而黄浊，清口的含义发生变化，一般泛指黄淮运交汇的河口区域，大致在今码头镇至淮安的一段。

之后，黄河下游段的北支断流，形成全黄河之水南下入淮的格局。这个局面一直持续到清咸丰五年（1855 年）黄河再次改道北流为止，其间亦达 300 余年之久。所以，黄河对淮河和洪泽湖影响之加剧，是从明代中期开始的。及至清代咸丰五年之前，黄河浊流倒灌入洪泽湖更趋频繁。所以，关于洪泽湖水库建成于明万历七年（1579 年）之见解是难以自圆其说的。清康熙年间（1662—1723 年），洪泽湖中之洪泽村尚存，亦是有力地证据之一。

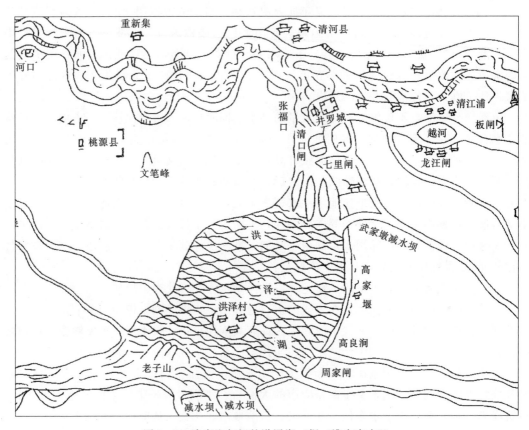

图 9 - 3　清康熙年间的洪泽湖（据《淮安府志》）

（五）洪泽之得名始于隋，是破釜涧（塘）的异名

洪泽湖本是唐、宋之前业已在淮河下游浅碟形洼地中存在的一些小型湖荡基础上，由于黄河长期南泛侵夺泗淮及东部碟缘筑堤蓄水形成的湖泊型水库。据唐《元和郡县志》载："洪泽浦在盱眙县北三十里，本名破釜涧（塘），炀帝幸江都，经此浦宿，时亢旱，至是降雨流泛，因改破釜为洪泽。"《盱眙县志稿》中不仅也有大致相同的记载且对洪泽的演变也讲得十分明了："治北曰破釜塘，一曰破釜涧，在治北三十里，隋改洪泽浦，与白水塘连，大业（605—617 年）末破釜塘坏，水北入淮。唐初，于洪泽陂置屯田，旋废。宋熙宁中（1068—1077 年）开洪泽河达于淮，是为洪泽通淮之始，乾道七年（1171 年）复修之，金明昌五年（1194 年）（黄）河夺淮流而洪泽始大。元初，于旁立屯田万户府，明筑高家堰而洪泽之水愈大，遂旁合万家、泥墩、（阜）富陵诸湖而为一。清康熙十九

年（1680年）（黄）河入洪泽，州治沦没。道光二十一年（1841年）（黄）河决祥符入淮，又明年（黄）河决中牟入淮，自是湖底益高，（黄）河高于湖，湖又高于淮矣。咸丰五年（1855年）铜瓦厢决，（黄）河北徙，清口入淮故道虽存，而高仰不能东下，又为沂泗之水所隔，今洪泽受全淮之水，入淮之水皆入焉！长一百三十里，阔一百二十里，下游由治东七十里之礼字河东流入宝应湖……自张福口东北流入运河。"

由上述史籍记载可知，洪泽之得名，迄今只有1400年左右。为避"破釜"之名不祥，又因破釜涧临近淮河，故将破釜涧（塘）改名为"洪泽浦"。之后，因"洪泽浦"水面逐渐广袤，清康熙中将"洪泽浦"惯称为"洪泽湖"。

（六）黄河南泛，京杭运河与洪泽湖的关系

黄河南泛侵淮与夺淮的恶果还使得黄河、淮河和京杭运河之间形成新的联系，产生新的矛盾。这种联系和矛盾，诚如《清河县志》所云：黄"河自北而来，河身比淮又高，故易以遏淮；淮自西而来，淮之势比清江浦又高，故易以啮运"，洪泽湖正处在黄、淮、运三者错综复杂的矛盾和影响下而不断在发展和演变。

元、明（永乐之后）、清三代，政治中心在北京，而经济重心在南方，因此，京杭运河便成为维持宫廷漕运的经济命脉。由于黄河南泛侵淮与夺淮，黄水倒灌入洪泽湖，使湖盆逐渐淤高，容量减少，失却调节京杭运河水位，保持漕运畅通的作用。明万历六年潘季驯主持河务，提出全面治理黄、淮、运规划的《两河经络疏》，详尽阐述了"束水攻沙""蓄清刷黄"的战略思想，力排阻力，付诸实施，并在短期内获得明显成效。这就是把洪泽湖作为"黄、淮、运"结合部的关键性工程，用"束水攻沙"的办法进行整治，即增修洪泽浅碟形洼地东部碟缘之湖堤，把含沙量较少的淮河清水加以拦蓄，切断其东泛里下河地区的汊流，抬高湖水位。这样，一则可以抵挡黄河南泛水流的倒灌，迫使淮河清水越过"门限沙"，专出清口，冲刷清口以下河段入海河槽中的泥沙，利于河道长期稳定。所以，潘季驯的"束水攻沙"和"蓄清刷黄"的基本指导思想在于确保洪泽湖以下京杭运河之畅通和不受黄泛泥沙淤积之影响。在这一指导思想的支配下，于明万历六年（1578年）再次大筑高家堰，并将大涧口、小涧口一带原洪泽湖浅碟形洼地东北部碟缘之缺口进一步夯实，培高，加厚和堵闭在武家墩以南、越城以北原有堤堰的基础上，筑成高一丈二三尺、长六十里的土堤（坝）。由此，标志着洪泽湖从无到有、从小到大，初步成为淮河流域的一座巨型水库的基本雏形。这诚如武同举在《江苏水利变迁史》中所云："古之高堰，所以捍淮，今则蓄淮也。"到了清代，洪泽湖东部之大堤续有增修，并次第改建石工，直至清乾隆十六年（1751年）全线石工方基本完成，前后历时170余年。大堤北起武家墩，南迄蒋坝镇，蜿蜒曲折，长60余km。洪泽湖东部大堤历经明清两代修建后，使湖水高出大堤以东里下河地区地面4～6m，洪水时期达6～8m，使洪泽湖成为一座名副其实的"悬湖"，万顷湖水全赖东部大堤作为屏障，造成"堤堰有建瓴之势，城郡有釜底之形"，一旦洪泽湖东部之堤防溃决，则大堤东部一片汪洋，人、畜、田舍荡然无存，真是"倒了高家（加）堰，淮、扬两府都不见"。

继清康熙十六年（1677年）靳辅任河道总督后，于蒋坝镇之南部择地势稍高之处相继建起仁、义、礼、智、信五座天然减水坝。清嘉庆十八年（1813年）总河黎世序于仁、义、礼三坝处开引河，仁河在北，义河在中，礼河在南，分别名之为头河、二河和三河，总名之为三河，是为三河得名之始。清咸丰五年（1855 年）黄河在河南省兰考县铜瓦厢改道北徙，夺大清河入注渤海后，洪泽湖因来水量减少而水位下降，于是遂将头河、二河堵闭，仅保留三河作为淮河（洪泽湖）入注长江的重要排水泄洪通道，从此，淮河（洪泽湖）由直接入海改为大部分水量先入注长江后再入海。

清代靳辅继承明代潘季驯"束水攻沙""蓄清刷黄"之指导思想，于洪泽湖上游的砀山毛城铺、徐州王家山、睢宁峰山、龙虎山等处建减水坝，以俟黄河暴涨之时，分水南下入洪泽湖，即待黄河浊流泥沙在洪泽湖以上先行沉积后再化为清水入湖，是为"减黄助清"。"减黄助清"的实施，又使洪泽湖演变为黄河的滞洪水库。

但是，无论是潘季驯的"束水攻沙"，抑或是靳辅的"减黄助清"方略的实施，因为都未能从根本上解决清口以下河槽的淤塞，故仅能权宜于一时，洪泽湖下游的水患仍然不断，京杭运河在黄、淮、运交汇处亦被迫改道。据景存义先生 1987 年之研究，从明万历三年（1575 年）至清咸丰五年（1855 年）黄河再次改道北徙为止的近 300 年间，洪泽湖东部大堤就曾溃决 140 余次，平均不到两年即发生一次。如此频繁的决口，洪水灾害的严重程度也就可想而知了。清咸丰元年（1851 年）黄、淮并涨，洪泽湖大水，三河减水坝的三河口礼河坝冲垮，坝下冲跌深潭。从此，淮河改道，由决口下三河，绕宝应湖、高邮湖、邵伯湖等诸湖南流，穿运河，于三江营入注长江。至此，淮河由独流入海，后因黄河南泛和泥沙淤塞至入海不畅，最终因淮河下游直接入海之河道地势高仰而不能归海，被迫演变为长江的支流，从而表明淮河水系和洪泽湖由量变到质变的发展演变过程。

然而，宝应、高邮、邵伯诸湖及京杭运河尚不能宣泄全淮之水，仍有部分淮水在高邮附近穿京杭运河东堤的归海五坝（南关坝、新坝、五星坝、车罗坝、昭关坝）向里下河地区宣泄，使里下河地区成为水灾窝，水灾连年不断。

第二节　洪泽湖水库的建成

1953 年洪泽湖最大的控制工程——三河闸建成，标志着洪泽湖始成为淮河流域特大的平原水库——人工湖泊。

淮河是新中国建立后第一条全面治理的大河。1950 年 10 月，中央人民政府政务院作出《关于治理淮河的决定》。1951 年 5 月，党中央发出"一定要把淮河修好"的伟大号召，从此揭开了宏伟的治淮序幕，开辟了淮河历史的新纪元。洪泽湖是联结淮河中、下游的枢纽，其水利之兴衰历来关系到淮河流域广大地区洪涝灾害的治理。在淮河流域相继开展大规模水利建设的同时，1953 年在洪泽湖地区先后建成高良涧进水闸（苏北灌溉总渠渠首）、高良涧船闸和三河闸等。三河闸是控制洪泽湖蓄泄的工程。该闸的建成，标志着洪泽湖的蓄泄不再听命于天，而是听命于人，由此标志着洪泽湖始成为淮河流域特大的平原型水库——人工湖泊。洪泽湖水库前后历经千余年的时间方正式建成，这在水库建设史上是空前的。

洪泽湖（淮河）大约有 70％的水量是排入长江的。治淮前，入（长）江水道两岸不仅汊流多，且曲折多弯，泄流不畅，汛期常溃堤东侵，危害严重。在治淮进程的 1969—1973 年，遂又新建淮河（洪泽湖）入（长）江水道，使淮河（洪泽湖）洪水直接经高邮、邵伯湖于三江营入注长江，不再迂回曲折行洪，危害宝应湖、泗湾湖、白马湖等地区。淮河入（长）江水道设计最大泄洪量为 12000m³/s，是淮河下游最大的泄洪通道。实测，淮河（洪泽湖）入（长）江水道汛期最大流量为 10700m³/s，占汛期淮河等最大入洪泽湖流量 19800m³/s 的 54%。又据 20 世纪 90 年代的资料，洪泽湖（淮河）之多年平均入（长）江水量为 164.8 亿 m³，其中 6—9 月的汛期入（长）江水量为 119.3 亿 m³，占多年平均过境水量的 70%；洪泽湖（淮河）同期多年平均直接入海水量为 55.3 亿 m³，其中通过苏北灌溉总渠之入海水量为 27 亿 m³，通过黄河故道之水量为 21.3 亿 m³，通过淮沭河之入海水量为 7 亿 m³，分别占洪泽湖（淮河）多年平均直接入海水量的 48.8%、38.5% 和 12.7%。

第三节　湖泊水量平衡及多年平均水位

一、湖泊水量平衡简要述说

湖泊水量平衡是研究湖泊水量随时间变化的总过程和水资源的基础性资料，是湖泊水文循环的数量描述，通常以水量平衡方程式表述。在不考虑地下径流的进出项时，则湖泊水量平衡方程式为

$$V_x + V_y = V_z + V'_y + V_s \pm \Delta V$$

式中：V_x 为计算时段内的湖面产水量；V_y 为计算时段内的入湖地表径流量；V_z 为计算时段内的湖面蒸发量；V'_y 为计算时段内的出湖地表径流量；V_s 为计算时段内的工农业及其他用水量；ΔV 为计算时段始末湖泊的蓄水变量。

通过湖面降水量、蒸发量及入出湖地表径流量等的分析计算，得出洪泽湖地区丰水年（$P=25\%$，相当于 1964 年）、平水年（$P=50\%$，相当于 1972 年）、中等枯水年（$P=75\%$，相当于 1970 年）、特枯年（$P=95\%$，相当于 1978 年）的分析计算结果，以及在上述典型年份洪泽湖区的水量平衡。由分析计算结果可知，洪泽湖区的蓄水变量除特枯年型外，全系正值，这与洪泽湖在形成过程中其多年平均水位之抬高基本上是相应的（表 7-2 和表 7-3）。

二、建闸控制使洪泽湖多年平均水位抬高

三河是洪泽湖（淮河）南下入（长）江的主要泄水排洪通道，1931 年的流量为 14600m³/s。据中国科学院南京地理研究所湖泊室编著的《江苏湖泊志》称：自三河建闸控制后，洪泽湖的水位发生了显著变化，其多年平均水位在建闸前为 10.60m，建闸后为 12.25m，前后对比，提高了 1.65m（表 7-3）。又据 1914—1988 年蒋坝水位的资料统计，三河建闸前的多年平均水位为 10.60m，建闸后为 12.37m，前后对比，建闸后水位抬高了 1.77m（表 7-2）。其中，6—9 月的月平均水位升高 0.9~1.40m，其余各月的月平均水位升高了 1.60~2.20m。

由于洪泽湖多年平均水位升高以及严重的泥沙淤积因素的相互叠加和影响，现洪泽湖已"高高在上，悬湖之势逾显"，是淮河中游纵比降小于下游及中游多洪涝灾害且多以

"关门淹"的形式出现的重要原因。也是违背河流纵比降由上游向下游递减之自然规律的。地理学家胡焕庸先生早在 1954 年出版的《淮河的改造》专著中就曾指出,"洪泽湖水位过高,抬高了淮河中游的水位",危害无穷。现在,从淮南市到盱眙长约 300km 的淮河河段上,河底高度全低于洪泽湖,形成倒(负)比降,是淮河流域排洪不畅、多洪涝灾害的主要症结。

第四节　湖泊沙量平衡及泥沙淤积

湖泊沙量平衡是研究湖泊形成与演变的重要基础性资料及湖泊资源利用的重要内容。根据沙量平衡的原理,入湖泥沙量与出湖泥沙量之差,应等于湖泊中泥沙淤积量的变化,因而可以得到沙量平衡的公式:

$$V_{P入} - V_{P出} = \pm \Delta V$$

式中:$V_{P入}$ 为入湖泥沙总量,t;$V_{P出}$ 为出湖泥沙总量,t;$\pm \Delta V$ 为泥沙冲淤变量,t,其中,冲刷为(-),淤积为(+)。

洪泽湖的泥沙淤积可分为两个阶段:一个阶段为黄河南泛浸夺泗淮时期,另一个阶段为洪泽湖水库正式形成以后的时期。

一、黄河南泛大规模侵夺泗淮时期的泥沙淤积

前已述及,黄河大规模南泛侵夺泗淮是洪泽湖水库形成的根本原因。

唐宋时期,洪泽湖水库尚未形成,该区是受潮水影响的地区,地面高程大致在海拔 5m 左右,而今洪泽湖湖底已淤增至海拔 10.5m 许,演变为一个"悬湖",由此说明洪泽湖淤积问题之严重,"未老先衰"。再由高家(加)堰历经明清两代之不断增修、加固、加高,也反映出洪泽湖水库在不断扩大的同时,也是在逐渐淤高的。淤积之泥沙来自两个方面:一方面为入湖河流所挟带,另一方面为湖岸被波浪冲刷侵蚀。由洪泽湖的形成过程可知,入湖河流所挟带是洪泽湖泥沙之主要来源,其中又以黄河的来沙为主。因为三门峡水文站 1916—1960 年的多年平均含沙量统计,黄河为 37.8kg/m³,居世界之最;而淮河 1964 年蚌埠吴家渡水文站的含沙量仅为 0.52kg/m³,黄、淮两河相比拟,黄河的含沙量为淮河的 72 倍以上,因黄河多自北而来,故黄河在侵淮与夺淮的过程中,泥沙首先在洪泽湖的北部淤积,尔后才延及湖区东南部等其他部位,并迅速改变着湖区原西南地势较高、东北部地势较低的形态,转为湖区西北部地势较高、东南部地势较低、湖水(淮河)主要为东南流之状态,与整个黄淮平原的自然倾斜一致。这诚如《续行水金鉴》所云:"黄河屡决入洪泽湖,并受黄水减坝之水,湖身垫高丈余。"《清史河渠志》也云:"乾隆时洪泽湖高于北部之清口七八尺或丈余,嘉庆后清口淤垫,原湖深一丈五六尺处只深三四尺,最浅之处仅四五寸。"

明初,洪泽湖的泥沙淤积问题尚不显著,因为彼时湖底深而能纳。明中期后,随着黄水入湖日益频繁,泥沙淤积开始加剧。进入清代,泥沙淤积问题已显得十分突出,常常是酿成湖区及其下游广大地区水患的重要原因之一。泥沙淤积变化最大的地区,首推洪泽湖东北部之清口,因为清口是黄河浊流经常由此倒灌入湖之处,故黄河来沙先行于清口处淤

积，滩地沿湖边形成。明万历二十四年（1596 年）已有清口淤沙七里的记载，到清咸丰五年（1855 年）黄河再次改道北徙为止，清口淤沙前缘已伸展至今二河闸一带，正常湖面向南退缩了约 20km。清口地区的门限沙历经明清两代的淤积，形成东起码头镇、西逾吴集、面积达 200km² 左右的淤滩。所以，自明代中期之后，清口的淤积就史载不辍。如隆庆四年（1570 年）"（黄）躞淮后，迳趣大涧口，破宝应黄浦口入射阳湖，清口遂淤，海口几为平陆"；隆庆六年（1572 年），"黄淮巨溢，清口淤塞"；万历三年（1575 年），"（黄）河淮并涨，高堰复决，黄躞淮后，浊流西溢，浸及凤泗，清口填淤，海口亦复阻塞"；清康熙三年（1664 年），"清口沙日渐淤塞"；清康熙七年（1668 年），"清口塞，淮不刷黄，洪泽湖水溢"；康熙十年（1671 年）"清口灌淤，淮水涨"，等等。

洪泽湖淤积变化较大的另一个地区是淮河的入湖河口处。因为黄河南徙的泛道摆动不定，除由洪泽湖下游的清口倒灌入湖外，还有经由洪泽湖上游的颍、涡等河入淮，黄淮合流注入洪泽湖。淮河在入洪泽湖的河口处，河面本已开阔，在洪泽湖的形成过程中，又成了淮河的临时基准面，河面更较前开阔，由于过水断面展宽，流速减缓，黄水浊流极易在此落淤。位于古淮河口左侧之古泗州城，明末尚在，但城外已高于城内，显然是受泥沙淤积之故。清康熙年间，古泗州城沦没，附近即有浅滩出现，牌坊滩、旗杆滩、城根滩、炮台滩等大致在此时已初步形成。清道光年间，往来船只穿洪泽湖要沿湖东岸而行，绕道马狼岗，说明自康熙年代之后，洪泽湖的湖面又进一步扩大，洲滩又进一步向下游拓展，其前缘已到了老子山以下。

就洪泽湖的全湖而言，因黄河浊流内灌，泥沙散淤湖中，整个湖盆的淤积是相当严重的，在黄泛期间，湖盆的垂直淤积厚度平均当在 5m 以上，推估其平均淤积速率在 1cm/年左右。

二、洪泽湖水库形成后的泥沙淤积

沙量平衡的基本原理告诉我们，洪泽湖水库的泥沙来自两个方面。其一为入湖河流所挟带；其二为湖岸被波浪冲刷侵蚀，于湖中进行物质的再分配。

1953 年，随着洪泽湖水库的主要排水泄洪工程——三河闸的正式建成，从而标志着洪泽湖水库的正式形成。此时，黄河早已于清咸丰五年（1855 年）北归，由大清河入注渤海，其所挟带的泥沙已不再入注洪泽湖，标志着洪泽湖的泥沙淤积发生了根本性的变化。试比较在洪泽湖水库形成前后其泥沙淤积之情景。

其一，泥沙来源大相径庭：在洪泽湖水库形成之前的雏形阶段，洪泽湖之泥沙淤积主要受黄河南泛侵夺泗淮之影响，黄河是洪泽湖泥沙的最主要供给者，而淮河仅居于十分次要的地位。因为黄河浊流的多年平均含沙量居世界之最，是淮河 1964 年平均含沙量（蚌埠吴家渡水文站）的 72 倍以上。当洪泽湖水库形成之后，淮河成为洪泽湖泥沙的唯一供给者，而黄河则无缘。因此，淮河、颍河、涡河、濉河、汴河、七里湖、女山湖等淮河干支流水系的来沙能得以成为占入洪泽湖泥沙总量的 70%～90%，淮河干支流水系不仅是洪泽湖水量的主要供给者，而且也是洪泽湖泥沙的唯一泉源。

其二，泥沙淤积部位之不同：洪泽湖水库形成之前，该湖的泥沙淤积主要发生在湖的北部及其下游的清口地区，而整个湖盆内部则主要表现为"散淤"的形式。因为黄河浊流多自北而来。推测，在黄河侵淮与夺淮期间，约把 8.8km³ 的泥沙"散淤"在洪泽湖的湖盆之中。

洪泽湖水库形成之后，该湖的泥沙淤积主要发生其上部及淮河入湖的河口段（参见图 7-5 及表 7-2、表 7-6）。所谓"淤河不淤滩"，就是因为三河闸建成后，洪泽湖的多年平均蓄水位被抬高，淮河入流比降缩小，流速变缓所致，泥沙淤积主要在淮河的入湖河口附近之深槽处，形成心滩。推估，1963—1973 年，心滩的最大淤积厚度可达 5～6m，最小淤积厚度也有 3m 左右，年淤积厚度平均在 1cm 以上。

至于洪泽湖水库形成后之泥沙淤积问题，有待专题研究者甚多，除上述外，尚有湖盆之淤积速率及地区分布、闸门启闭与湖泊淤积关系等均急待研究，盼能尽早启动。

参 考 文 献

[1] 中国科学院南京地理与湖泊研究所湖泊室. 江苏湖泊志. 南京：江苏科学技术出版社，1982.

[2] 朱松泉，窦鸿身，等. 洪泽湖：水资源和水生生物资源. 合肥：中国科学技术大学出版社，1993.

[3] 张卫东. 洪泽湖水库的修建：17 世纪及其以前的洪泽湖水利. 南京：南京大学出版社，2009.

[4] 江苏省革命委员会水利局. 江苏省近两千年洪涝旱潮灾害年表（内部资料，未刊），1976.

[5] 中国水利史典编委会. 中国水利史典·淮河卷. 北京：中国水利水电出版社，2015.

[6] 曾昭璇，曾宪珊. 历史地貌学浅论. 北京：科学出版社，1985.

[7] 宋诗三百首. 金性尧，选注. 上海：上海古籍出版社，1995.

第十章

洪 泽 湖 与 治 淮

第一节 治 淮 与 导 淮

治淮的前期，称之为导淮。

导淮，历史悠久。传说，导淮始于夏朝，其代表人物是禹，《尚书·禹贡》云，禹"导淮自桐柏，东会于泗、沂，东入于海"。迄今已有约三四千年的历史了。导者，引导之意，延伸为治理。据《清史稿》载："黄河自北宋时一决滑州，再决澶州，分趋东南，合泗入淮，盖淮下游为（黄）河所夺者七百七十余年，（黄）河病而淮（河）亦病。至是北徙，江南之患息。士民请复淮水故道者，岁有所闻"。清咸丰五年（1855年）黄河改道北徙后，社会上复淮的呼声日渐高涨，最早提出此议的是同治五年（1866年）山阳（今淮安市楚州区）绅士丁显向清朝廷上《议浚复淮河故道疏》，降及次年曾国藩任两江总督❶，会同山阳丁显、阜宁裴荫森、宿迁蔡则沄等绅士议恢复淮河故道之说，遂有设导淮局之议。自此，"导淮"二字便成为我国水利建设史及地理学界一名词。

降及同治八年（1869年），新任两江总督马新贻对张福河的引河进行了疏浚，淮水于是由清口流入京杭运河。次年，马新贻向朝廷奏告：经测量，黄河底高于洪泽湖底丈余，要复淮必先浚淤黄、再堵三河。此项建议工程浩大，所需经费甚多，但彼时清朝财政已捉襟见肘，自然不会被批准，马新贻的奏告便无疾而终。

民国2年（1913年），国民党指派治淮名家张謇为导淮督办，柏文蔚、许鼎霖为会办，组成导淮局，为导淮局正式成立之始。次年，又将导淮局扩充为全国水利局。

民国10年（1921年），淮河流域再次发生洪水，为治理水患，复淮故道呼声再起。于是，张謇将前拟的《江淮水利施工计划》及《江淮水利计划第三次宣言书》修改，提出先治标，再治本的导淮计划，并发表了《淮沂泗沭治标商榷书》。此项工程预算款项为603万元，但计划提出后，徐世昌总统推诿不办，导淮计划再次落空。

南京民国政府成立后，淮河流域的安定就成了国民党统治秩序的重要前提。为了政权的稳定，国民政府开始对导淮予以关注。民国18年（1929年）1月7日，国民政府导淮委员会于南京正式成立，并发布政令，为筹备导淮委员会，特派蒋中正、黄郛、陈其采、陈仪、陈辉德、段锡朋、陈立夫为导淮委员会常务委员，特任蒋中正为导淮委员会委员

---

❶ 两江指江南省和江西省，两江总督为地方最高行政长官。清朝沿袭明朝行政区划，将南直隶省改为江南省，辖今江苏省、安徽省和上海市。

长。他在当天的宣誓就职时强调:"居于淮河人民,在八千万以上,如浚导成功,则民生问题即可解决;自历史上观察,由淮河流域人民不安居乐业而引起纠纷甚多,故今后对导淮工作当特别注意,并以建设工作,应知急缓轻重,故不辞繁重,兼任此职"。导淮委员会直属国民政府,其下设总务、公务、财务三处,分别由国民政府任命的杨永泰、李仪祉、陈其采为处长。

导淮是当时社会的热点,民国 26 年(1937 年)抗日战争全面爆发,淮河流域置身战火之中,导淮工程中止。陈果夫向蒋介石建议,仍保留导淮委员会的机构设置,将四川省内的一些水利工程如湛江工程、乌江工程、赤水河工程等交与导淮委员会承办,以保留水利建设人才。同年 12 月,导淮委员会随国民政府西迁重庆,标志着国民政府主导的导淮工作实际上的终结。

新中国成立不久,中共中央便决定从中央财政拨款,由周恩来直接抓治淮工作。1950 年 10 月 27 日,政务院第 56 次会议,通过任命:曾山为治淮委员会主任,曾希圣、吴芝圃、刘宠光、惠浴宇等四人为副主任。同年 11 月 3 日的政务院第 57 次会议上,为便于集中领导,决定治淮机构设在蚌埠。由此,开启了新中国治理淮河的序幕。

1950 年夏,淮河流域发生了大水,两岸 4000 多万亩农田颗粒无收,1300 多万灾民流离失所,死伤无算。1950 年 8 月 24 日召开的中华全国自然科学工作者代表会议指出:"第一,兴修水利。我们不能只求治标,一定要治本,就是把几条主要河流,如淮河、汉水、黄河、长江等修治好。"8 月 25 日至 9 月 12 日,水利部召开了治淮会议,针对会上出现的蓄、泄之争论,借鉴中国历史上鲧、禹治水的经验教训,结合淮河的实际,运用现代科学技术的观点,提出了"蓄泄兼筹,以达根治之目的"的治淮方针,并成为这次治淮会议及今后治淮工作的指导方针,会上确定,在淮河上游以蓄洪发展水利为长远目标,中游蓄泄并重,下游则开辟入海水道。这一方针,为今后的治淮指明了方向。

1951 年 5 月,党中央发出"一定要把淮河修好"的伟大号召,由此掀开了新中国大规模治理淮河的高潮。

第二节　淮河来水之出路

无论是洪泽湖的形成及新中国成立后的治淮,抑或是其前期的导淮,根本之目的不外乎解决淮河来水之出路问题。归纳起来,有淮河来水之尾闾全部入(长)江,淮河来水之尾闾全部入(黄)海、淮河来水之尾闾实施(长)江、海分疏三种。

一、淮河来水之尾闾全部入(长)江

淮河来水之尾闾全部入(长)江,其代表人物在国内首推清代圣祖玄烨(又称康熙皇帝),国外首推美国红十字会工程团。

《重修扬州府志·卷一巡幸志》云:清圣祖玄烨皇帝于康熙四十六年(1708 年)第六次南巡,上谕"于蒋坝开河建闸引水,由人字河、芒稻河下(长)江,由下河及庙湾等处入海,不惟洪泽湖之水可以宣泄,而盱眙、泗州积水田地亦渐次涸出。水小则下板蓄水敌黄,水大则启板泄水,且便于商民舟楫往来"。

美国红十字会工程团认为淮河之水不宜分注，宜先将淮河来水之尾闾归入宝应、高邮两湖，然后再归入（长）江。这样，洪泽湖便可涸出进行开垦，而洪泽湖旁只需开一条运河就行了。因此，入（长）江之计划被认为是"诸策中之最善者"。

二、淮河来水之尾闾全部入（黄）海

淮河来水之尾闾全部入黄海之计划，又有暂定为临洪口及灌河口与套子口之分。入灌河口之计划被认为是皖省省督柏文蔚之计划。柏文蔚曾言，"导淮一事不难乎工程，亦不难乎筹款，而惟规定下游入海之途为最难"。又曰："自地理上观之江苏省沿海数百里间，可为淮河出口之良港者，莫宜于灌河口"。

淮河来水之尾闾入海计划，其他尚有沿黄河故道之计划，等等，亦称潘复之计划。潘复之在民国初期曾勘察江苏运河，统筹疏浚。对于导（治）淮路线，潘复之主张复淮河故道，其措施是先疏浚黄河故道。潘复之被认为是淮河入海计划之国内首倡者。

淮河来水之尾闾全部入海的国外首倡者为美国费礼门。费礼门系美国水利工程师，曾两次来华实地考察淮河。费礼门主张以最短之路线修筑一条深广且直的新河，以泄淮、沂、沭等大河之全部来水入海。入海路线上端取自淮河中游的五河县，经洪泽湖北端开一条直河，向东穿过京杭运河、六塘河、盐河至临洪河口入海。新河取直可以减少涡流，有助于产生较大流速。该计划若被引用，还可开垦洪泽湖以增加经济收入。费礼门之淮河来水尾闾入海计划，耗资巨大，可行性值得研究。笔者认为，可从中汲取有益的借鉴。费礼门为国外淮河来水尾闾全部入海的首倡者。

三、淮河来水之尾闾实施（长）江、海分疏

导淮既有入（长）之说，也有入海之说，议论庞杂，莫衷一是。

治淮名家张謇在民国初期主持《江淮水利局》时，提出江海分疏，又称江淮水利局计划。1913年，张謇发表了《治淮规划之概要》，提出淮水三分入（长）江，七分入海；民国10年（1921年）豫、皖、苏、鲁四省遭遇洪水灾害，为治水患，复淮故道呼声再起。于是张謇将先前的淮水"三分入（长）江、七分入海"之导淮计划修改，提出先治标、再治本的导淮方案，将前淮水"三分入（长）江，七分入海"之导淮计划修改为淮水"七分入（长）江三分入海"。张謇为导淮事业奔走呼吁二十余年，做出了巨大贡献。

张謇是对淮河来水之尾闾实行江海分疏的国内首倡者。

民国18年（1929年）国民政府成立导淮委员会，次年发布《导淮工程计划》，对淮河来水之尾闾提出了江海分疏，后因国民党发动内战及日本侵略者逼近洪泽湖地区，该项计划未予以实施。

第三节 治淮的基本原则

一、治淮要治本，半个多世纪以来，治淮取得了巨大成就

在"一定要把淮河修好"的伟大号召和水利部淮河水利委员会的直接领导下，淮河流

域广大民众坚持治淮一定要治本的主题思想,历经半个多世纪的艰辛努力,使淮河流域在历史上以"大雨大灾、小雨小灾、无雨旱灾"和"十年倒有九年荒"而闻名于世的悲惨社会转变为处处莺歌燕舞的社会,治淮取得了有目共睹的巨大成就,淮河得到了系统治理,其防洪除涝等能力得到了大幅地提高,淮河获得了新生,并为全国的水利建设树立了样板,积累了丰富的经验。

众所周知,黄河南泛侵淮及夺淮是洪泽湖(水库)形成的根本原因。自南宋建炎二年(1128年)始,由于人为原因发生了黄河南泛侵淮与夺淮长达700余年之久的连续事件。由于黄河南泛,黄河所携带和提供的巨大能量和物质,使淮河流域的水系和地文为之巨变,尤以黄河和淮河洪水遭遇、黄淮并涨,给淮河流域所造成的灾难最为深重。史籍记载,黄淮并涨共47次,其中又以明正统二年(1437年)、明景泰四年(1453年)和清康熙十五年(1676年)的三次黄淮并涨对淮河流域及洪泽湖地区的影响最烈。如明正统二年的黄淮并涨,使淮北淮南发生大水灾,泗州城内水与屋檐齐,淮安城内行船,漂溺人畜庐舍无算,田禾荡然,淮阴以下,淮患亦开始出现;清康熙十五年的黄淮并涨,使清口以下的原淮河入海河床被淤高,不能循原入海之道奔趋归海,致使黄水由清口倒灌洪泽湖,冲决洪泽湖东部大堤及里运河堤三十余处,淹里下河地区七州县田禾,汪洋六百余里,兴化水骤涨以丈许,而涓滴不出清口,洪泽湖沦为泽国。由此可见,淮患主要源自黄河南泛侵淮与夺淮。

对于一般的河流而言,其开发与治理,仅涉及其流域的自然科学、社会经济学及洪水调度与管理等方面的科学,但对于淮河流域的开发与治理,则有其特殊性和更高的要求,不仅要涉及淮河流域的自身,还要涉及黄河流域,这无疑就进一步加剧了开发与治理淮河的复杂性、艰巨性和长期性,绝非一蹴而就就可获得成功的。说明历经半个多世纪的艰辛努力,虽然在治淮方面取得了巨大成就,但其特殊的孕灾环境并未彻底改变,致灾因素仍将在今后相当长的时期内存在,淮河流域洪涝灾害因素尚未根除。如1991年大水,造成8275万亩耕地被淹,经济损失达339.6亿元;2007年大水,造成3748万亩耕地受淹,经济损失达155.2亿元。"治淮"仍需继续努力,本着治淮要治本的理念,继续前行。

二、治淮要贯彻生态优先、绿色发展新路子的基本原则

党的十九大庄严宣告,中国特色社会主义进入了新时代。

2018年4月26日,深入推动长江经济带建设座谈会提出长江经济带建设要贯彻生态优先、绿色发展新路子,这无疑给今后的治淮指明了方向,是今后治淮工作中必须要遵循的基本原则。更何况淮河现已"演变为长江流域"了呢!

新时代治淮事业的发展,要深刻认识到"绿水青山就是金山银山"的理念,要深刻认识到当前治淮的主要矛盾已发生了变化,已经从历史上由自然主导洪涝等问题,演变为以人类活动为主导的水资源短缺、生态损害、水环境污染等相交织并存的多维性综合问题。与人们对美好生活需要相比,当前淮河流域水安全保障能力与生态环境现状还存在着较大的差距,水环境污染问题还远未解决。特别是淮河作为全国"三河三湖"水污染防治的重点,贯彻生态优先、绿色发展和防治水污染,在当代的治淮事业中更具紧迫性。20世纪80年代,淮河的水质污染就已是全国闻名,并直接影响到沿淮两岸人们生活水平的提高

及洪泽湖的水产养殖和湖泊生物等。淮河流域水资源短缺的矛盾本就十分突出，而流域的
降水分配又十分不均，年降水量的 60％～70％ 集中在每年汛期的 6—9 月。一旦汛期来
临，各地为了安全要启闸泄水，于是造成闸内蓄存已久的废污水集中排放，流入下游的湖
泊，对沿河和湖泊的水质安全形成强大的冲击，湖泊营养水平因之骤然上升，并常由此而
引发污染事件。1979 年春旱，蚌埠闸以上 20km 的河道内蓄存了溶解氧接近于零而耗氧
量大于 100mg/L 的高浓度污水达 3000 万 t，至 5 月汛期启闸放水，淮河入洪泽湖的污水
量平均达 53.4 万 t/d，占入洪泽湖总污水量的 57.4％。由于此次排污量大，浓度高，致
使洪泽湖地区发生突发性的死鱼、鸭等事故。1989 年、2004 年亦发生类似的水质污染事
故。在淮河受污染水体的下泄过程中，其所到之处的水质均受到严重污染，尤其是铵氮和
溶解氧指标全部超过 V 类水质标准。

淮河流域多年平均地表水资源总量约 580 亿 m³，且年内及年际间的分布很不均匀，年
内多集中分布于 6—9 月的汛期，约占流域多年平均地表水资源总量 70％以上；在年际间，
干旱和丰水年份可相差数倍乃至数十倍，而每年实际使用的地表水资源总量约 450 亿 m³，
超过干旱年地表水资源总量，淮河流域水资源短缺已非常严峻和突出。针对淮河流域水资
源短缺的主要矛盾，把节约用水、环境污染和生态损害有机结合起来，落实以水定需和生
态用水的客观要求，统筹考虑治水、治山、治田、治林、治湖、治草，加强政府的监管职
能，依法监管法人代表等的不法行为。

总之，在今后的治淮工作中，贯彻生态优先、绿色发展和节约用水，是必须要坚持的
基本原则。

三、坚持（淮）河、（洪泽）湖双赢的基本原则

这是一种流域同富的基本原则，即"利益共享、风险分担"的原则，其主旨就是通过
物理、化学和生物等各种治淮措施，使洪泽湖（水库）以上的淮河干流水系和洪泽湖地区
均可获益。

洪泽湖（水库）是淮河干流水系不可或缺的重要组成部分，位于淮河干流水系中游的
末端。洪泽湖（水库）形成后，淮河干流先入洪泽湖，尔后于该湖东南部之中渡进入淮河
的下游河段——淮河入（长）江水道，长 150 余 km，地面落差 6m，纵比降约 0.4‰，三
江营（入江口）以上淮河干流水系总集水面积 16.51 万 km²。因此，淮河干流与洪泽湖不
仅在水文情势上关系密切，且其水文效益也是紧密地交织在一起的。但洪泽湖泥沙淤积严
重。由于黄河长期南泛和泥沙淤积，已由成湖前平均地面高程约 5m 升至目前的 10.50m，
湖盆垂直淤积厚度在 5m 以上。又据《江苏湖泊志》称：1953 年洪泽湖在三河建闸控制
后，其多年平均水位比建闸前升高了 1.65m。多年平均水位升高，意味着以该湖为临时
基准面的淮河在中游段的纵比降相应缩小，水动力减弱，泄流不畅，流速变缓。由于湖泊
淤积和建闸控制两种因素的叠加，已使洪泽湖"高高在上""悬湖"之势更加显著。现在，
从淮南市到盱眙长约 300km 的淮河干流河道上，河底的海拔高度都低于洪泽湖之湖底。
又据胡焕庸先生 1954 年出版之专著《淮河的改造》文中所示，淮河在蚌埠吴家渡至蒋坝
间的河线距离为 209.5km，河槽纵比降为 0.3‰，至洪泽湖的湖面纵比降为 -0.1‰。目
前，淮河在蚌埠以下至洪泽湖的区间，其纵比降已是负值，淮河在吴家渡水文站河底最深

处海拔高度已低于海平面，平均海拔高度在 5m 以下。这种河道在世界上是难以寻觅的，也是淮河在中游段的纵比降小于其上、下游及形成"关门淹"的主要原因。在汛期为了泄洪，如凤台县的架河、新集一带，只好加高淮河两岸之堤防，把洪水往洪泽湖逼，而加高堤防形成的洪水走廊，又使内涝水排不进淮河干流，遂在凤台县等一带形成"关门淹"。所以，淮河的水利效益与目前的洪泽湖之水利效益是很不相协调的。

治淮必治本，治本必治洪泽湖。这是贯彻（淮）河（洪泽）湖双赢的基本前提，一旦洪泽湖得到了彻底治理，其水利效益得到正常发挥，至时（淮）河、（洪泽）湖双赢之目的一定能实现。

第四节　治　　淮

一、水利部淮河水利委员会半个多世纪的治淮方针完全正确

淮河流域的洪涝灾害，主要由自然、历史和现实等多方面复杂的因素所引发，包括现实的法律、法规，区域经济发展和人口的增长等因素都对淮河流域洪涝灾害的引发产生一定的影响。所以，治淮是一项长期而复杂的艰巨任务，不可能毕其功于一役，一蹴而就。

1950 年 8 月 25 日至 9 月 12 日的治淮会议上，即已明确提出"在淮河上游以蓄洪发展水利为长远目标，中游蓄泄并重，下游则开辟入海水道"。实践证明，这是一条正确的治淮方针，为以后的治淮指明了方向。水利部淮河水利委员会秉持这一指示行事，方向明确，重点突出，先后在淮河上游兴建了花山、石漫滩、板桥、梅山、鲇鱼山、佛子岭等多座大型水库，在中游兴建了濛洼蓄洪区等（包括行政区、蓄洪区和滞洪区）27 处，在洪泽湖以下的淮河下游水系，为改善其洪水环境，于 1998 年开工建设淮河入海水道工程一、二期，合计设计流量 7000m³/s，业已完成。现在，笔者认为，治淮的重点应转向洪泽湖。

二、治淮的方向与重点

（一）方向与目标

坚持治本之道，恢复淮河在黄河长期南泛侵淮与夺淮前的自然规律。

黄河长期南泛侵淮与夺淮，已把成千上万亿立方米的泥沙淤积到淮河中下游平原地区。要恢复黄河在侵淮与夺淮前淮河中下游地区的自然面貌，是不可能的，但要恢复淮河的自然规律则是可能的。

原本以蓄清刷黄功能定位的高家堰，当黄河北归入渤海后这一功能也就自然消失了。是时，利用水流自身的溯源侵蚀能力，完全可以逐步恢复淮河的自然形态，还淮河独流入海的深水河道，造福于民。但是，历史性致命的错误就在于当黄河在北归之后未能及时地将淮河复归原道。现在，多股分散的河道，实际上就是数百年来人类治水活动的格局，是相对于自然形态的异化表现，古人尚深知，水合则流急势强，水分则势缓；水流与泥沙淤积的关系是"流缓则淤，河流委曲则淤"。现在，淮河通过人类的治水活动，由独流入海异化为"五指"形态，显然，这是非常不利于淮河行洪的。

黄河南泛侵淮与夺淮后，淮河被迫改道入（长）江是不正常的，且功能单一化。淮河

流域水资源短缺已是不争的事实。可是，就是这样一个水资源短缺的流域，每年却有约200亿 m^3 的洪水被防洪所废弃而成弃水。为此，要结合淮河入海大通道的恢复，使"一水多用"，建淮河入海通道水运大动脉。目前，淮河入海水道一、二期工程的主要功能是泄洪，泄洪流量为 $7000m^3/s$，尚不具备建设深水航道的条件，与历史上海船可抵达蚌埠的条件相差甚远。为此，建议今后淮河入海水道的建设要结合淮河深水航道的建设，一并进行，这对于开辟淮河经济带的建设乃至中国梦的实现具有重大的战略意义。

按照河流的正常规律，其纵比降应该是从上游到下游递减，而现在的淮河由于洪泽湖的存在则与这一正常规律相悖，如地处正阳关一带的纵比降为 1/40000，而正阳关到怀远反而加大为 1/30000，而蚌埠吴家渡到洪泽湖则成为负值（倒比降），淮河无足够的泄洪动力。显然，淮河在洪泽湖以上的中游段，其纵比降是错乱无序的。

为此，要使淮河尾闾从目前的以入（长）江为主转变以入海为主，加大淮河干流的自然冲刷力，逐渐恢复淮河的自然规律是十分必要的。

将现在的淮河入海水道改建为常年过水的直接通道，而将现在的淮河入（长）江水道使其只在大水年的汛期分洪，这样淮河直接入海要比先入（长）江后入海的距离缩短约250km，将使淮河干流的纵比降增大，阻力减少，泄流更为通畅，减轻了淮河中游地区的洪水威胁，更有利于今后淮河形成独立水系。

（二）洪泽湖是治淮重点

大量的史籍记载及研究确切表明，先有淮河，尔后才有洪泽湖。洪泽湖是淮河干流水系不可或缺的重要组成部分。洪泽湖以上的集水面积占淮河干流水系总集水面积的80%以上。

洪泽湖因黄河长期南泛，泥沙淤积严重及三河建闸控制使多年平均水位抬高之叠加作用，现湖盆已"高高在上""悬湖"之势更加显著，已演变为淮河中游段的巨大毒瘤，是淮河在中游地区形成"关门淹"的重要原因，也是淮水入海与入（长）江的交汇点。

基于洪泽湖和淮河在水利效益上的不相协调，把治淮重点移向洪泽湖是顺理成章的事。

有学者以肯定的语气认为，"把淮河洪涝问题归结为洪泽湖的顶托作用是有失偏颇的，把解决问题的焦点集中到洪泽湖的废立上，更是缘木求鱼"。为此，该学者在完全不考虑洪泽湖存在的前提下，还做了恢复淮河独流入海的极端情况研究和试验。研究实践证明，这个方案对于正阳关及蒙城闸以上地区是完全无效的，且工程代价巨大，与其水利效益不成正比，完全破坏了淮河中、下游已建水利工程体系，逼迫调整现有水资源、航运、水环境保护等工程体系。结论是"方案不具可行性"。基于对洪泽湖和淮河中游洪涝灾害关系的认识，学者认为解决淮河中游洪涝灾害问题"不能老是围绕着洪泽湖做文章，要抓住淮河中游地势低平、人口密集的主要影响因素""采用增加动力、主动出击的方法解决。"

笔者与上述学者的观点正好相反，认为淮河中游的洪涝灾害虽地势低平和人口密集是主要影响因素，但绝不是决定性因素。常识性问题告诉我们：①淮河独流入海要比目前的呈"五指"形分散入海更科学；②河流纵比降由上游到下游递减是大自然的长期选择的结果，是颠扑不破的真理。

学者对上述两个常识性问题只字未提，却言其他，实令笔者费解。

以治理洪泽湖为基本出发点，最终达到恢复淮河自然规律之终极目的，其优点是：

（1）洪泽湖以上之治淮现有水利工程（包括涵闸、堤防、行蓄滞洪区、水库等）基本保持不变。

（2）淮河尾闾由目前的以入（长）江为主转为以直接入海为主，入（长）江水道平时不行洪，只在丰水年的汛期行洪，充分利用洪泽湖（淮河）的入海水道现有的一、二期工程行洪；淮河入海水道与航运建设相结合"一水多用"。

（3）利用天然水力冲刷作用，以达恢复淮河的自然规律。

（4）充分利用现有治淮水利工程，简单易行，节约治淮成本。

参 考 文 献

[1]　徐奇堂，译注. 尚书. 广州：广州出版社，2001.
[2]　杜红志. 新中国成立前导淮纪略（内部资料，未刊）.
[3]　李菲. 中美导淮事业的历史进程与影响（1911—1927）. 合肥：安徽大学，2017.
[4]　顾洪. 新中国治淮历次规划与实施历程//新中国治淮60周年纪念专刊，2010（10）：40-44.
[5]　黄宣玮. 河流辩证法应用与实践. 武汉：长江出版社，2010.

第十一章

洪泽湖水动力模型的研制、应用与问题思考

湖泊及其流域河网水流因受各种因素的影响，流态十分复杂，流向多变且顺逆不定。因此，建立尽可能全面、详细、具有相当精度的水力、水质数值模型，为环境规划以及工程措施提供定量的科学的基础资料十分必要。

为此，我们建立了一维河网与二维湖泊耦合的水力、水质模型。为检验该模型的合理性，选取了苏北洪泽湖及其周边河网所形成的水系水文资料进行验证。洪泽湖水系以洪泽湖为中心，区域内地势平坦、河湖相串、水网密布、纵横交错，沿湖部分连接河道如二河、三河、灌溉总渠等已建闸控制，是检验本模型十分适宜的例证。

第一节　水力模型在洪泽湖水系中的应用

一、河网概化

洪泽湖及其流域河网范围大，涉及众多的河道及湖泊，需要先将河网水系进行概化，即将主要的输水河道纳入计算范围，将次要的河道和水体根据等效原理，归并为单一河道及节点，使概化前后河道、湖泊的输水能力相等、调蓄能力不变。经概化后的河网应能够反映该地区天然河网的水动力情况，其概化原则分为等效原则和调蓄容积不变原则。

等效原则为无论是断面变化的单一天然河道，还是将若干条大致平行的天然河道合并，要求概化前后河道的总过水能力相同。调蓄容积不变原则为对于水系内的一些小河、塘堰、湖泊、洼地，由于不参加水流输运，若采用等效原则进行概化，则概化后河道的调蓄能力总是小于实际的调蓄能力的；但由于其调蓄作用是不可忽视的，将直接影响到水量平衡以及计算精度，故采用调蓄容积不变原则模拟概化河网以外的调蓄作用，使得概化前后河道的总调蓄容积不变。

在本书中将洪泽湖及周边主要干流纳入计算湖泊及其河网区域。该水系的概化过程是在天然河网、湖泊的基础上进行合并的。

（1）概化河道为水平底坡和梯形断面，并根据实测大断面地形资料，选择计算断面间距为 1km 左右。将洪泽湖水系中主要的入湖、出湖河流，以及与功能区划有关的河道依据以上原则进行概化后，可得如图 11-1 所示的河网概化后的模型。概化河流共 32 条，河流节点 81 个，边界节点 25 个，闸门 11 个。河网的河段编号详见图 11-1，计算断面与节点编号（点位图略）。

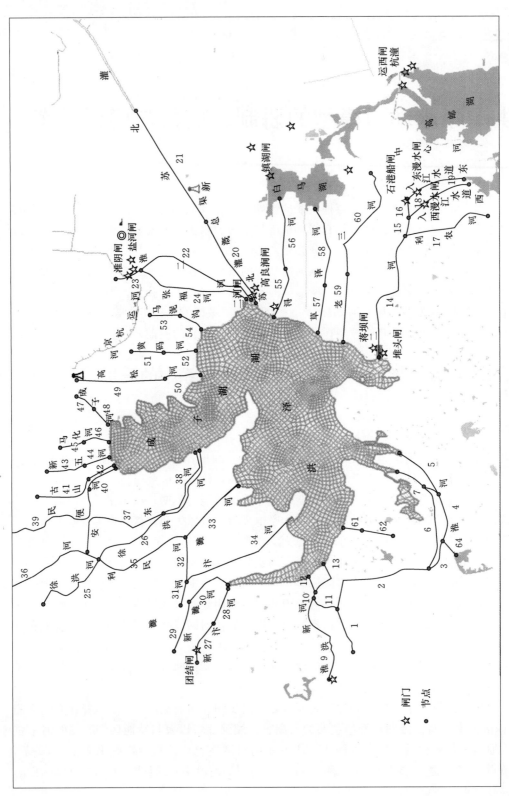

图 11-1 河道概化及湖区网格图

（2）对于淮河流域水系中的湖泊，将较小湖泊概化为零维的调蓄节点；将较大的湖泊，如图 11-1 中所示洪泽湖湖区，利用网格自动剖分软件将计算区域剖分成无结构网格，最终生成 3146 个不规则四边形网格单元，其构成的二维计算域如图 11-1 中所示。

二、计算条件

（一）典型年与设计月份的选取方法

依据江苏省水系本身具有闸阀多、实测流量资料少，而降水量资料较全面的特点，本书中典型年的选取是根据洪泽湖水系的年平均降水量资料进行的，主要步骤有：

（1）在该水系选取与计算流域相关的具有代表性的雨量站。所选取的代表性的雨量站有：埠子站、维桥站、老子山站、花园咀站、盱眙站、峰山站、小王庄站、香成庄站、金锁镇站、曹咀站、严家岗站、北店子闸站、尚咀站、高良涧闸站、泗洪站、远东闸站、阮桥闸站、三河闸站、旧县站、浮山站、金湖站、庙沟站、东风站、古沛集站。

（2）在相应流域的水文年鉴中统计各站的年平均降水量后，利用 1957—1987 年共计 31 年的年平均降水量资料，进行水文频率曲线的绘制，并对水文频率曲线进行调整。从调整后的结果中，分别读取各站在 90%保证率下所对应的年平均降水量理论值。

（3）将各站实际的年平均降水量资料与其理论值进行对比，可获得各站在 90%保证率下所对应的年平均降水量值所发生的年份，然后选取大多数雨量站在 90%保证率下所对应的年份作为典型年份。

根据上述原则最终确定 1978 年作为 90%保证率下的典型年份。然后在已确定的典型年的基础上，在该区域内依据月均水位资料选择枯、平、丰三种水位情况确定设计月份。经过对该区域内的月均水位资料进行分析后，可确定分别对应于典型年中的 6 月、1 月、8 月，即低、中、高三个方案。

（二）河网计算条件

河网计算条件分为水位边界、闸边界、初始条件和闸及泵站工况等。水位边界条件为给定上下游水位过程线，即典型年中三种方案下的逐日水位值，选用 1978 年 6 月的 5 个水位站的水位过程线，即淮河浮山站水位过程、怀洪新河峰山站水位过程、新汴河团结闸站水位过程、新濉河泗洪站水位过程和濉河泗洪站水位过程；闸边界为若闸完全开启，按堰顶溢流计算；若完全关闭，按零流量计算，计算区域内设有闸门的河道有二河、苏北灌溉总渠、三河、入江水道、新汴河、浔河和怀洪新河等；初始条件为河道内初始水位条件取常数水位 11.5m，河道内初始流量条件取零流量；闸及泵站工况则按当年实际运行工况进行设定。

（三）湖泊计算条件

湖泊水动力数值模型的计算条件，即定解条件包括初始条件、边界条件和糙率选择等。初始条件：初始水位条件取常数水位 11.5m，初始水流流速条件取零流速。边界条件：计算的上边界是入流过程，下边界条件是水位过程。模型的糙率选择采用 1978 年该水系中几个水文站点的水量实测资料，确定水力模型中的糙率。

1. 河网边界条件和计算糙率确定

计算的上边界是入流过程，下边界条件是水位过程；同时已知水位站的水位过程。通过优化求解，得到河道的计算糙率分布在 0.0162 至 0.0220 之间。

2.洪泽湖二维计算糙率确定

洪泽湖作为二维计算区域，其计算糙率的选择是一个棘手的问题。在本书中采用二维水流计算参数反分析的方法，对洪泽湖的二维计算糙率进行选择。计算糙率采用下面的公式进行计算：

$$n(x)=0.013+0.020x+0.016x^2$$
$$x=2Z_b-Z_{max}-Z_{min}$$

式中：$Z_{max}=17.5m$；$Z_{min}=7.96m$；Z_b 为计算水位。因为洪泽湖湖区的最高水位不超过 17.5m、最低水位高于 7.96m，因此可采用上述公式进行计算。

（四）模型的计算结果

在以上河道概化以及典型年与典型年中设计月份的选取的基础上，利用前述的一维、二维耦合的水力数学模型与边界水文计算条件，分低、中、高三种方案分别计算该区域内各河道的水文设计条件。典型年（1978 年）三个计算方案中各河道的设计流量、设计水位的计算结果；1978 年 6 月（90%保证率下）洪泽湖湖区的第 3 天、6 天、9 天、12 天的典型流速场见图 11-2～图 11-5。

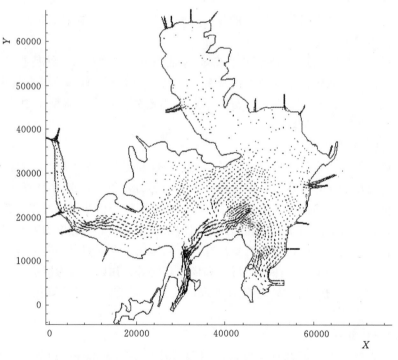

图 11-2　第 3 天的流场图（第 72h）

（五）模型计算结果分析

总的来看，在 90%保证率下的 8 月设计流量最大，次之为 1 月，最小的为 6 月。但依据典型年降水量资料，由于 6 月、8 月的局部降雨量较大，造成若干河道设计流量的排序发生变化，如怀洪新河、新汴河等河道。根据模型的流速场结果来看，对于湖区部分，

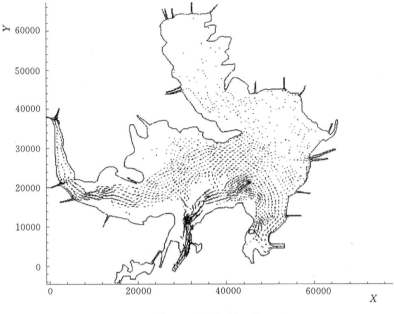

图 11 - 3　第 6 天的流场图（第 145h）

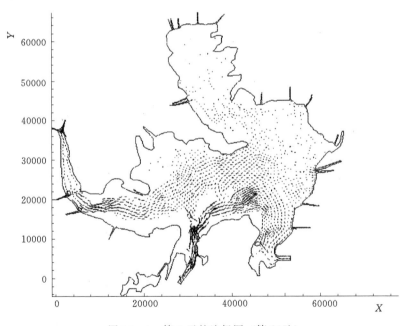

图 11 - 4　第 9 天的流场图（第 217h）

淮河入湖河口区的流速最大，在非河流入口区沿岸带流速较小；敞水区的流速比沿湖岸浅滩地区的要大，在成子湖湾和湖西沿岸带，湖流速度很小，有时甚至为零，与实际观测的湖流流态基本相符。将枯水典型年（1978 年）6 月的流量计算结果，与有流量资料水文站的实测流量与模拟结果对比分析表明，模型模拟计算结论是合理的。

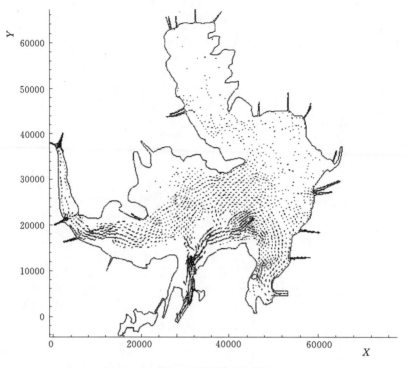

图 11-5　第 12 天的流场图（第 289h）

第二节　水质模型在洪泽湖水系中的应用

洪泽湖及其流域河网水动力模拟模型的成功研制，为在此基础上进一步开发水质模拟模型创造了必要条件。根据洪泽湖水系的水流为非恒定流、水质污染以有机污染为主的特点，在一维、二维水量模拟模型的基础上，利用给定的污染源资料、水质边界条件及水质特性参数，应用已建立的一维、二维耦合的非稳态水质模型，选用 COD（mg/L）为主要控制指标来进行水质模拟。

一、计算条件

计算范围与水力模拟范围相同，即洪泽湖湖区及周边河网。另外，模拟的计算节点和水文站的资料选择等方面上，也与水动力模拟模型完全相同。在求得流场分布的前提下，对于湖区河网污染物输移扩散可给定定解条件。

（1）浓度时间序列：$C = f(t)$。

（2）边界条件：边界水质都按照Ⅴ类水的标准给定。

（3）初始条件：河道根据相应功能区划给定；湖泊采用Ⅲ类水质进行计算。

（4）水力条件：依据水动力模型模拟计算结果。

（5）水质计算参数：详见表 11-1。

表 11 - 1 水质计算参数的取值

参 数 名 称	参数符号	取值	单位
弥散系数	E_x	150～450	m²/d
降解系数	k_{dc}	0.10～0.30	d⁻¹
温度系数	Θ_{dc}	1.05	
BOD₅ 的半饱和系数	K_{BOD}	0.10	mg O₂/L
硝化系数	k_{12}	0.07～0.13	d⁻¹
温度系数	Θ_{12}	1.08	
氨的半饱和系数		0.5	mg N/L

二、模型的计算结果

湖泊水质污染及其变化，一直是受广泛关注的热点问题。它不但是科学界需要深入研究的科学问题，更重要的是关系到国计民生，特别是湖区广大人群的生产和生活用水的保障问题。对洪泽湖湖泊 COD（mg/L）水质的计算结果（1978 年 6 月）见图 11-6～图 11-9中的 COD（mg/L）浓度场。由于本项还是初步的，对于湖泊中的其他污染物质模拟计算，有待在今后研究工作中进一步加强和深化。

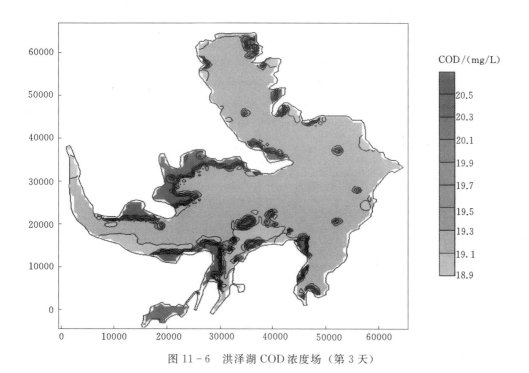

图 11-6 洪泽湖 COD 浓度场（第 3 天）

三、模型计算结果分析

根据模型模拟计算结果，1978 年 6 月洪泽湖湖区的 COD（mg/L）浓度场具有这些

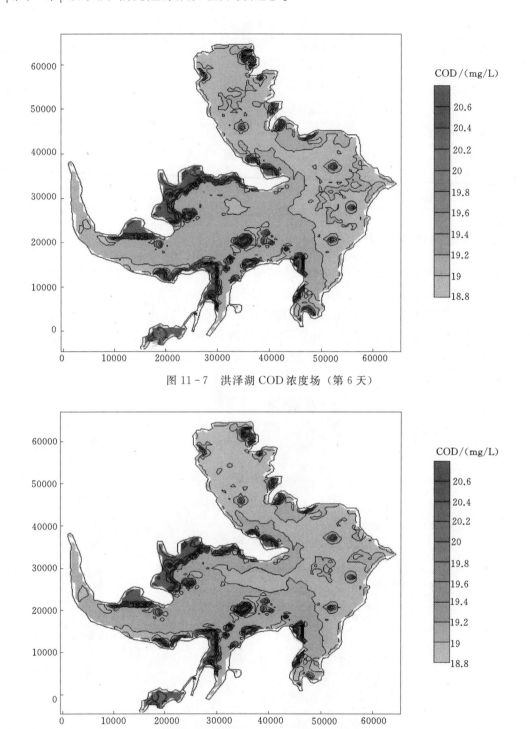

图 11-7　洪泽湖 COD 浓度场（第 6 天）

图 11-8　洪泽湖 COD 浓度场（第 9 天）

特点：①就整个湖区来看，在河道入湖处 COD（mg/L）浓度较高，湖泊西部水域的浓度值高于东部水域，且经过一段时间的降解过程，COD（mg/L）浓度逐步趋于稳定的状

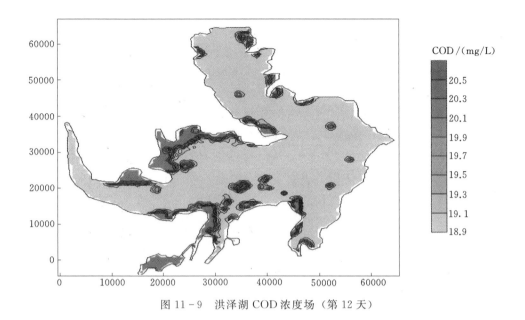

图 11-9 洪泽湖 COD 浓度场（第 12 天）

态。②在有些河道的入湖处，COD（mg/L）浓度超过Ⅲ类水指标，为确保洪泽湖湖水的功能区划达到Ⅲ类水标准，对于这些河道的省界来水水质必须进行限制，同时对面污染源也要加以限制。

第三节 洪泽湖及其流域生态环境方面的若干问题思考

洪泽湖是中国第四大淡水湖泊，承担着苏北广大地区的防洪和生产、生活用水安全重任，其地位的重要性不言而喻。湖泊是流域的"汇"，流域是湖泊的"源"，湖泊治理和保护不可离开其流域的整治或管理。流域上的任何形式人类活动，最终都会反映到湖泊中来，特别其流域污染物质的输入、降解和扩散等，将直接影响湖泊的生态环境变化，危及湖泊的生态环境安全。从某种意义上说，湖泊是其流域的一面镜子和放大器。淮河是我国外流入太平洋的七大江河之一，是洪泽湖水量的主要补给源，其干流横穿洪泽湖湖体，其生态环境变化将直接影响或制约着湖泊的生态环境变化。

淮河流域面积为 27.0 万 km²，约占全国陆域总面积的 1/35。在我国的七大东流入太平洋的江河中，淮河流域受洪水威胁最为严重，洪水威胁区耕地面积达 1.5 亿亩，均高于长江、黄河等其他流域。历史上，淮河曾是我国一条有名的害河，洪水危害程度居全国之首。不但如此，近十几年来，淮河流域的水质污染问题也非常严重，突发性污染事件频繁发生，常常造成非常严重的生态问题和后果，制约了流域国民经济的可持续发展，以及当地广大人民群众生产、生活的供水安全，水质性缺水问题十分突出。本书作者通过实地调查，在掌握大量资料的基础上，对淮河流域的洪水灾情、成因，以及淮河流域的生态环境状况进行了实地科学考察，取得了初步认识，并提出若干初步建议或不成熟的看法，供有关方面和人员参考。

一、以洪涝灾害闻名于世的河流淮河历经沧桑变迁

淮河以洪涝灾害而闻名于世，在历史上并非如此。事实上，淮河曾经是一条安波息澜、水流通畅的河流。早在先秦时期，举陂塘以泽稼穑，开运河以通航运，淮河流域是我国最早兴修水利建设的地区之一。如安丰塘（古称芍陂）是中国最古老的蓄水灌溉工程之一，在淮河中游南岸的寿县境内，建成距今已有 2500 余年的历史，在水利建设史上堪称典范。正是由于这一良好的水利条件，使整个中原地区在长达 10 多个世纪中，成为中国政治、经济中心。直到 12 世纪，黄河大举南泛夺淮，使淮河流域洪涝灾害频繁发生，水系支离破碎，究其原因，既有天灾，更有人祸。在黄河主流南泛夺淮的 700 余年中，淮河演变历经沧桑变迁，逐步形成了现代的水系格局。

黄河南泛改道，破坏淮河原有的水系格局，在成为害河之前，淮、黄两河基本是相邻并行，相安无扰。淮河独流入海，其下游从现在的盱眙龟山起，过淮阴而东，在涟水的云梯关注入黄海。形成龟山候潮、淮源顺归、畅出云梯和纲纪井然等和谐局面，淮河很少有洪水泛滥现象发生，海潮也可溯河而上，抵达盱眙。但此后，纯粹由于人为因素，导致了黄河长达 7 个多世纪的南泛侵淮的历史，其间除造成淮河中下游地区长期的巨大灾难外，还造成淮河水系与沂沭泗水系分离，淮河中下游水系格局和地貌特点也由此奠定。直到 19 世纪，淮、黄两河再度分离独流，但淮河已成为积患难返、灾害频仍的难治之河了，引起了各界的广泛关注。

黄河夺淮是造成淮河历史上以害河闻名的主要原因。南宋建炎二年（1128 年），宋将杜充为阻止金兵南下，在滑县李固渡（今河南省滑县南沙店集附近）以西决河东流，经豫鲁之间，至今山东巨野、嘉祥一带注入泗水，再由泗入淮。这次人为决口是黄河历史上的一次重大改道，同时也是黄河长期南泛的开端。金朝初期，黄河"或决或塞，迁徙无定"；金朝中期以后，黄河河道逐渐形成多股分流局势。直至清朝咸丰五年（1855 年）六月，黄河总体上处于南泛夺淮状态，但该年黄河在河南兰阳（今兰考）铜瓦厢大决，当时正直清朝政府忙于对付太平军起义，无力堵塞，遂造成黄河北徙改道夺大清河入海，这次黄河北徙是黄河历史上的又一次重大改道，同时也基本结束了黄河长期南泛侵淮的水系格局。

1855 年黄河北徙改道后，仍然有多次南泛的史实。据有关统计，1855—1945 年，黄河南泛计 15 次。其中，规模较大的有 3 次，即同治七年（1868 年）、光绪十三年（1887年）和 1938 年。1938 年 6 月，国民党政府企图利用洪水阻止日军西进，挖开花园口大堤，黄河洪水严重南泛，直到 1947 年才在花园口堵口，黄河复归故道。此次黄河决口造成受灾面积达 5.4 万 km^2，死亡和失踪有 89 万人之多，历时 9 年半，所造成的灾害之严重，为历史罕见，令人痛心疾首，不堪回想。

新中国成立给淮河带来了新生，但因旧账太多，终究隐患难消。

淮河作为历史上闻名于世的一条害河，其洪水灾害威胁是中国的心腹大患之一。1950年 10 月，中央人民政府政务院作出《关于治理淮河的决定》，1951 年 5 月中华人民共和国中央人民政府发出了"一定要把淮河修好"的伟大号召，从此揭开了长达半个多世纪的宏伟治理序幕，开辟了淮河历史的新纪元和新篇章，淮河从此又获得了新生。

新中国成立以来，淮河流域建成各类水库 5700 多座，其中大中型水库 195 座，总库

容 270 亿 m³；淮河干流建有行蓄洪区 28 处，总面积 3747.5km²，设计库容 147.14 万 m³；构筑各类堤防约 5 万 km；开挖人工河道逾 2100km；建成各类水闸 5000 多座；建设大型灌区 81 处，通过多次大规模的淮河水利治理建设工程，各类水利工程发挥了巨大效益，淮河的洪水灾害威胁虽然初步得到了有效遏制或初步缓解，但黄河长期夺淮留下的恶果或历史旧账，终究在短期内难以彻底消除。

黄河改道侵淮夺泗的 700 余年间，为淮河中下游地区带来上万亿吨的泥沙淤积量，不仅造成颍河以东主要支流以及干流河道的严重淤积，打乱了淮河水系原有的有序结构或格局，而且普遍抬高了河床和地面高程，基本上封闭了淮河入海通道。而洪泽湖的形成及其发展在成为淮河重要的基准面的同时，也成为其上游水系演化的重要控制因素。因而，黄河夺淮在很大程度上改变了整个淮河流域生态系统空间结构及其对洪水的调节功能，极大地降低了淮河流域，特别是中下游地区生态系统对流域洪水的调蓄和排泄功能，致使平原洪水壅积难下，沿淮洼地极易积水成灾。

自新中国成立以来，即 1949—2003 年的 50 多年间，淮河流域发生较大或特大洪涝灾害的就有 1950 年、1954 年、1957 年、1963 年、1975 年、1991 年、2003 年等 7 年，平均约 8 年一次。其中，2003 年是继 1954 年后，淮河流域最大规模的一次洪涝灾害。每次的洪涝灾害发生，均造成了重大经济损失。其中，安徽省是淮河流域河南、安徽、山东和江苏 4 省中，受灾较严重的省份。1450—1949 年的 500 年间，淮河流域安徽省境内，仅淮北平原就有洪涝灾害 211 年。进入 20 世纪以来，尤以 1910 年、1911 年、1931 年、1938 年、1950 年、1954 年等最为严重。1949—1994 年平均每年受灾农田面积 316.70 万亩，成灾农田面积 170.35 万亩。因此，洪涝灾害威胁的程度是非常严重的，如 1950 年淮河流域安徽省境内农田受灾面积达 2668.2 万亩，成灾面积 1567.93 万亩，分别占当年耕地面积的 65.0％和 38.2％，形势相当严峻。

二、水资源短缺，旱灾甚于洪灾，淮河流域可谓祸不单行

淮河流域海拔低，河流源短流急，加上暴雨集中，流域中上游地区又缺少大面积湿地或湖泊的调节，极易酿成洪涝灾害。同时，由于流域内人口、耕地分布集中，水资源严重短缺的矛盾又显得十分突出，流域多年平均水资源总量为 833.1 亿 m³。河川径流人均占有量为 479m³，亩均水量为 325m³，均不足全国平均水平的 1/5，属水资源短缺地区。"大雨大灾，小雨小灾，无雨旱灾"的情况在淮河流域尤为典型。但相对于洪涝灾害，旱灾却更为严重，淮河流域洪水年平均造成的经济损失占 GDP（国内生产总值）的 1％；而由于水资源短缺或旱灾造成的损失则达 GDP 的 1.7％，接近一倍。

据有关统计资料，在 1949—1998 年的近 50 年间，淮河流域就先后出现了诸如 1959 年、1961 年、1962 年、1966 年、1976 年、1978 年、1986 年、1988 年、1991 年、1992 年、1994 年和 1997 年等 12 个大旱年份，旱灾发生频率为 4 年一次，是洪涝灾害发生频率的 2 倍。其中，20 世纪 90 年代（1991—1998 年），淮河流域因干旱年均成灾农田面积 3098 万亩，占全流域耕地面积的 16％；较淮河 80 年代旱灾成灾农田（2433 万亩）占耕地面积比重高出 3 个百分点，更较 50 年代、60 年代、70 年代旱灾成灾农田占耕地比重高出 8～9 个百分点，且旱灾所造成的损失远重于水灾。仅以安徽省调查或统计资料为例，

在 1949—1994 年的 46 年间，平均每年农田旱灾的受灾面积达 1001 万亩，成灾面积 578 万亩，分别占流域耕地面积的 24.4％和 14.1％，其中淮河以北、以南分别为 715 万亩和 408 万亩。受旱最严重的 1994 年受灾面达 4099 万亩，几乎所有耕地受灾，成灾面积占总面积的 67.6％。可见，淮河流域干旱灾害是非常严重的。

三、旧疾未除，又生新病，淮河流域水质污染问题严重

淮河是我国七大东流入太平洋江河中污染最严重的河流。近 10 多年来，国家投入了逾 100 亿元治理淮河水质污染问题，取得了一定效果，但是淮河流域水污染反弹现象十分严重。根据 1998 年全流域 143 个主要水质站点的 1335 次监测资料的水质现状评价结果，符合国家Ⅲ类水质标准测次，仅占总监测次数的 30.6％，Ⅳ类水占 24.4％、Ⅴ类水占 14.7％、超Ⅴ类占 30.5％。不能用作饮用水源的占监测资料的 70％以上。而 2004 年的 1—5 月主要河段劣Ⅴ类水占 46.5％～48％，优于Ⅲ类水仅占 18.5％～29％。

主要超标污染物为 COD、氨氮、高锰酸盐和总磷等，其干流 13 个主要监测断面，3 月以前均没有Ⅲ类水；4 月仅老坝头断面为Ⅲ类水，王家坝为Ⅳ类水，其余全部为劣Ⅴ类水和Ⅴ类水水质；5 月也仅有老坝头等 6 个断面为Ⅲ类水。污染最严重的是从淮南大涧沟到盱眙水文站，除局部河段水质较好外，绝大部分河段均为劣Ⅴ类水和Ⅴ类水。

另外，大运河水质相对较好，除沙堤到东平湖水质基本上为劣Ⅴ类和Ⅴ类水之外，其余河段Ⅲ类水和Ⅱ类水占比重较高。颍河、涡河、沭河和新沂河等河流污染最为严重，基本上为劣Ⅴ类和Ⅴ类，已造成水质黑臭、鱼虾等水生生物绝迹的生态灾难。

淮河流域水质污染已成为引起全流域省际之间、区际之间矛盾和纠葛主要原因。自 20 世纪 80 年代以来，淮河突发性污染事故时有发生，纠纷不断。如 2004 年 7 月，淮河逾 5 亿 m^3 污水通过洪泽湖，经入江水道注入长江，给沿途造成了严重的损失和生态灾难。淮河水质恶化不仅直接危害到淮河两岸人民的生存环境和生活条件，而且已经直接影响到长江三角洲地区。因此，淮河流域的水质严重污染问题，必须引起有关方面的高度重视。

四、巨大的人口压力，人水争地矛盾，是淮河治理的第一瓶颈

淮河流经河南、安徽、山东和江苏等 4 省，人口 1.65 亿人，人口密度为 611 人/km²，居我国各大流域之首。淮河流域现有耕地面积约为 1334 万 hm²（约占全国的 1/8），粮食和棉花产量多年来大约分别占全国的 1/6 和 1/4，大豆、油菜、花生等油料作物产量均占全国的 1/5 以上，商品粮亦占全国 1/5 左右。巨大的人口压力、国家对粮食的需求，以及在经济利益的驱动下，流域人水争地的矛盾日益突出。

蓄滞洪区建设是我国洪水治理的重要方法或途径，其指导思想或目的是缓解我国人多地少的矛盾，以图田耕粮食之需。蓄滞洪区洪水期空腹蓄洪，增加洪水的调节量，平时则图田耕之利。新中国成立以来，淮河流域共建立了 28 个蓄滞洪区，蓄滞洪区直接承担了淮河洪水的调蓄职能。但由于沿淮各地人口及社会经济发展压力大，后备耕地资源极少，而行蓄滞洪区土地肥力水平相对较高，粮食产量稳定以及受洪水威胁的概率约为 10 年一遇等原因，淮河沿淮洼地土地资源，就成为沿淮地区重要的农业生产用地和居住用地。

据统计，1997 年沿淮蓄滞洪区 28 个，总面积约为 3747.5km²，占流域总面积的 1.4%；共有耕地 364.39 万亩，占蓄滞洪区总面积的 65%，占流域耕地总面积的 2.01%；人口 191.41 万人，占流域总人口的 1.2%。而到了 2003 年，仅安徽省境内的 22 个蓄滞洪区耕地面积虽然下降了 15.6 万亩，但人口却上升了 34.0 万人，耕地面积占相应市县耕地面积的比重由 1997 年的 17.39% 上升到 18.12%。蓄滞洪区原为淮河流域沿干流的湿地，其开垦的目的主要用于防洪，但随着人口增加和经济发展，蓄滞洪区已成为淮河流域，特别是相关市县社会经济发展重要的依托。一旦出现洪涝，分洪时人员撤离的难度愈来愈大，经济财产损失的程度也愈加严重。

如方邱湖蓄滞洪区涉及 3 个乡（镇），2003 年固定资产 3.31 亿元，工农业总产值 3.29 亿元；荆山湖蓄滞洪区涉及 6 个乡（镇），固定资产亦达 1.92 亿元；上下六坊堤、石姚湾以及洛河洼蓄滞洪区涉及 8 个乡（镇），2003 年仅农业损失就达 0.52 亿元。根据对方邱湖蓄滞洪区长淮卫镇幸福村典型农户的调查数据，全村 368 户，人口 2780 人。居民收入主要来自两个部分：一部分是田耕收入，占总收入的 55%～60%；另一部分为外出打工收入，占 40%～45%。怀远县荆山湖蓄滞洪区常坟镇涧口村（计有 250 户，936人，整体移民搬迁）的情况与幸福村相似，但人员外出打工收入所占比重稍重，基本上为 1:1。由于近些年外出打工条件变差，农民对土地的依赖性有趋于增强的趋势，这是需要高度关注的新现象。

在巨大的人口压力面前，"水退我种，水进我退"，已成为蓄滞洪区居民一种无奈的生产、生活方式。而事实上，这些居民在某种程度上，也无奈的"适应"了这种状况或现实。由于在没有洪水的情况下，这些蓄滞洪区由于原为河滩或湖沼湿地，土地肥沃、墒情好，作物产量高。因此，居民中"种一年保三年"的思想非常普遍。洪水淹过之后，除了国家的救济之外，最多困难一年。相对于区外岗地上的居民，其家庭实际收入并不少，相反甚至还可以因耕种"计划外"的土地，得到额外的收入。所以，虽然国家为蓄滞洪区居民的移民搬迁花费了巨大代价，但其效果并不理想，可以说是收效甚微。实际情况往往是居民外迁后，过不了多久又返回区内继续定居，移民搬迁工作几乎等于白费。

五、人多而贫穷落后，淮河流域可谓集洪旱、污染与贫穷等多病于一身

淮河流域不仅洪涝灾害威胁十分严重，而且还是我国 3 条重点治理河流中，水质污染最严重的一条河流。同时，频繁的旱灾和水质的严重污染，又造成了十分突出的水资源短缺矛盾。淮河流域集洪、旱、污、穷等诸多问题于一身，流域内人口密度高，但经济发展水平则相对较低，是中国的经济低谷之一。

2001 年人均 GDP，除徐州市略高于全国平均水平外，其余所有地市均低于全国平均水平，一般为全国平均水平的 30%～40%，其中阜阳市仅仅为全国平均水平的 12.28%；按非农业人口计算的城市化水平，除枣庄、淮南、淮北、郑州四市城市化水平略高于全国平均水平外，其余所有地市均低于全国平均水平，其中阜阳市仅为 10.6%。工业主要集中在连云港、郑州、蚌埠、淮南、淮北等少数大中城市，广大乡村地区工业企业很少，甚至没有工业企业。因此，淮河流域经济的工业化水平很低。

2001 年淮河流域全社会人均固定资产投资额为 1100 元左右，虽然固定资产投资占

GDP 的比重大多在 20％左右，甚至超过 30％，高于全国平均水平，但人均投资额仍不足全国平均水平的 1/2。据调查，蚌埠、淮南、阜阳等城市下岗人员的年实际收入大多不足3000 元，在岗职工（公务员除外）年实际收入大多低于 5000 元，而乡村地区，尤其是蓄滞洪区和山丘区的居民年人均实际纯收入大多在 2000 元以下，有的甚至不足 1000 元。一般城镇居民家庭储蓄存款大多低于 50000 元，乡村居民则不足 10000 元，甚至有许多家庭没有存款。许多乡村居民全家财产总量不足万元，一些居民甚至没有基本的生产资料。相当一部分居民居住的房屋为非常简陋的砖瓦结构和土屋，绝大部分居民没有参加灾害保险，甚至没有参加财产和人身保险。因此，居民防灾抗灾以及自救能力很低，处于相对贫困状态。

流域大多数地市财政收入较低，人均财政收入除亳州、郑州高于全国平均水平外，其余均低于全国平均水平，有 7 个城市仅及全国水平的 10％左右，宿迁仅仅为全国平均水平的 4.75％。而且由于财政收入大部分用于工资、福利，以及必要的办公支出和基础设施建设等，用于灾害防治的经费非常少。总之，贫穷落后是淮河流域的又一显著特点，这与其"定中原可定天下"的战略区位，是极不相称的。

六、毁林开荒造成的严重水土流失，加剧了淮河流域灾害的发生

淮河源于大别山、桐柏山、伏牛山和泰鲁沂山，而这些山区是流域内降水最多、径流系数最高、致灾暴雨和洪水的主要策源地，也是各种类型的水库和塘坝的集中分布区。然而，由于森林植被的乱砍滥伐，造成其涵养水源、调节洪水的生态功能明显弱化。据资料，仅 1958—1978 年，淮河流域山丘区滥伐森林就达 11205.6km²，相当于森林覆盖面积的 1/3。目前，山丘区森林覆盖率除大别山区较高（约 40％）外，桐柏山区和泰鲁沂山区等都低于 20％，而且森林树种单一、结构简单、郁闭度低（低于 0.5），尤其是普遍缺乏对截留雨水，增加土壤持水能力的地被层和枯枝落叶层，难以发挥应有的保护作用。另外，平原地区在经济利益的驱动下，"植树造林"的口号已成为某些地区大肆砍伐本地树种和大规模引种意大利杨树（外来物种）的幌子，意大利杨树具有速生和大耗水的特点，这种树种的大规模种植，不但使得淮河流域许多地区的本地树种难见踪迹，而且还可能增加当地的水资源短缺特别是区内地下水位下降等问题，其他的潜在隐患，目前还属未知。

从土地的坡度组成看，流域内坡度在 5°～15°的面积约占 35％，15°～25°的占 30％左右，大于 25°的陡坡区占 10％以上；分布在 25°以上坡度范围内的棕壤和褐土，特别是位于山体中上部母岩出露处且植被盖度较低的土壤，容易出现明显的土壤侵蚀以及土壤粗骨化现象。森林植被的破坏和坡地的过度开垦，已经造成了淮河流域严重的水土流失现象。据卫星遥感资料，淮河流域水土流失总面积为 5.9 万 km²，全流域年土壤侵蚀量达 2.6 亿t。流域水土流失地区主要分布在山丘区，占流域总水土流失面积的 91.2％。其中，沂蒙山区占 29.7％，大别山、桐柏山区占 28.1％，伏牛山区占 20.7％，江淮和淮海丘陵区占12.7％。山丘区水土流失面积占山丘区总面积的 68.4％。可见，淮河流域的水土流失问题是非常严重的。

严重的水土流失导致水库寿命缩短、河床抬高，明显降低了其调蓄和行洪的能力及其防洪标准。如佛子岭和磨子潭水库 1954—1981 年间泥沙淤积总量达 2700 万 m³，年平均

淤积量为 100 万 m³。1982 年 7 月 30 日，登封、郭坊、姜窑水库因库容淤积、调蓄洪水的容积减小，导致在暴雨期间决堤垮坝，造成了严重灾害；裕安淠史杭灌区横排头首枢纽工程的库容已淤高 2m 多，苏埠镇以下河床已淤高 1m 多；淠河断面 20 世纪 50 年代可以通过 3000m³/s 洪峰，到了 90 年代只能勉强通过 1000m³/s。淮河干流王家坝、正阳关、吴家渡三个控制站 1954 年、1991 年与 2003 年洪水水位与洪峰流量的比较说明，尽管造成 1991 年和 2003 年的高水位与低流量的原因有多种，但上游水土流失对干流河床的严重淤积，是影响干流行洪能力的重要因素。与大中型水库相比较，山塘、小型水库的淤积问题更为严重，如霍山境内的小型水库、塘坝平均每年淤积量高达 150 万 m³，致使许多塘坝和小型水库实际上已经失去应有的防洪效益，甚至成为加重洪涝灾害威胁的重要因素之一。

不但如此，水土流失还破坏了土壤和植被的生态系统结构，导致土层变薄和土壤粗骨化，从而大大降低了其水源涵养功能。据有关资料，淮河流域山丘区长期的水土流失使坡面耕作土层一般不足 50cm，山体中上部耕作土层一般不足 30cm，甚至已经造成了约 1541km² 裸岩。如商城项目区裸岩面积已达 227hm²，同时土壤粗骨化现象也非常明显。霍山县水土流失调查资料表明，每年土壤侵蚀深度在 2mm 以上；而六安市大部分坡耕地土壤耕作层因水土流失粗骨化、浅薄化迅速，不少地方已经出现大面积裸岩；登封水土保持项目区，近 10 年来因水土流失已失去耕地 26hm²；而蒙阴项目区内年平均土壤侵蚀深度达 9.6mm，按此速度不用 30 年大部分丘陵耕地将变成裸岩地面。由此可见，淮河流域水土流失问题的危害是非常严重的，加剧了灾害的发生和发展。

七、湖泊湿地垦殖加剧了洪涝灾害威胁，围网养殖失控则又造成水质污染和生态破坏

黄河在长达 700 多年的南泛夺淮过程中，不但带来了洪水，同时也带来了大量的泥沙，从而造成淮河支流入淮河口泥沙的严重淤积，并进而壅塞形成沿淮干流的大量湖泊湿地。这些湖泊湿地在调节洪水、灌溉农耕和繁衍生物多样性等方面，发挥了重要的生态服务功能。但治淮工作中忽视了这些湖泊湿地的作用，把湿地当作荒地看待，是长期以来人们对湿地利用的认识误区，进而造成湖泊湿地的生态破坏，并加剧了流域的灾害和水资源短缺的矛盾。

据实地调查资料，仅 1965—1966 年冬春季节，安徽省在淮北平原就围垦了约 1600m² 湖泊湿地，其中蓄滞洪区建设占了很大比重，这也是江河洪水治理思路上需要深刻反思的历史问题。如 20 世纪 50 年代，城西湖面积 4.16 万 hm²，1967 年大兴围湖造田活动，湖泊被围垦 3.27 万 hm²，其中民垦 2.17 万 hm²，军垦 1.1 万 hm²，围垦后的湖面仅 0.89 万 hm²。湖泊围垦后造成该区洪水位急剧抬升，洪涝灾害威胁加剧，围垦湖泊所获得的田耕利益，根本抵不上由此所造成的灾害损失。为此，1987 年随即将原军垦湖面全部实现退田还湖。又如 2003 年方邱湖蓄滞洪区，原来亦为沿淮湿地，由于围垦面积不断加大，方邱湖的实际容积估计已减少了 30％ 左右。另外，花园湖（霍小段）的情况与方邱湖相似，因围垦湖泊容积估计已经缩小了 25％ 左右。

淮河下游地区湖泊湿地因围垦而丧失的问题同样严峻。洪泽湖是我国著名的五大淡水

湖泊之一，是淮河流域最主要的水利枢纽工程，即平原水库型淡水湖泊，具有保护其下游里下河广大地区防洪安全的重要职责。在高程 12.5m 时原有的 20.69 万 hm^2 水域面积，由于围湖造田等各种原因，使湖泊面积和容积急剧萎缩。据 1992 年实测资料，12.5m 高程时湖泊水域面积仅为 15.7 万 hm^2，被围掉近 1/4，减少蓄水容积约 11 亿 m^3，也减少了 1/4 左右。里下河地区，1965 年尚有湖泊面积 1350km^2，到 20 世纪 80 年代末仅剩下约 350km^2。

淮河流域湖泊湿地除由于历史上大规模围垦，导致大量消亡外，而 20 世纪 90 年代兴起的大规模围网养鱼活动，又吃完目前淮河流域乃至长江中下游地区湖泊湿地，除因流域工农业入湖污染物增加造成湖泊生态环境恶化的外部因素之外，围网养鱼污染是最主要内部因素，它造成了对湖泊湿地生态系统结构的直接破坏，是对湖泊湿地的新一轮生态浩劫。

围网养鱼主要分布在湖泊沿岸的湿地地区，这里水生植被发育，围网养鱼活动大量消耗水生植物，从而造成湿地水生植被的消失，降低了湖泊湿地的自净能力，损害了湿地系统生态前置库的生态服务功能。由于湖泊湿地的无节制养鱼活动，在湖泊水生植被遭到毁灭性破坏的情况下，为获得更大的鱼类养殖密度和产量，直接向湖泊中投放鱼类饵料，也直接增加了湖泊的营养水平，大大加剧了湖泊的富营养化过程。如淮河流域花园湖、沱湖等几乎全湖被围网割裂，密如蜘蛛网，以至船行困难，这种行为直接破坏了湖泊湿地生态系统结构的完整性，导致湖泊水质恶化，湖泊湿地的生物多样性已不复存在，并加剧了淮河的水质污染及其污染治理的难度。

值得指出的是，沿淮湖泊入淮河口的闸坝设施的建设，割裂了河湖天然的水力联系和生态联系，不但造成河海洄游性生物产卵场、幼子索饵场和育肥场等的丧失，导致其濒危或灭绝，也为当前失控的围网养殖活动提供了稳定的水文条件。另外，闸坝放水排污，往往是导致突发性污染事件的罪魁祸首，如 2004 年 7 月洪泽湖地区的突发污染事故，就是由于蚌埠闸集中放水排污造成的，需要人们认真反思。

八、科学的流域生态观，是淮河治理和长远发展的根本出路

淮河作为一条以灾害闻名于世的河流，它是由自然、历史、现实等多方面复杂因素所引发的，而且集洪涝、干旱、污染和贫穷于一体，可谓是多病缠身，因此其治理或管理工作具有复杂性和长期性特点，难度很大。事实上，淮河流域除了南北气候、海陆、北半球中纬度这三大过渡带所形成的典型灾害环境外，现实的法律法规背景、地域行政关系、区域经济政策、当地经济能力、还有日益增长的人口、迫切要求发展的地区经济等因素，对淮河治理工作均从不同方面产生影响，因此其治理和管理必须要占据较高的视点，全面、系统、综合地规划治理方略。同时，淮河流域水系格局的形成具有历史性，难以很快改变，客观上说明了淮河流域治理不能毕其功于一役，需要进行长期不懈的艰苦努力。在治理过程中，也必须牢牢坚持治水是百年大计的观点和思想，而且还要把握治水和治穷相结合，不能拘泥于"头痛医头，脚痛医脚"。科学的流域生态观、可持续发展观和生态文明建设，是淮河治理和长远发展的根本出路。

1. 防洪除涝，完善水利工程设施以提高防洪标准，仍然是当前淮河治理的重要任务

淮河流域的防洪标准、防洪能力，从总体上看仍然普遍偏低。淮河干流上游防洪标准为 10 年一遇，中、下游不足 20～50 年一遇。在洪水不漫滩的条件下，淮河干流河槽行洪能力仅为 1000～2500m³/s；在不使用蓄滞洪区的情况下，淮河干流河槽的防洪能力仅为 4～5 年一遇。与 1954 年的洪水相比，淮河干流行洪能力比设计流量低 1000～1500m³/s。入江水道由于芦苇阻水、河道淤积等，泄洪能力比设计流量少 1500～2000m³/s。

淮河主要支流防洪标准多为 10 年一遇，只有部分河段达到 20 年一遇的标准。如涡河由于上游引黄淤灌，河道严重淤塞，涡阳以上无堤，亳州和涡阳城市防洪设施薄弱，一旦发生大洪水，京九及漯阜铁路部分路段将受到严重威胁，并影响超过 50 万 hm² 耕地，以及逾 600 万人的生命财产安全。另外两条影响京九铁路防洪安全的支流沙颍河和洪汝河防洪标准也只有 10～20 年一遇，淮河流域防洪能力由此可见一斑。

淮河流域的蓄滞洪区堤防经过退堤、切滩等工程，正阳关以上的防洪标准由过去的 2～3 年一遇，提高到目前的约 5 年一遇；正阳关到蚌埠的东风湖、上下六坊堤、石姚堤、洛河洼，以及荆山湖的防洪标准一般为 4～7 年一遇；寿西湖、汤渔湖和蚌埠及其以下的蓄滞洪区，虽然自 1956 年后未使用过，但实际上有许多年份的洪水位超过了规定的行蓄洪水位，即防洪限制水位标准。

淮北平原以及沿淮洼地是淮河水灾的重灾区，尤以涝灾最突出。但治理的标准也不高。如安徽省 1995 年淮河流域总易涝面积为 2780 万亩，其中防御 3 年一遇洪水标准以下涝灾的面积占 16.5%，防御 3～5 年一遇洪水的占 37.7%，二者合计占易涝面积的 54.4%左右。里下河洼地除涝标准也只有 5～10 年一遇，只有个别地方达到 10～20 年一遇。因此，淮河流域水利工程的防洪标准，在总体上仍然很低的。

除了水利工程防洪标准低之外，病险工程所占比重高。上游 5700 多座水库中病险水库达 3416 座，约占水库总数的 59%，而实际具备调洪能力的仍然不足 1/20。不但如此，淮河上游大批小水库和水坝形成的"条带状水库"不仅导致中下游河道枯水季节干涸，而且使得行洪能力大大萎缩，甚至会加重行洪负担。同时，流域性骨干河道防洪工程老化失修严重，隐患多。现有的 660 座涵闸和 359 座抽排站，大多建于 20 世纪 50—70 年代，其中 100 座左右的闸、站原设计标准低、质量差，加上老化失修，均存在不同程度的安全隐患；其中有 30 座险情严重的涵闸，一旦失事，将严重危及大堤的防洪安全。另外，淮河干流 1700km 堤防中有 400km 堤基属于沙土或淤泥，有 400km 堤身用沙性土填筑，有 200km 未经认真碾压，还有 73km 河段迎流顶冲，滩地崩塌流失，主流逼近堤脚；有 43km 护岸工程严重失修，威胁了堤防的安全。

可见，提高淮河流域的防洪除涝标准，完善水利工程设施建设，仍然是当前淮河治理的重要任务，但水利工程建设应多目标，并充分考虑流域内生态环境保护和建设的多方面要求或需求。

2. 淮河以洪灾害河闻名，现又以污染而引起世人关注，淮河流域的水质污染问题必须严厉加以遏制

淮河历史上因洪涝灾害威胁严重，而以害河著称，究其主要原因是来自于人祸。在人类文明高度发达的现今时代，由于对经济利益的贪婪追求和对自然资源的不合理利用与索

取，导致其生态破坏和水质严重污染，淮河又背上我国七大江河中污染最为严重河流的恶名。令人难以置信的是，淮河原是一条安波息澜的河流，并创造了辉煌灿烂的中原文明，由于人为破坏等原因，导致其泛滥致灾成为害河，而今又由于人为原因造成其碧波清澜演变为污浊不堪的河流，人类必须对淮河的历史和未来负责，这也是人类为了自身的生存环境和子孙长远发展应该做的事，淮河的水质污染问题必须严厉加以遏制，决不能手软。否则，将为此付出更加沉重的代价，甚至是难以挽回的历史遗憾或罪过，无法向子孙后代交代。

淮河流域水质污染问题严重，使得资源性缺水问题雪上加霜，水质性缺水加剧了区域的水资源短缺矛盾愈加突出，如阜阳、亳州、淮北、蚌埠等城市都不同程度地面临明显水质性缺水问题，阜阳地区甚至地下水也已遭受污染，这不是简单错误而是犯罪，要知道地下水污染是难以治理，甚至是无法治理的。从目前流域地表水开发利用率的情况看，平水年为50%，中等干旱年份为70%，特枯年份为95%，已经远远超过国际地表水资源利用的警戒水平。据有关统计资料，即使在丰水年的1998年，各类水利工程实际供水量就已经达到480.8亿 m³，约占当年地表水资源总量的37.9%。其中，工业、农业和生活用水分别为60.5亿、353.3亿和66.1亿 m³。

根据现状需水量，按照75%和95%的保证率，淮河流域水资源短缺量分别为104.4亿 m³ 和224.1亿 m³，其中缺水率在30%以上的地区就高达5.35万 km²，占流域总面积的19.81%。由于缺水和地表水的严重污染，而过度抽取地下水，已造成阜阳、淮北、宿州和亳州等地的地面沉降，形成大面积沉降漏斗。据相关统计资料，1999年阜阳地面沉降面积为450km²，年均扩展速度为每年9km²；宿州为150km²，地下水位降速为每年0.8m；淮北为550km²，年均扩展速度为每年100km²，地下水位降速为每年2.5～3.0m；界首为500km²，年均扩展速度为每年24km²，地下水位降速为每年0.8～1.2m。地面沉降不仅加剧洪涝灾害程度，而且威胁区域生态安全。这种通过大量抽取地下水而不惜严重污染地表水的现象，必须严厉加以遏制；对于不重视地表水严重污染，主张通过抽取地下水来解决区域水资源短缺问题的谬论，必须立即加以纠正。

淮河流域的地表水严重污染现象，已导致河流生态系统甚至是整个流域生态系统的退化与破坏，特别是对河流生物多样性和水产资源的破坏具有灾难性和难以恢复性。如苏北新沂河，原来是沿河广大人民直接用于生活或灌溉用水的优良水源，20世纪80—90年代，就是由于新沂市某个造纸厂排放的大量造纸废水（目前可能已经纠正），导致该河水质黑臭，色如酱油，鱼鳖绝迹，虾蟹无踪影。这种建一个厂就导致一条河出现生态灾难的现象，应坚决予以杜绝。事实上，这些造纸厂的造纸原材料来源主要是意大利杨树，因此对于外来物种的入侵所带来的现实和潜在危害，应引起有关方面的高度重视和警惕。

另外，应严格控制湖泊围网养鱼、废弃围堤养鱼，坚决禁止直接向湖泊中大量投放化肥的养鱼方式，恢复湖泊湿地的生态结构，增强湖泊及其流域的污染自净能力，宣扬湖泊湿地的生态观念。湖泊大规模围网养殖活动是继20世纪50—70年代湖泊湿地大规模围湖造田之后，对湖泊湿地生态环境的新一轮严重破坏形式和行为，其危害和影响是非常深远的。

建议：①严格控制湖泊围网养鱼规模，围网养鱼面积占湖泊的面积一般控制在15%

以内为宜，当然不同湖泊可能是不同的，需要加强科学研究。同时，针对不同湖泊的生态功能和湖泊形态，认真搞好保护和利用规划，合理围网布局和密度。②对于以养鱼为目的的湖内堤坝设施，应予废弃和炸毁，打通湖泊水生动物洄游通道，促进鱼类等水生生物的自然增殖和生态修复。③严厉禁止直接向湖泊中大量投放化肥的养鱼方式，进行湖泊生产经营的结构性调整，保护和恢复湖泊的生态环境质量。④大范围建立休鱼期和禁渔期制度，给鱼类等水生生物有足够休养生息的时间，保护水生生物资源利用的持续性和永久性。

3. 大力推进生态功能保护区建设，落实区域经济社会可持续发展的国家战略，树立科学的流域生态观

淮河流域是我国重要的农业生产基地。现有耕地面积 1334 万 hm²，约占全国的 1/8；粮食、棉花产量分别约占全国的 1/6 和 1/4；大豆、油菜和花生等油料作物产量占全国 1/5 以上。在工业方面，淮河流域以煤炭、电力以及食品、纺织工业为主。其中，煤炭年产量超过 1 亿 t，利用煤炭资源建设的一批大型坑口火力发电站，总装机容量逾 2000 万 kW，是华东电网的主要电源，已成为我国重要的能源基地。可见，淮河流域产业结构为典型的资源加工型，产业链短，产品附加值低。按一、二、三产业结构排序的地区占流域的 50% 左右，第一产业所占的比重，最高接近 50%，如菏泽占 47.8%、宿州占 46.3% 等。如何调整产业结构，合理布局，加快区域经济发展，提高人民生活水平和生活质量，增强灾害的防御以及受灾后的自救能力，是淮河流域面临的重要任务，也是一项长期的工作，需要认真面对。

生态功能保护区是基于流域圈思想，进行生态环境保护和实施区域国民经济可持续发展的具体手段和方式，符合我国人多地少的基本国情，它显著区别于现行的自然保护区。西方发达国家人少地多，可以将重要地区作为物种基因库保护起来，但这不符合我国的国情。在我国现代化建设和发展过程中，对自然资源完全不加以利用，显然是行不通的，也是根本不可能和做不到的，特别是淮河流域人口稠密，经济又相对落后。但如何合理利用自然资源以实现社会经济的可持续发展，是当前面临的紧迫任务。

自然保护区的管理是封闭式的，生态功能保护区的管理是开放式的，不但有保护而且更有恢复和利用的内涵，符合我国目前的生态环境现状和社会经济发展的需求。实现生态保护从资源型依实体对象的保护，向通过结构保护以达到其功能型理性保护的战略转变，从资源型直接利用，向功能型间接利用的战略转变的重要途径和方式，以维系更大空间尺度的总体生态平衡，保护区域乃至国家的生态安全，也是实现经济发展局部服从整体、眼前服从长远可持续发展战略的重要手段，其核心思想是实行生态保护和经济发展的地区分工。因为任何一个地区的经济发展水平、社会文明程度，以及自然地理条件的差异，其生态建设目标和保护的程度是不同的，不可能用同一套指标去衡量和要求所有地区的生态建设和环境保护，这不符合我国各地区千差万别的实际情况。

因此，建议淮河流域在有条件地区积极和尽快大力推进生态功能保护区的规划建设工作，恢复和改造流域的生态系统结构，以缓解洪旱灾害的威胁。如淮河河源及上游山区退化的生态系统对雨水涵养功能减弱，是造成淮河上游洪水汇流加速、洪峰集中的重要原因。因此，若能充分注意恢复并利用生态系统的持水能力，只要在灾害性暴雨来临之际平

均多涵养10mm降水，那么仅依靠生态系统对雨水的截留能力，就可以减少8.63亿 m³ 的地表径流。这相当于沿淮干流充分使用行蓄洪区后，1954年超标洪水的21.6%。

4. 严格控制人口增长特别是蓄滞洪区的人口规模，积极建立流域防灾减灾的社会保障体系，促进社会长治久安和经济发展

淮河流域经济相对贫穷落后，人群的意识也相对传统，在"多子多福"和"养儿防老"的意识驱动下，导致超生、偷生的现象十分普遍，使得流域内人口急剧膨胀，现已经成为我国七大江河中，人口密度最高的流域。巨大的人口规模和较高的人口密度，是淮河流域贫穷、灾害损失加剧、资源短缺和生态破坏，以及灾害治理和管理难度增加的最直接原因。特别是蓄滞洪区庞大的人口规模，是其各种问题产生的症结所在，蓄滞洪区问题解决的前景最终是降低人口，减少人口压力。尽管国家目前已经放开二胎的人口政策，但鼓励优生优育还是应该积极倡导的。事实上，苏北虽然在独生子女政策限制下，人口快速增长的压力或态势有所缓解，但偷生现象十分普遍，独生子女政策形同虚设，这是实地调查过程中发现的不争事实。因此，淮河流域仍然应坚定不移的坚定贯彻优生优育计划生育政策，同时积极鼓励人口特别是年轻人外出务工，逐步改变这种传统而且非常落后的生育观念。

尤其是对于解决蓄滞洪区的人口太多问题，应采取经济措施和行政手段双管齐下的方法：①用经济政策疏散人口，通过工商税收的优惠政策，鼓励蓄滞洪区群众从事运输、建筑和服务等行业，增加人口的流动性；对蓄滞洪区外的企业，以适当的税收优惠政策，鼓励招用蓄滞洪区内的劳动力；对蓄滞洪区乡镇在区外兴办的劳动密集型企业，在投资、税收、土地和技术等方面予以大力支持和帮助。②结合我国西部地区的大开发进程，酌情筹划各种形式的规模化移民，以迁移蓄滞洪区的人口；目前，蓄滞洪区主要采用就地移民安置的办法，由于移民的生计问题，以及移民点距离农民的耕作田较远，移民回潮难以避免，值得注意。③利用土地政策降低人口自然增长率。在蓄滞洪区，不应该经常调整各户的土地（主要是耕地）使用面积，而应相应固定各户的土地面积，在长时期内，应明文规定各户的土地面积婚生不增，嫁丧不减，以期逐步压低人口的自然增长率。也可以用土地流转方式，改变蓄滞洪区的经营模式，意即在蓄滞洪区这个特殊的地方，可探索多种模式加以利用和管理。

在当代和今后的相当长的一段时期内，淮河流域的灾害特别是洪水灾害是不可避免的，这是自然规律所决定的客观现实。灾害的治理或管理在于灾前的预防，灾中的抗御和灾后的恢复、重建。在灾害发生之后，以积极有效的社会保障制度，采取妥善的经济补救措施，及时恢复生产，维护社会安定，是淮河流域灾害治理对策的一项主要内容。但在市场经济的当今时代，不能仅仅依靠政府无偿救济和社会的临时捐助，必须引进保险机制，发展灾害保险业，建立符合淮河流域现实情况的，以及农村灾害社会性的稳定经济补偿制度。同时，积极调整产业结构，发展农村经济，提高农民的生活水平和收入，以增强对灾害发生后的自救和自我恢复能力。

5. 加强科学研究，制定流域治理和发展的长期规划，提高灾害治理或管理的水平与能力

淮河流域集洪涝、旱灾、水土流失、水体污染和生物多样性下降，以及贫穷落后等于一身，既有历史遗留的旧疾，也有新病，其问题的复杂性和解决难度是可想而知的，也是

显而易见。因此，淮河流域的治理，必须加强科学研究，才能达到科学、合理地治理淮河和发展淮河流域的目的。当前的主要内容包括灾害性天气、气候与灾害发生规律及中长期预报，水系的基本情况勘测和演变规律，防洪灌溉工程的优化调度方案，洪旱灾害及其影响的模拟预警，流域防灾基础信息系统，流域生态环境及其变化特征，灾害决策支持系统，灾害治理中的社会经济政策和经济发展方向的选择，灾害的社会保障制度和体系等。

淮河流域的治理或管理工作，除了应解决现实的问题外，还应考虑更长时间尺度的治理和区域发展目标。只有明确长期的核心治理目标，各项近期或中期的治理工程和非工程措施等之间才能达到充分合理的安排。例如，入海水道工程建设改造了洪泽湖，这也引发了淮河中游蓄滞洪区治理政策、中游堤防系统、下游供水和防洪等工作的很大变化。由于流域具有完整生态系统及社会经济结构和特征，只有长远目标的确定，才能保证各局部地区的治理政策具备长期的持续性和稳定性，也才能使有限的投资分阶段发挥其最大或应有的效益。因此，在加强科学研究的基础上，制定淮河流域治理和经济社会发展相协调的中长期规划，就显得非常必要。

淮河流域洪水时水多为患，平时则是水资源短缺，加之水质污染，缺水大于洪水。在治淮建设中，要统筹考虑防洪、水资源利用和水生态环境治理问题，充分利用雨洪资源，促进洪水资源化，搞好水资源综合利用，提高水资源利用效率和效益，以促进区域社会经济稳定、健康快速发展。因此，强化区际间的协调能力，就显得非常重要和必要。

治淮必治水，治水是淮河流域治理工作的核心。淮河流域地跨4省，水事利害，跨越行政界限，历来是治水过程中的重大社会难题或行政区划中的区域管理权限问题，虽然离合利害不言自明，但往往在统一行动中，每每各揣"博弈"之对策，以趋利去害，其实际效果只能是延缓淮河治理和生态环境保护的总体进程，一损俱损，最终是共同背负灾害的沉重包袱。因此，必须有较高行政干预能力的机构，协调4省合力治理淮河。建议淮河流域管理机构强化职能、扩展业务范围、进一步提高管理的水平和职权，担负其治理淮河、管理淮河和发展淮河"领头羊"的历史重任，特别是担当湖长制、河长制贯彻落实过程中的中流砥柱作用和职责。

参 考 文 献

[1]　宁远，钱敏，王玉太. 淮河流域水利手册. 北京：科学出版社，2003.
[2]　汪斌. 淮河流域防汛水情手册（内部资料），2007.